华东交通大学教材（专著）基金资助项目

电路分析基础

主编　邱荣光　田丽平

西南交通大学出版社
·成　都·

内容简介

本书系统讲述了电路的基本概念、基本定理和基本分析方法。本书共有 9 章：电路模型和电路定律、电路分析方法一——等效变换法、电路分析方法二——列电路方程法、电路分析方法三——电路定理法、储能元件、正弦稳态电路的分析、含有耦合电感的电路、三相电路、动态电路的时间域分析。各章节设置了实践与应用环节，强调理论联系实际。本书制作了微课视频，便于教师组织开展教学，便于学习者把握学习内容、提高学习效率。本书根据工程教育专业认证要求，设置了实验内容。本书所选习题题目难度适中，方便学生自学和教师教学。本书可作为全日制通信、电子、计算机等专业电路分析课程的教学用书，也可作为相关专业人员的参考书。

图书在版编目（CIP）数据

电路分析基础 / 邱荣光，田丽平主编. --成都：西南交通大学出版社，2025.5. -- ISBN 978-7-5774-0406-6

Ⅰ. TM133

中国国家版本馆 CIP 数据核字第 20255W1W05 号

Dianlu Fenxi Jichu

电路分析基础

主编 邱荣光 田丽平

策 划 编 辑	黄庆斌 黄淑文 周 杨
责 任 编 辑	赵永铭
封 面 设 计	曹天擎
出 版 发 行	西南交通大学出版社 （四川省成都市金牛区二环路北一段 111 号 西南交通大学创新大厦 21 楼）
营销部电话	028-87600564 028-87600533
邮 政 编 码	610031
网 址	https://www.xnjdcbs.com
印 刷	四川森林印务有限责任公司
成 品 尺 寸	185 mm × 260 mm
印 张	17.5
字 数	391 千
版 次	2025 年 5 月第 1 版
印 次	2025 年 5 月第 1 次
书 号	ISBN 978-7-5774-0406-6
定 价	49.90 元

课件咨询 028-81435775
图书如有印装质量问题 本社负责退换
版权所有 盗版必究 举报电话：028-87600562

前言

本书是根据国家教育部颁布的《电路分析基础课程教学基本要求》，结合目前计算机、通信、物联网工程等专业"电路分析"课程教学的实际需要编写而成的。"电路分析"是计算机、通信、物联网工程等专业的一门重要的技术基础课。教学实践表明，学生对技术基础课程掌握的程度，直接影响对其后续专业课程的掌握。因此，引导学生明确电路理论的基本概念，培养科学的思维能力，提高分析问题和解决问题的能力是本书编写的宗旨。

本书包括电路的基本概念和定律、电路的基本分析方法、电路定理、正弦稳态电路的分析、互感及谐振电路分析、动态电路的分析等内容。本书在编写中，强调了对基本概念的准确理解，使学生在学习过程中目标明确、章节内容容易掌握；重视对基本分析方法的应用，同时在每节中针对难点和重点予以详细的说明。每章内容结束前，都有实践与应用部分，讲述本章内容如何在实际中应用。通过理论和实践的结合，培养学生的学习兴趣，提高学生的综合能力。

全书共分9章，由邸荣光、田丽平主编，各章节分工如下：田丽平编写第1~4章，曹晖编写了第5、6章和实验内容，邸荣光编写了第7~9章。展爱云、邹丹参加了书稿的审核工作。

本书的编写工作，得到了华东交通大学电气与自动化工程学院电基础教研室及实验室老师的密切配合，在此一并表示衷心感谢。

由于编者水平所限，书中不足之处，敬请读者批评指正。

编 者
2025年5月

目录

第1章　电路模型和电路定律 ………………………………………… 001

  1.1　实际电路和电路模型 ………………………………………… 001
    1.1.1　实际电路 ………………………………………………… 001
    1.1.2　电路模型 ………………………………………………… 002
    1.1.3　集总参数电路和分布参数电路 ………………………… 004
  1.2　电路基本物理量 ……………………………………………… 005
    1.2.1　电　流 …………………………………………………… 005
    1.2.2　电压和电位 ……………………………………………… 007
    1.2.3　电流与电压的关联参考方向 …………………………… 008
    1.2.4　功率和能量 ……………………………………………… 008
  1.3　电阻元件 ……………………………………………………… 011
    1.3.1　线性电阻 ………………………………………………… 011
    1.3.2　欧姆定律 ………………………………………………… 011
    1.3.3　开路和短路 ……………………………………………… 012
    1.3.4　线性电阻元件的功率 …………………………………… 012
  1.4　独立电源 ……………………………………………………… 013
    1.4.1　理想电压源 ……………………………………………… 013
    1.4.2　理想电流源 ……………………………………………… 015
  1.5　受控电源 ……………………………………………………… 016
    1.5.1　受控电源的模型及其分类 ……………………………… 017
    1.5.2　受控源的特点 …………………………………………… 017

1.6 基尔霍夫定律 ··· 019
    1.6.1 基尔霍夫电流定律（KCL）··· 019
    1.6.2 基尔霍夫电压定律（KVL）··· 020

1.7 实践与应用 ··· 024
    1.7.1 用电安全 ··· 024
    1.7.2 常用导线及截面选用 ··· 024

第 2 章　电路分析方法一——等效变换法 ··································· 031

2.1 电路等效变换的概念 ·· 031

2.2 无源电阻电路的等效变换 ·· 032
    2.2.1 串联电阻电路 ··· 032
    2.2.2 并联电阻电路 ··· 032
    2.2.3 混联电阻电路 ··· 034
    2.2.4 Y 形和 △ 形连接电阻电路 ··· 034

2.3 电源的等效变换 ·· 037
    2.3.1 理想电压源和理想电流源的串并联等效 ······························ 037
    2.3.2 实际电源的两种电路模型及其等效变换 ······························ 038

2.4 实践与应用 ··· 041
    2.4.1 串联电阻的应用 ·· 041
    2.4.2 并联电路的应用 ·· 042

第 3 章　电路分析方法二——列电路方程法 ································ 047

3.1 两类约束的独立方程 ··· 047

3.2 支路电流法 ··· 049

3.3 网孔电流法 ··· 051

3.4 回路电流法 ··· 054

3.5 结点电压法 ··· 057

3.6 实践与应用 ··· 061

第 4 章　电路分析方法三——电路定理法 ··································· 066

4.1 叠加定理 ·· 066

4.2 替代定理 ……………………………………………………… 069
4.3 戴维宁定理和诺顿定理 ……………………………………… 070
4.3.1 二端网络 ………………………………………………… 071
4.3.2 戴维宁定理 ……………………………………………… 071
4.3.3 诺顿定理 ………………………………………………… 075
4.4 最大功率传输定理 ……………………………………………… 076
4.5 实践与应用 …………………………………………………… 078
4.5.1 电源建模 ………………………………………………… 078
4.5.2 音频功率放大器 ………………………………………… 079

第 5 章 储能元件 ……………………………………………………… 084
5.1 电容元件 ……………………………………………………… 084
5.2 电感元件 ……………………………………………………… 088
5.3 电容、电感的串、并联 ………………………………………… 092
5.4 实践与应用 …………………………………………………… 094
5.4.1 汽车点火电路 …………………………………………… 094
5.4.2 电容触摸屏 ……………………………………………… 095

第 6 章 正弦稳态电路的分析 ………………………………………… 098
6.1 正弦电压和电流 ……………………………………………… 098
6.1.1 周期电压和电流 ………………………………………… 098
6.1.2 正弦电压、电流和正弦信号的三要素 ………………… 098
6.1.3 正弦信号相位差 ………………………………………… 100
6.1.4 正弦信号有效值 ………………………………………… 102
6.2 正弦量的相量表示法 ………………………………………… 104
6.2.1 复数 ……………………………………………………… 104
6.2.2 正弦电压、正弦电流的相量表示 ……………………… 105
6.2.3 相量的运算 ……………………………………………… 109
6.3 电路的相量模型 ……………………………………………… 111
6.3.1 KCL 和 KVL 的相量表示 ……………………………… 111
6.3.2 基本元件的相量模型 …………………………………… 112
6.3.3 阻抗和导纳 ……………………………………………… 118

  6.3.4 电路的相量图 …………………………………………… 128

 6.4 正弦稳态电路计算 ………………………………………………… 129

 6.5 正弦稳态电路的功率 ……………………………………………… 132

  6.5.1 元件的平均功率 …………………………………………… 132

  6.5.2 二端电路的平均功率 ……………………………………… 138

  6.5.3 无功功率 …………………………………………………… 139

  6.5.4 功率因数的提高 …………………………………………… 142

  6.5.5 复功率 ……………………………………………………… 144

  6.5.6 正弦稳态电路最大功率传输 ……………………………… 145

 6.6 电路的频率响应 …………………………………………………… 147

  6.6.1 网络函数 …………………………………………………… 147

  6.6.2 频率响应 …………………………………………………… 149

 6.7 电路谐振 …………………………………………………………… 152

  6.7.1 电路谐振定义 ……………………………………………… 153

  6.7.2 *RLC* 串联谐振电路 ………………………………………… 153

  6.7.3 *GCL* 并联谐振电路 ………………………………………… 158

 6.8 实践与应用 ………………………………………………………… 160

  6.8.1 交流电由发电厂进入家庭线路图 ………………………… 160

  6.8.2 *RLC* 串联谐振电路 ………………………………………… 162

第 7 章 含有耦合电感的电路 ……………………………………………… 170

 7.1 耦合电路 …………………………………………………………… 170

  7.1.1 耦合电感的电压电流关系 ………………………………… 170

  7.1.2 同名端 ……………………………………………………… 172

 7.2 含有耦合电感电路的分析 ………………………………………… 175

  7.2.1 耦合电感的串联 …………………………………………… 175

  7.2.2 耦合电感的并联 …………………………………………… 176

  7.2.3 去耦等效电路 ……………………………………………… 177

 7.3 空心变压器 ………………………………………………………… 181

 7.4 理想变压器 ………………………………………………………… 183

 7.5 实践与应用 ………………………………………………………… 185

第 8 章 三相电路 ································· 189
8.1 三相电源 ··································· 189
8.2 三相电源和三相负载的连接 ··················· 190
8.3 线电压（电流）与相电压（电流）之间的关系 ····· 192
8.4 对称三相电路的计算 ························· 193
8.5 对称三相电路的功率 ························· 196
8.6 实践与应用 ································· 200

第 9 章 动态电路的时间域分析 ····················· 204
9.1 换路定则和初始条件 ························· 204
9.1.1 换路定则 ····························· 204
9.1.2 初始条件的确定 ······················· 205
9.2 一阶电路的零输入响应 ······················· 207
9.2.1 RC 电路的零输入响应 ·················· 207
9.2.2 RL 电路的零输入响应 ·················· 211
9.3 一阶电路的零状态响应 ······················· 214
9.3.1 RC 电路的零状态响应 ·················· 214
9.3.2 RL 电路的零状态响应 ·················· 217
9.4 一阶电路的全响应 ··························· 220
9.4.1 全响应的组成 ························· 220
9.4.2 三要素法 ····························· 221
9.5 一阶电路的阶跃响应 ························· 225
9.6 二阶电路的分析 ····························· 227
9.6.1 二阶电路的零输入响应 ················· 228
9.6.2 二阶电路的零状态响应与全响应 ········· 234
9.7 实践与应用 ································· 235

附录 电路实验 ··································· 240

参考文献 ··· 269

第1章 电路模型和电路定律

导 读

电路理论研究的对象不是实际电路,而是理想化的电路模型,是由对实际器件加以理想化的模型组成的电路。在分析电路前,必须清楚电路元件如何理想化,具有哪些特性,以及这些电路元件或元件间的约束关系:电压电流关系(VCR)、基尔霍夫电流定律(KCL)和基尔霍夫电压定律(KVL)。这些内容是分析求解电路的基础。

1.1 实际电路和电路模型

1.1.1 实际电路

日常生活中,存在各式各样的电路,如手机、电视机、计算机、空调系统、通信系统和电力系统等都含有性质和作用各不相同的电路。这些电路中有实现电能的传输和转换的,例如电力系统将电能从发电厂通过输配电线路、变配电所输送到工厂、企业和千家万户,给各种电气设备提供电能,如图1-1所示。有些电路是实现电信号的传输、处理或存储,例如电视机将接收到的高频电信号经过变换、处理转换为画面和声音等。

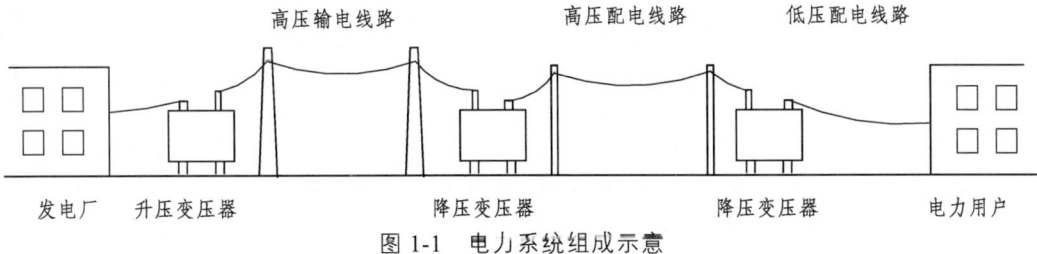

图1-1 电力系统组成示意

实际电路是由电气器件(如电阻器、电容器、线圈、开关、晶体管、电池、发电机等)按照一定的方式相互连接组成的,它们的组合,构成了电流的通路,使它们可以具有各种不同的功能,完成各种具体的任务。用实际电路可以构成各种应用系统,如通信、计算机、控制、动力、信号处理等系统。

按照在电路中所起的作用不同,电路中各器件可以分为电源、负载和传输控制器件三大类。电源提供电能或电信号,负载使用电能或接收信号,电源和负载的连接部分则是传输控制器件。在电源的作用下,电路中产生电流和电压,因此,电源又称为激励源,由激励在电路中产生的电流和电压统称为响应。

表 1-1 给出了电路中所用的部分图形符号，采用这些图形符号，可以画出实际电路中各器件相互连接的电路原理图。

图 1-2（a）是手电筒的实际电路，它有提供电能的电源——干电池；使用电能的负载——灯泡；连接电源和负载的导线，其中 S 为开关。电源、负载和导线是任何实际电路都不可缺少的 3 个组成部分。图 1-2（b）是用电气图形符号表示的手电筒电路原理。

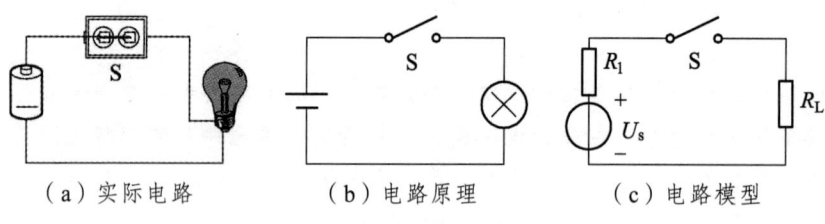

（a）实际电路　　（b）电路原理　　（c）电路模型

图 1-2　手电筒电路

表 1-1　电路图中的部分图形符号

名称	符号	名称	符号
导线		电容	
连接的导线		电感	
接地		开路	
开关		短路	
电阻		二端电路（二端元件）	
可变电阻		电位参考点	
电池		灯	
受控电压源		受控电流源	
独立电压源		独立电流源	

1.1.2　电路模型

1. 理想电路元件

实际电路中的电气器件在电路工作时，都呈现多种电磁特性，如能量损耗、电场储能和磁场储能，这些电磁特性交织在一起，如果把这些特性全部加以考虑对实际电路进行分析，将使得电路分析变得十分困难。例如，一个实际的线圈，当通以电流后，一方面要考虑其电磁感应的作用，把它看作一个电感，而另一方面又要考虑到绕制线圈的导线所带来的电阻及匝间电容。

因此，为便于对实际电路进行分析研究，有必要对构成实际电路的电气元件进行理想化处理。经过理想化处理的元件称为理想电路元件。所谓理想电路元件是指在一定条件下对实际元件加以理想化，仅仅表征实际元件的主要电磁性质，忽略其次要性质，并且通常可用数学表达式来表示其性能。如电灯、电炉、电阻器这些实际元件，消耗电能是它们的主要性质，可以用电阻元件来表征。采用理想化电路元件可以使得电路元件只体现单一的电磁特性，用精确的数学关系来描述，而且一种电路元件可以表示一类实际器件，用很少的几种电路元件就可以描述种类繁多的实际器件。

理想元件可以用一定的图形和文字符号表示。图 1-3 所示为 3 种基本理想电路元件的图形符号。

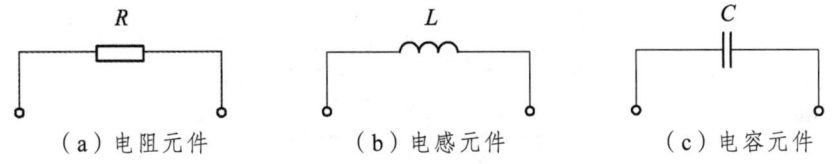

(a) 电阻元件　　(b) 电感元件　　(c) 电容元件

图 1-3　3 种基本电路元件的图形符号

不同的实际元件，只要具有相同的主要电磁特性，在一定条件下可用同一个模型表示。如电灯泡、电扇、电阻器等主要是消耗电能，因此都可以用电阻作为它们的模型。有时，同一实际元件在不同的工作条件下，它的电路模型也不同，如实际电感器，它的主要物理性能是储存磁场能量，可用电感元件作为它的模型，如图 1-4（a）所示。但一般情况下线圈的损耗不能忽略，就要串联上一个小电阻，如图 1-4（b）所示。当频率比较高时，它的匝间电容也不能忽略，需要再加一个小电容，如图 1-4（c）所示。

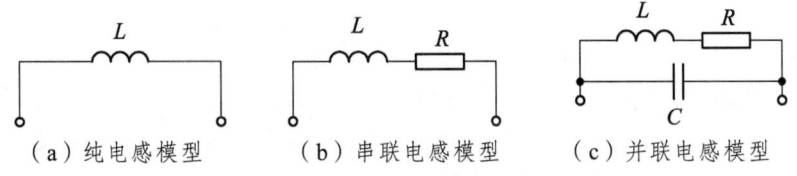

(a) 纯电感模型　　(b) 串联电感模型　　(c) 并联电感模型

图 1-4　实际电感的电路模型

2. 理想导线

实际电路的电气元件需要通过导线进行连接，完成电能和信号的传输，为便于分析，连接电气元件的导线也做理想化处理，理想化处理后的导线称为理想导线，此时导线既无电阻性，又无电感性、电容性。

3. 电路模型

由理想元件和理想导线按一定方式连接组成的电路，称为电路模型。由于电路模型中每个理想元件都可用数学式子来精确定义，因而可以方便地建立起描述电路模型的数学关系式，并用数学方法分析、计算电路，从而掌握电路的特性。

电路模型是实际电路的理想模拟，简称为电路图。图 1-2（b）是图 1-2（a）所示实际电路的电路原理，图 1-2（c）所示为其电路模型，其中理想电阻元件 R_L 是灯泡的模型，理想电压源 U_S 与 R_1 是干电池的模型，而理想导体则构成了连接导线的模型。

电路理论研究的对象不是实际电路，而是理想化的电路模型，是由对实际器件加以理想化的模型组成的电路——电路（模型）图。

下面结合图 1-5 所示的电路，介绍电路模型中的几个重要术语。

（1）支路：一个二端电路元件或若干个二端电路元件的串并联方式连接而成的每一个分支定义为一条支路。在图 1-5 中，共有 6 条支路。

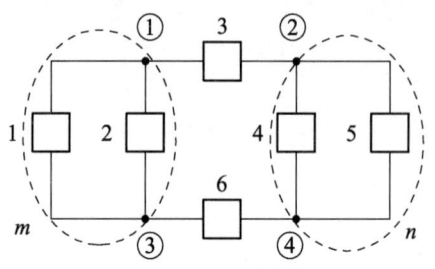

图 1-5　结点、支路和回路

（2）结点：电路中两条或两条以上支路的连接点称为结点。在图 1-5 中，共有 4 个结点。通常将三条或三条以上支路的连接点称为结点。

（3）广义结点：指电路中的任一封闭面。如图 1-5 中由虚线构成的闭合路径 m、n 表示两个封闭面。

（4）路径：两结点间的一条通路称为路径。路径由支路构成。图 1-5 中，结点 1 和结点 2 之间路径有支路 3、支路（2、6、4）、支路（1、6、4）等。

（5）回路：电路中任一闭合路径称为回路。

图 1-5 中，支路（2、3、4、6）构成一回路。同理，支路（2、3、5、6）、（1、3、5、6）、（1、2）等都是回路。

（6）网孔：对于平面电路，电路中的任一内部不含任何支路的闭合路径称为网孔。它是内部不含支路的回路，是最小的回路。在图 1-5 中，支路（2、3、4、6）、（1、2）、（4、5）都是网孔。

1.1.3　集总参数电路和分布参数电路

实际电路中存在能量损耗、电场储能和磁场储能三种基本电磁现象。人们通常用电阻参数反映能量损耗，用电容参数和电感参数表征电路的电场储能和磁场储能性质。上述三种电磁效应在实际电路中具有连续分布的特性，是否要考虑参数的分布性，取决于实际电路的几何尺寸（l）与电路工作时电磁场的波长（λ）之间的关系。若实际电路的几何尺寸（l）要远远小于电路工作时电磁场的波长（λ）时，即

$$l \ll \lambda, \quad \lambda = c/f, \quad c = 3 \times 10^8 \text{ m/s}（光速）$$

此时认为电路参数的分布性对电路性能的影响程度很小，可将具有分布特性的电路参数集中起来，构成集总参数元件模型，这样每一种集总参数元件就只表示一种电磁特性，且其电磁特性还可以用数学方法精确地定义出流过它的电流和端钮间的电压。这样的元件（电阻、电容、电感）称为集总参数元件。由集总参数元件组成的电路称为集总参数电路。在集总参数电路中，任何时刻该电路任何地方的电流、电压都是与其空间位置无关的确定值。例如，我们电力系统照明用电的正常工作频率为 50 Hz，其所对应的波长为 $\lambda = c/f =$ 6 000 km。对于大多数用电设备来说，其尺寸与之对应波长相比可以忽略不计，采用集总参数概念是合适的。而对于远距离的通信线路和电力输电线路，其长度可达几百千米甚至数千千米，与电路工作时电磁场的波长处于同一数量级，则不能按集总参数电路模型来处理，或者说电路各处既有电阻，也有电容和电感，这样的电路称为分布参数电路。又如，在微波电路中，信号的波长 $\lambda = 0.1 \sim 10$ cm，此时，波长与元件尺寸属同一数量级，这样的电路只能按分布参数电路模型来处理。本书只讨论集总参数电路。

1.2 电路基本物理量

在电路分析中，电路的工作状态通常可以用电荷、磁链、电流、电压、功率和能量等变量来描述，电路分析的任务在于分析这些变量。这些变量中最常用到的便是电流、电压和功率，并且电压和电流在电路中比较容易通过仪器测量和观察，功率又可由电压、电流算得。因此，电路分析往往侧重于电压和电流两个基本变量的求解。

1.2.1 电 流

带电粒子有规则地定向运动形成电流。单位时间内通过导体横截面的电荷量，称为电流强度 $i(t)$，它具有大小、方向等物理量的基本特征。在电路分析中经常使用。为了方便，电流强度简称为电流。其表达式是

$$i(t) = \frac{dq}{dt} \tag{1-1}$$

式中，在国际单位制（SI）中，电荷 q 的单位为库伦（C），时间 t 的单位为秒（s），电流 i 的单位为安（A）。电流比较小时，也可用毫安（mA）、微安（μA）表示。

$$1 \text{ A} = 10^3 \text{ mA} = 10^6 \text{μA}$$

电流强度是用以衡量电流大小的常用的物理量，因此，"电流"一词经常带有两重含义：一是指一种物理现象，二是指一个物理量及这个量的大小。

电流是有方向的，通常规定正电荷运动的方向为电流的实际方向。在电路元件中流动的电流的实际方向只有两种可能，如图1-6（a）所示。

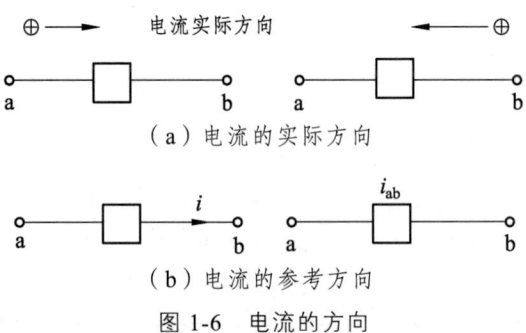

图 1-6 电流的方向

但在电路分析中,有些复杂电路的某些支路事先无法确定实际方向,如图 1-7(a)中电阻 R_3 的电流实际方向不是一看便知的,但它的实际方向要么从 a 流向 b 要么从 b 流向 a;同理,有些电流是交变的,也无法标出实际方向,如图 1-7(b)所示。为分析方便,只能先任意假定一方向,这个假定的方向就称为电流参考方向,根据参考方向和计算结果,才能确定电流的实际方向。

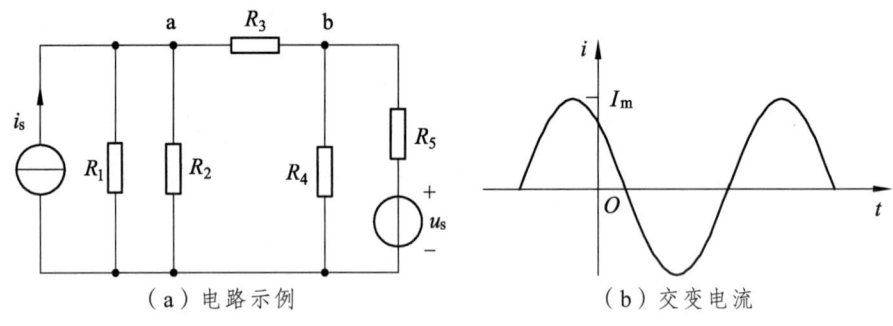

图 1-7 分析复杂电路中的电流方向

电流参考方向的两种表示:一是用箭头表示,箭头的指向为电流的参考方向;二是用双下标 i_{ab} 表示,电流的参考方向由 a 指向 b,如图 1-6(b)所示。

在对电路中电流假设参考方向以后,若经计算得电流为正值,说明所设参考方向与实际方向一致;若经计算得电流为负值,说明所设参考方向与实际方向相反。电路分析所涉及的电流均指参考方向的电流,在分析计算电路时,必须在电路中先标出电流的参考方向,电流值的正与负在设定参考方向的前提下才有意义。

例 1-1 电路中流过某元件的电流为 i,电流参考方向从 a 指向 b,如图 1-8(a)所示。若经过计算或测量得到 $i = -2$ A,则电流的实际流动方向与参考方向相反,即从 b 经过元件流向 a,如图 1-8(b)中电流 i_1,则 i_1 为 2 A。

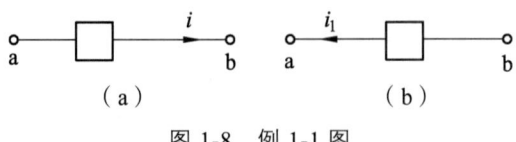

图 1-8 例 1-1 图

电流通常分为直流电流和交流电流两大类:大小和方向均不随时间变化的电流称为

恒定电流用 I 表示，简称直流，简写 dc 或 DC。大小和方向均可随时间变化的电流称为交变电流用 $i(t)$ 表示，简称交流，简写 ac 或 AC，如图 1-9 所示。为了方便，在谈及电流时，统一用 $i(t)$，也常将 $i(t)$ 简写为 i。

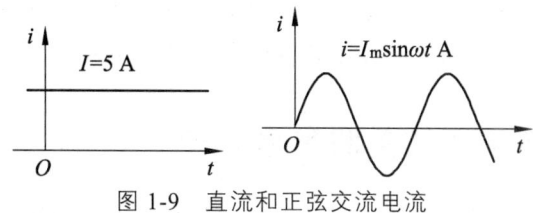

图 1-9 直流和正弦交流电流

1.2.2 电压和电位

电压也是描述电路性能的基本物理量，和电流相似，它也具有大小、方向等物理量的基本特征。

在一段电路中，假设正电荷 dq 从 A 点到 B 点时电场力做功为 dW，则 A、B 间的电压为

$$u_{AB} = \frac{dW}{dq} \quad (1-2)$$

式中，功 W 的单位为焦耳（J），电量 q 的单位为库仑（C），电压 u 的单位为伏（V）。其他常用的单位有千伏（kV）、毫伏（mV）等。

电压的实际方向规定为由高电位指向低电位，即电压降的方向，一般用符号"+""−"表示。在电路分析中，同样存在难以确定某段电路电压的实际方向，因此采用参考方向的方法，即任意假定一个方向，在指定参考方向后，计算结果显示的电压正负值就有明确的物理意义，正值说明参考方向与实际方向相同，负值说明二者方向相反。

参考方向的三种表示方法：一是用箭头表示，如图 1-10（a）所示；二是用符号"+"、"−"表示，如图 1-10（b）；三是用双下标 u_{ab} 表示，电压的参考方向为 a 端高电位、b 端低电位，如图 1-10（c）所示。

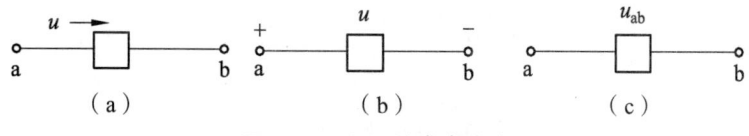

图 1-10 电压的参考方向

电压和电流一样，也分为直流电压和交流电压两大类，分别用 U 和 $u(t)$ 表示。为了方便，在谈及电压时，统一用 $u(t)$ 表示，也常将 $u(t)$ 简写为 u。

在电路分析中，常用到"电位"的概念。电路中常假设一个零电位点，符号为"⊥"，称为参考点。电路中某点的电位被定义为该点与参考点之间的电压，所以计算电位的方

法与计算电压的方法完全相同。电位的单位与电压单位相同，符号为 u 或 φ。电路中任一支路的电压等于该支路两端电位之差，故电压又称为电位差。同一电路，若电位参考点选择不同，则电位具有不同的值，但两点间的电压不变。原则上讲，电位参考点可以任意选择，但通常会根据具体研究对象来选择合适的参考点，如电力系统中一般以大地为零电位参考点，而电磁场中则将无穷远处看做电位参考点。

1.2.3　电流与电压的关联参考方向

对一个确定的电路元件或支路而言，若电流的参考方向是从电压参考极性的"+"流向"–"，则称电流与电压为关联参考方向，简称关联方向，如图 1-11（a）所示，否则即为非关联方向，如图 1-11（b）中 u 与 i 为非关联方向。

关联参考方向

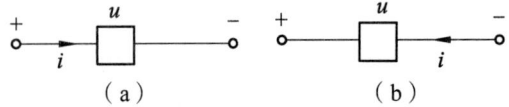

图 1-11　关联参考方向和非关联参考方向

电压、电流的参考方向可任意假定，互不相关，但为了分析电路时方便，常常采用关联参考方向。

例 1-2　图 1-12 所示电路中，电压 u 和电流 i 的参考方向是否关联？

解：在考察电压和电流变量的参考方向是不是关联时，要看是对哪部分而言，如图 1-12 所示电路，对元件 A 而言，u 与 i 为非关联方向；对元件 B 而言，u 与 i 为关联方向。

应当注意的是，参考方向的概念虽然非常简单，但却极其重要，而且参考方向一旦选定，在电路的分析过程中就不能进行更改，同时还应注意不要将参考方向和实际方向混淆，否则将造成计算错误。

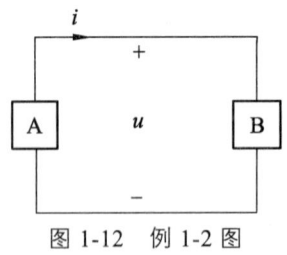

图 1-12　例 1-2 图

1.2.4　功率和能量

在电路中，单位时间电场力所做的功，称为电功率，简称功率，用符号 $p(t)$ 表示。

第1章 电路模型和电路定律

$$p(t) = \frac{dw}{dt} \tag{1-3}$$

式中，dw/dt 为单位时间内电场力所做的功，同时又是该元件所吸收的功率。从式（1-3）可见，功率一般情况下是时间 t 的函数，因此又称为瞬时功率，用小写英文字母 p 表示。

电功率是与电压和电流密切相关的量，若某元件两端的电压为 $u(t)$，在 dt 时间内通过该元件的电荷为 dq，由表达式：

$$u(t) = \frac{dw(t)}{dq(t)}$$

$$i(t) = \frac{dq(t)}{dt}$$

得

$$dw(t) = u(t)dq(t) = u(t)\frac{dq(t)}{dt}dt = u(t)i(t)dt \tag{1-4}$$

因此，功率的计算公式为

$$p(t) = \frac{dw(t)}{dt} = u(t)i(t) \tag{1-5}$$

电流 i 的单位为安（A），电压 u 的单位为伏（V）时，能量的单位为焦耳（J），当时间的单位为秒（s）时，功率的单位是瓦特（W）。

由式（1-5）表明，任意二端元件在任意瞬间所吸收的功率等于该瞬间作用在该元件上的电压和流过该元件的电流的乘积，而与该元件本身的特性无关。该式可看作元件所吸收的功率的定义式，它是电路理论中一个非常重要的基本关系式。

在具体的电路中，有些元件吸收功率，另一些元件则发出功率，而式（1-5）定义的是元件吸收的功率，这时可根据计算结果的正负来判断元件实际上是吸收功率还是发出功率。

当 $p > 0$ 时，元件吸收正的功率，即实际上是吸收功率；当 $p < 0$ 时，元件吸收负的功率，即实际上是发出功率。

需要强调的是，式（1-5）是在元件上电流和电压取关联参考方向的条件下得到的。如某元件上电流和电压取非关联参考方向，且仍约定 $p > 0$ 时，元件吸收功率，$p < 0$ 时，元件发出功率，则应在功率的计算式前加负号，即

$$p = -ui \tag{1-6}$$

在 t_0 到 t 的时间内，元件吸收的能量可以表示为

$$W(t) = \int_{q(t_0)}^{q(t)} u dq = \int_{t_0}^{t} ui dt \tag{1-7}$$

式中，电压 u 的单位为伏特（V），电流 i 的单位为安培（A），则能量 W 的单位为焦耳（J）。电力公司通常以瓦特·时（W·h）为单位度量能量，1 W·h = 3600J。

例 1-3 （1）在图 1-13（a）中，已知元件 1 吸收的功率为 -20 W，$I_1 = 5\text{ A}$，求电压 U_1；（2）在图 1-13（b）中，已知元件 2 发出的功率为 -12 W，$U_2 = -4\text{ V}$，求电流 I_2。

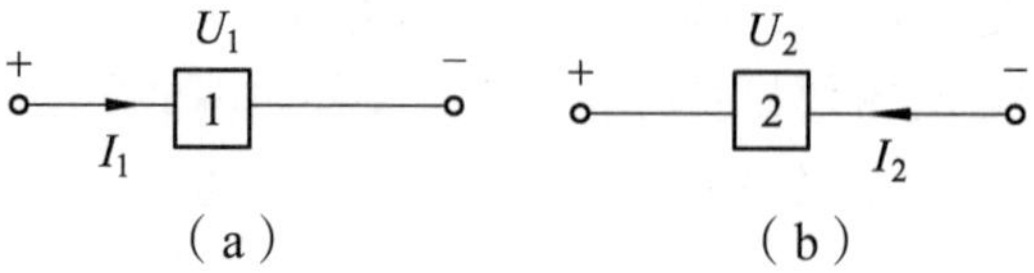

图 1-13 例 1-3 图

解：（1）因电压、电流为关联参考方向，功率为

$$P_1 = U_1 I_1$$

$$U_1 = \frac{P_1}{I_1} = \frac{-20}{5} = -4\text{ (V)}$$

元件 1 吸收的功率为负值，表明该元件实际为发出功率，即发出功率 20 W。

（2）元件 2 发出的功率为负值，表明实际为吸收功率，即吸收 12 W 功率。电压、电流为非关联参考方向，功率为

$$P_2 = -U_2 I_2$$

$$I_2 = -\frac{P_2}{U_2} = -\frac{12}{-4} = 3\text{ (A)}$$

由例题可见，计算功率时应注意：正确地选择功率的计算式，采用公式 $p = ui$ 或 $p = -ui$ 中的哪一个是根据电压、电流的参考方向来决定的。当 u、i 为关联参考方向时，用公式 $p = ui$；当 u、i 为非关联参考方向时，用公式 $p = -ui$。

例 1-4 在图 1-14 中，若各电流均为 2 A，各电压均为 5 V，其参考方向如图中所示，求图中各元件吸收或发出的功率。

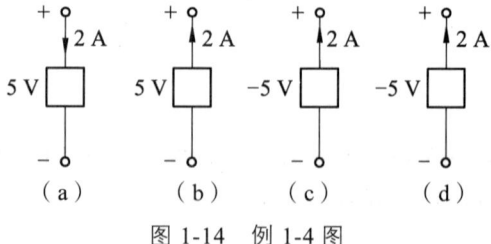

图 1-14 例 1-4 图

解：图 1-14（a）所示元件，电压、电流为关联参考方向，因此
$p = ui = 5 \times 2 = 10\text{ (W)} > 0$，元件吸收 10 W 的功率。

图 1-14（b）所示元件，电压、电流为非关联参考方向，因此
$p = -ui = -(5 \times 2) = -10\text{ (W)} < 0$，元件发出 10 W 的功率。

图 1-14（c）所示元件，电压、电流为关联参考方向，因此
$$p = ui = (-5) \times 2 = -10 \text{（W）} < 0$$，元件发出 10 W 的功率。

图 1-14（d）所示元件，电压、电流为非关联参考方向，因此
$$p = -ui = -(-5) \times 2 = 10 \text{（W）} > 0$$，元件吸收 10 W 的功率。

1.3　电阻元件

电阻元件是电路中最基本的无源元件，了解它的特性是分析电路的基础。

1.3.1　线性电阻

电阻元件的电路模型如图 1-15 所示，关联参考方向下，在 u、i 平面上，u、i 间关系是一条通过原点 O 的直线，如图 1-16 所示，具有这样伏安特性曲线的电阻元件，称为线性电阻。在后面的内容中，如不特别指明，所讨论的电阻都是指线性电阻，简称为电阻。

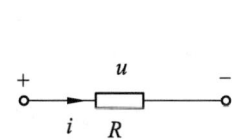
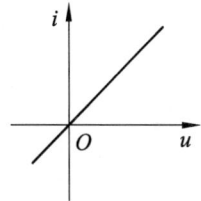

图 1-15　线性电阻的符号　　　图 1-16　线性电阻元件的伏安特性曲线

1.3.2　欧姆定律

欧姆定律是电路分析中重要的基本定律之一，对于线性电阻元件，它说明了电阻上电压与电流的关系，若线性电阻的电压、电流取关联参考方向时，有

$$u(t) = Ri(t) \tag{1-8}$$

式中，R 为大于或等于零的实常数，称为该电阻元件的电阻，单位为欧姆（Ω）。

若假设 $G = \dfrac{1}{R}$，则式（1-8）变为

$$i(t) = Gu(t) \tag{1-9}$$

式中，G 称为电阻元件的电导，单位为西（门子）（S）。

需要说明的是，式（1-8）、（1-9）都是在电阻上电压、电流取关联参考方向的条件下得到的，若电阻上的电压、电流取非关联参考方向，则欧姆定律的表达式为

$$\left.\begin{array}{l}u(t)=-Ri(t)\\i(t)=-Gu(t)\end{array}\right\}\quad\quad\quad(1\text{-}10)$$

欧姆定律表明任意时刻电阻元件上的电压都与该时刻的电流成正比，与前时刻的电流无关，因此电阻元件不具备记忆功能，故又称其为无记忆元件。

1.3.3 开路和短路

开路和短路是电路中常见的现象，即电阻元件存在两种极端情况：为零和无穷大的情况。

从式（1-8）可知，当 $R=0$ 时，对应电流轴上的任意 i 值，都有 $u=0$，所以这时的伏安特性曲线如图 1-17（a）所示，就是电流轴，这种情况称为短路。

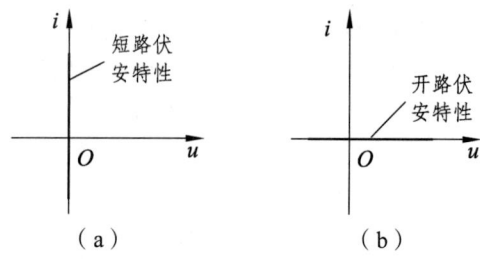

图 1-17 短路和开路的伏安特性

当 R 为无穷大时，对任意给定的 u 值，都有 $i=0$，所以这时的伏安特性曲线如图 1-17（b）所示，就是电压轴，这种情况称为开路。

开路和短路概念十分重要，开路时电流为零，短路时电压为零。

1.3.4 线性电阻元件的功率

在关联参考方向的条件下，电阻上消耗的功率为

$$p(t)=ui=Ri^2=\frac{u^2}{R}\quad\quad\quad(1\text{-}11)$$

或

$$p(t)=ui=Gu^2=\frac{i^2}{G}\quad\quad\quad(1\text{-}12)$$

式中 R、G 都是正实常数，因此功率 p 恒为非负值，表明线性电阻元件在任意瞬间都不可能发出功率，所以线性电阻元件是无源元件。实际上它所吸收的电能全部转换成热能形式而被消耗掉，因此线性电阻元件又是耗能元件。

由于制作材料的电阻率与温度有关，电阻器通过电流后因发热会使温度改变，因此严格说，电阻器带有非线性因素。但是在一定条件下，许多实际电阻器，它们的伏安特性近似为一条直线。所以用线性电阻作为它们的理想模型是合适的。

线性电阻的伏安特性位于第一、第三象限。如果一个线性电阻元件的伏安特性位于第二、四象限，则该元件的电阻为负值，即 R<0。线性负电阻元件实际上一个发出电能的元件。如果要获得这种元件，一般需要专门设计。

例 1–5 在图 1-18 中，已知 $i = -2$ A，R 元件产生 8 W 的功率，求 u 和 R。

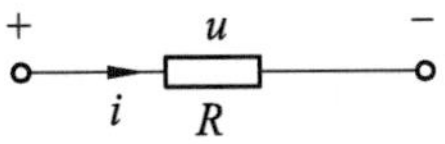

图 1-18 例 1-5 图

解： R 元件产生 8 W 的功率即吸收 -8 W 的功率，故

$$u = \frac{-8}{-2} = 4 \text{ （V）}$$

$$R = \frac{u}{i} = \frac{4}{-2} = -2 \text{ （Ω）}$$

1.4 独立电源

实际工程中常用的发电机、电池能够独立地输出电压，称为独立电压源；用电子器件做成的恒流源可独立地输出电流，称为独立电流源。二者统称为独立电源。实际独立电压源端电压和独立电流源端电流的变化规律主要由独立电源本身所决定，但其大小有时要受外电路的影响，因此在电路分析过程中直接使用将带来不便。通常采取的对策是先建立理想化的电源模型，再用理想化的电源模型和适当的无源元件的组合来构成实际的独立电源模型。

理想化的电源模型有理想电压源和理想电流源两种类型。相对于无源元件而言，理想电压源和理想电流源又统称为有源元件。

1.4.1 理想电压源

如果一个二端元件与任意电路连接后，该元件的两端的电压总能保持为确定的数值，与流过元件的电流无关，则此元件称为理想电压源，也就是说，理想电压源不管流过电源的电流值为多少，电源的端电压总是不变化。

理想电压源的电路模型如图 1-19（a）所示，其中"＋""－"号表示电压源的参考极性，u_s 为理想电压源的端电压。图 1-19（b）中，将理想电压源以外的电路部分统称为外电路。

根据电压源的定义，理想电压源在任意时刻的特性曲线为 u-i 平面上平行于 i 轴的直线。若 u_s 为变化的电源，则某一时刻的伏安关系是平行于 i 轴的直线，如图 1-19（c）表

示在 t_1 时刻电压源的特性曲线。若 $u_s = U_s$，即直流电压源，则其伏安特性为平行于 i 的直线，不随时间改变，如图 1-19（d）所示；电压为零的电压源，伏安曲线与 i 轴重合，相当于短路元件。

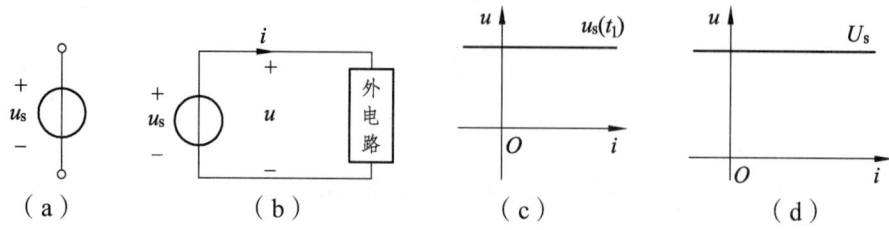

图 1-19　理想电压源及其特性曲线

理想电压源具有如下两个非常重要的特点：

（1）理想电压源端电压的变化规律（大小、变化趋势等）完全由电压源本身所决定，与外电路的变化无关。图 1-19 所示的理想电压源的伏安特性可见，在任意时刻，无论通过电压源的电流的大小、方向如何，其输出电压值不变。

（2）流经理想电压源的电流将随外电路的变化而变化。

假设理想直流电压源其端电压以 u_s 表示。为简化分析过程，取外电路为一可变电阻，如调节可变电阻的值，则流经理想电压源的电流 $i = u_s/R$ 将随可变电阻 R 的变化而变化，但理想电压源的端电压始终不变，如图 1-20（a）所示。

特殊情况下，当 $R = \infty$ 时，$i = 0$。对应 1-20（b）所示外电路断开的情况，也就是说理想电压源可以开路。但需注意的是，理想电压源不能短路。如将理想电压源短路，则相当于外接电阻 $R = 0$，此时流经理想电压源的电流将为无穷大，没有意义。

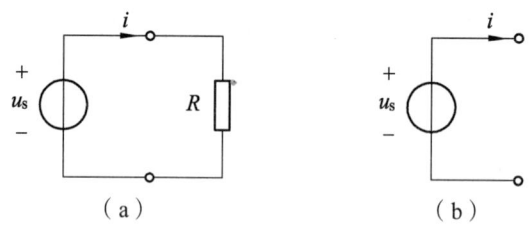

图 1-20　理想电压源的开路

由于电压源的电流取决于外电路，故电压源工作于两种状态，即吸收功率和发出功率。在图 1-20（a）中，电压源的电压和通过电压源的电流的参考方向通常取非关联参考方向，此时，电压源发出的功率为

$$p(t) = u_s(t)i(t) \tag{1-13}$$

它也是外电路吸收的功率。

1.4.2 理想电流源

如果一个二端元件接到任意电路后,由该元件流入电路的电流能保持确定值,而与其两端的电压无关,则此二端元件称为理想电流源。也就是说,理想电流源不管电路的端电压是多少,其流入电路的电流总是不变。采用如图 1-21(a)所示图形符号表示,其中箭头方向表示理想电流源电流的参考方向。

如图 1-21(b)所示,根据电流源的定义,理想电流源在任意时刻的特性曲线为 u-i 平面上平行于 u 轴的直线,若 i_s 为变化的电源,则某一时刻的伏安关系是平行于 u 轴的直线,如图 1-21(c)表示在 t_1 时刻电流源的特性曲线。若 $i_s = I_s$,即直流电流源,则其伏安特性为平行于 u 轴的直线,它不随时间改变,如图 1-21(d)所示。

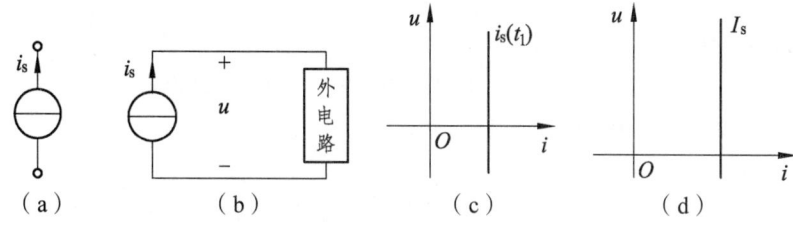

图 1-21 理想电流源及其特性曲线

理想电流源作为一个理想有源元件同样也具有两个非常重要的特点:

(1)理想电流源电流的变化规律(如正弦交变电流源的幅值、角频率等)完全由电流源本身所决定,与外电路的变化无关。

(2)理想电流源的端电压将随外电路的变化而变化。

如图 1-22(a)所示,可知理想电流源的端电压为 $u = Ri$,任意调节可变电阻 R,理想电流源的端电压也会随之改变。特殊情况下,当 $R = 0$ 时,对应图 1-22(b)所示外电路短接的情况,此时电流源的端电压 $u = 0$,即理想电流源可以短路。需注意的是,理想电流源不能开路。如 $R = \infty$ 时将理想电流源开路,此时理想电流源的端电压将为无穷大,也没有意义。

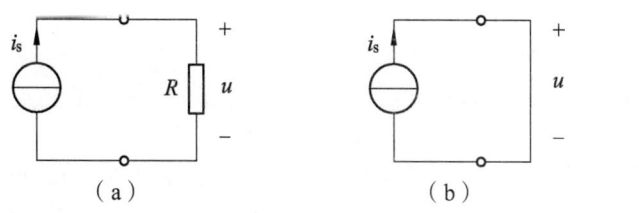

图 1-22 理想电流源的短路

与电压源相似,电流源既可以工作在吸收功率状态也可以工作在发出功率状态。在图 1-22(a)中,电流源电流和电压的参考方向为非关联参考方向,所以电流源发出的功率为

$$p(t) = u(t)i_s(t) \tag{1-14}$$

它也是外电路吸收的功率。

例 1-6 计算图 1-23 中各元件功率。

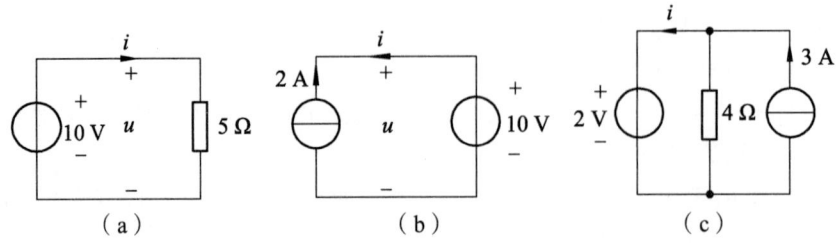

图 1-23 例 1-6 图

解：(a) $u = 10\text{ V}$，$i = 10/5 = 2$（A）

$P_{10\text{ V}} = -ui = -10 \times 2 = -20$（W）（非关联参考方向）；$P<0$，电压源发出功率。

$P_{5\Omega} = Ri^2 = 20$ W；$P>0$，电阻吸收功率。

(b) $u = 10$ V，$i = -2$A，

$P_{10\text{ V}} = -ui = -10 \times (-2) = 20$（W）（非关联参考方向）；$P>0$，电压源吸收功率。

$P_{2\text{ A}} = ui = 10 \times (-2) = -20$（W）；$p<0$，电流源发出功率。

(c) 各元件的功率为

3 A 电流源：非关联参考方向 $P_{3A} = -2 \times 3 = -6$（W），$P<0$，电流源发出 6 W 的功率。

4 Ω 电阻：$P_R = \dfrac{u^2}{R} = \dfrac{2^2}{4} = 1$（W），电阻吸收 1 W 的功率。

2 V 电压源：电压源上电流 i 为

$$i = 3 - \dfrac{2}{4} = 2.5\,(\text{A})$$

关联参考方向 $P_{2V} = 2 \times 2.5 = 5$（W），$P>0$，电压源吸收 5 W 的功率。

可见，独立电源在电路中可以发出功率也可以吸收功率，而电阻只能吸收功率。

1.5 受控电源

在实际电路中经常会出现一些不同电量之间的控制关系，这些电量可以是任意两端之间的电压，也可以是流经任意支路的电流。所以可认为反映控制关系的电路中必定存在一个控制支路（输入端口）和一个受控支路（输出端口），控制支路和受控支路上的电量分别称为控制量和受控制量。

控制量和受控制量之间的控制关系经过理想化处理后，可抽象成"受控源"。当控制关系是线性关系时，受控源为线性受控源，本节主要介绍四种基本的线性受控源。

受控电源又称"非独立"电源，是对电子器件抽象而来的一种模型，如晶体管、耦合电感、运算放大器等都具有输出端的电压或电流受到输入端电压或电流控制的特点，图 1-24（b）所示为图 1-24（a）晶体管的集电极电流 i_c 受基极电流 i_b 的控制。

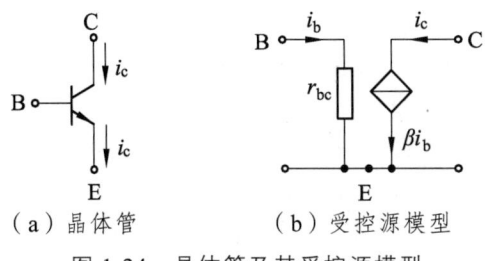

（a）晶体管　　　　　（b）受控源模型

图 1-24　晶体管及其受控源模型

1.5.1　受控电源的模型及其分类

受控源分为受控电压源和受控电流源，由于控制量既可是电压又可是电流，因此，受控源共有四种形式，其模型如图 1-25 所示。

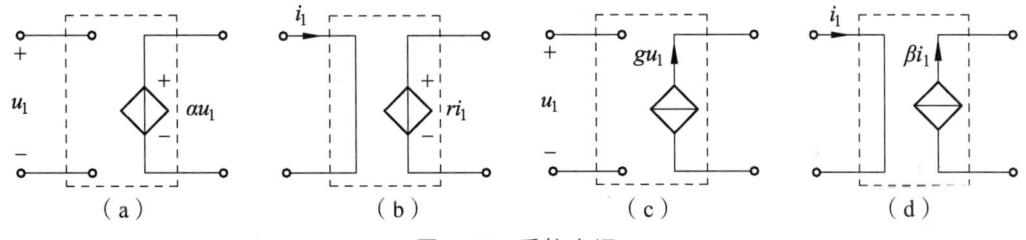

图 1-25　受控电源

图 1-25（a）是电压控制的电压源（VCVS），其输出电压是输入电压 u_1 的 α 倍。它描述了输出支路的电压受输入支路电压的控制关系。控制系数 α 是一个没有量纲的常数，反映了两个支路电压之间的比例关系，称为两个支路（或端口）之间的转移电压比。

图 1-25（b）是电流控制的电压源（CCVS），其输出电压是输入电流 i_1 的 r 倍。即输出端的电压受输入端电流 i_1 的控制，控制系数 r 是一个具有电阻量纲的常数，称为两个支路（或端口）之间的转移电阻。

图 1-25（c）是电压控制的电流源（VCCS），其输出电流是输入电压 u_1 的 g 倍。即输出支路的电流受输入支路电压 u_1 的控制。此处控制系数 g 是一个具有电导量纲的常数，称为两个支路（或端口）之间的转移电导。

图 1-25（d）是电流控制的电流源（CCCS），其输出电流是输入电流 i_1 的 β 倍。即输出端的电流受输入端电流 i_1 的控制，控制系数 β 是一个没有量纲的常数，称为两个支路（或端口）之间的转移电流比。

1.5.2　受控源的特点

受控源具有三个主要特点：

一是受控源输出的电流或电压是电路中某个支路电压或电流的函数，所以在不知控制量时，不能确定受控源输出的电流、电压。

二是受控源输出的电流、电压是电路中某支路电压或电流的函数，所以受控源不能独立存在，必须与控制量同时出现，同时消失。

三是由于表现受控源特性的是电压电流的代数方程，所以，受控源也可以看成电阻元件，它具有电压和电阻的两重性。

需要强调的是，受控源实际上并不是电源，它仅仅反映一个电量对另一个电量的控制关系。受控源与独立电源之间存在着本质上的区别。独立电压（流）源可以独立于外电路产生电压（流），而受控电压（流）源则不能独立产生电压（流），其电压（流）的大小完全取决于控制量。只有当控制量确定且保持不变时，受控源的受控支路则具有独立电源的特征。在分析含有受控电源的电路时，可以把受控电源作为电源来处理，但必须注意其提供的电压或电流是受控制量控制的。

例 1-7 图 1-26 中，已知 $u_s = 10$ V，$R_1 = 1$ kΩ，$R_2 = 100$ Ω，$r = 0.2$ Ω，求 i_2。

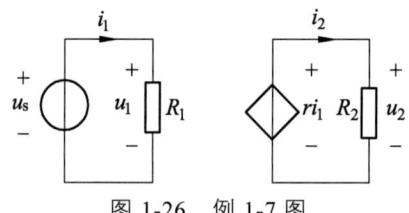

图 1-26 例 1-7 图

解：本例中，受控源与控制量 i_1 分别在不同的电路中，且 i_1 不受 i_2 的影响。因此，先计算出 i_1，再根据受控源的控制关系求出 i_2。

$$i_1 = \frac{u_1}{R_1} = \frac{u_s}{R_1} = \frac{10}{1 \times 10^3} \text{A} = 10 \text{ (mA)}$$

$$i_2 = \frac{u_2}{R_2} = \frac{ri_1}{R_2} = \frac{0.2 \times 10 \times 10^{-3}}{100} \text{A} = 0.02 \text{ (mA)}$$

例 1-8 图 1-27 中，求 u。

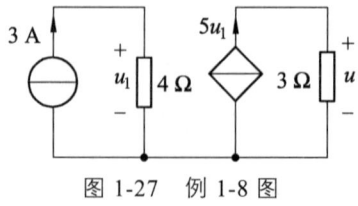

图 1-27 例 1-8 图

解：先求控制电压 u_1，$u_1 = 12$V；所以受控源电流为 $5u_1 = 60$A，3Ω电阻两端的电压为 $u = 180$ V。

1.6 基尔霍夫定律

集总参数电路中各个元件的电流和电压受到两类约束：第一类约束来自元件的特性，每种元件的电压和电流形成一个约束，如线性电阻元件的电压和电流服从欧姆定律。这类约束只与元件的 VCR（Voltage Current Relation，电压电流关系）有关，与元件连接方式无关，称为元件约束；另一类约束来自元件的相互连接方式，与元件特性无关，这类约束由基尔霍夫定律来体现，称为拓扑约束。本节所介绍的基尔霍夫定律是描述电路结构关系的基本电路定律，是贯穿于整个电路理论的基础。它包含着两个基本定律，即基尔霍夫电流定律（KCL）和基尔霍夫电压定律（KVL）。

基尔霍夫定律

1.6.1 基尔霍夫电流定律（KCL）

基尔霍夫电流定律是描述电路中与结点相连的各支路电流之间的相互关系的定律，基尔霍夫电流定律指出：在集总参数电路中，任何时刻流入（或流出）任意结点的支路电流的代数和恒等于零。该关系用数学表达式可写为

$$\sum_{k=1}^{n} i_k = 0 \qquad (1\text{-}15)$$

式中，电流的代数和是根据电流是流出结点还是流入结点判断。若流出结点的电流前面取"+"号，则流入结点的电流前面取"-"号；电流是流出还是流入结点，均根据电流的参考方向判断。

图 1-28 所示电路，将 KCL 分别应用到结点①、②、③中，有

结点① $i_1 - i_2 - i_5 = 0$
结点② $-i_1 + i_2 + i_3 = 0$
结点③ $-i_4 + i_5 - i_6 = 0$

上式可改写为

结点① $i_1 = i_2 + i_5$
结点② $i_2 + i_3 = i_1$
结点③ $i_5 = i_4 + i_6$

上式表明，流出结点①、②、③的支路电流等于流入该结点的支路电流。它可以理解为，任何时刻，流出任一结点的支路电流等于流入该结点的支路电流。

基尔霍夫电流定律的一般形式是对电路中每一个结点而言的，但可推广到闭合面。它表明任何时刻流入（或流出）电路中的任一个闭合面的支路电流的代数和恒等于零。例如，对图 1-28 所示电路中虚线框所表示的闭合面，如假定流出闭合面的电流为正，则可列出如下形式的基尔霍夫电流方程，即

$$i_5 - i_3 = 0$$

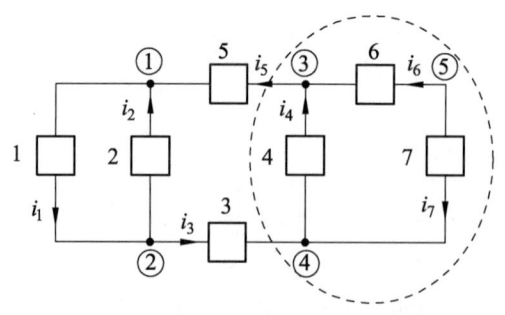

图 1-28 基尔霍夫电流定律（KCL）

实际上，只需将前面所列结点①、②的基尔霍夫电流方程左右两侧同时相加即可得到该式。

关于 KCL 的应用，应明确：KCL 具有普遍意义，适用于任意时刻、任意激励的一切集总参数电路，不管电路元件是线性的、非线性的、含源的、无源的等等。应用 KCL 列写电流方程时，仅考虑了结点连接了哪些支路，以及这些支路电流的参考方向是流出结点还是流入结点，根本没有涉及各支路是什么样的电路元件，因此表明 KCL 方程与电路元件性质无关。

例 1-9 电路如图 1-29 所示，求 i_1、i_2。

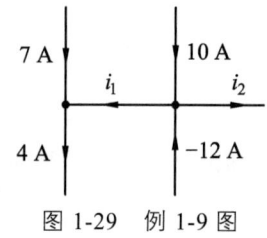

图 1-29 例 1-9 图

解：对左边结点应用 KCL，有

$$4 - 7 - i_1 = 0 \qquad i_1 = -3 \,(A)$$

对右边结点应用 KCL，有

$$i_1 + i_2 - 10 - (-12) = 0 \qquad i_2 = 1 \,(A)$$

1.6.2 基尔霍夫电压定律（KVL）

KVL 是描述电路回路中的各支路上的电压之间相互关系的定律，基尔霍夫电压定律指出：在集总参数电路中，任何时刻，沿任一回路，所有支路电压的代数和恒等于零。

沿任一回路有

$$\sum_{k=1}^{n} u_k = 0 \qquad (1\text{-}16)$$

在上式中，首先需要任意指定一个回路的绕行方向，凡支路电压方向与回路绕行方向一致者,该支路电压前面取"+",支路电压参考方向与回路绕行方向相反者,前面取"-"。

图 1-30 所示电路中标出了三个回路的绕行方向和各支路电压的参考方向,于是根据基尔霍夫电压定律可分别列出各回路所对应的 KVL 方程为

回路 1　　$-u_1 + u_2 + u_5 - u_3 = 0$

回路 2　　$-u_2 - u_4 = 0$

回路 3　　$-u_5 + u_6 = 0$

因此结点①、②间的电压 u 为

$$u = u_2 = u_1 + u_3 - u_5 = -u_4$$

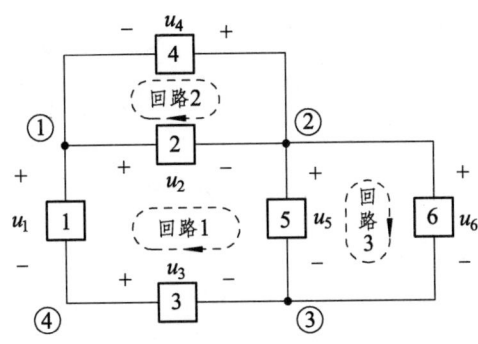

图 1-30　基尔霍夫电压定律(KVL)

上式表明基尔霍夫电压定律实质上是电压与路径无关这一性质的不同表现形式。由此可以得出 KVL 的另一种表达方式:在任何时刻,电路中任意两点间的电压等于两点间任一条路径经过的各元件电压的代数和。元件电压方向与路径绕行方向一致时取正号,相反取负号。电压计算与路径无关。

基尔霍夫定律是电磁运动规律在集总参数电路条件下的反映。基尔霍夫电流定律是电荷守恒原理的体现,基尔霍夫电压定律是能量守恒原理的体现,这两个定律是建立集总参数电路模型乃至电路理论的最基本的定律。

例 1-10　电路如图 1-31 所示,求 3 A 电流源和 4 V 电压源发出的功率。

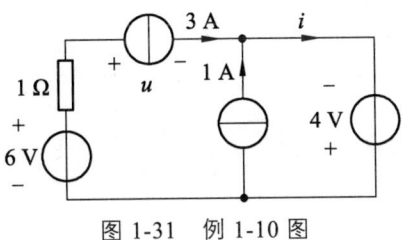

图 1-31　例 1-10 图

解:对上面结点使用 KCL,有

$$i = 3 + 1 = 4 \text{ (A)}$$

又

$$u - 4 - 6 + 1 \times 3 = 0$$

得　　　　　　$u = 7\,(\text{V})$

3 A 电流源的功率为 $P_{3A} = 3u = 3 \times 7 = 21\,(\text{W})$（关联参考方向）

3 A 电流源发出 –21 W 的功率

4 V 电压源的功率为 $P_{4V} = -4i = -4 \times 4 = -16\,(\text{W})$（非关联参考方向）

4 V 电压源发出 16 W 的功率。

例 1-11　电路如图 1-32（a）所示，求图中 1 V 电压源流过的电流 I 及 $3U$ 受控电流源的功率，并验证功率守恒。

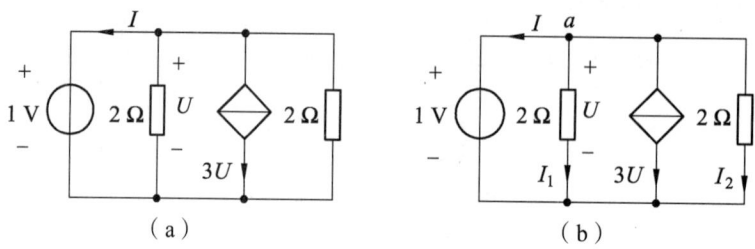

图 1-32　例 1-11 图

解：假设 I_1、I_2 电流参考方向如图 1-32（b）所示。

由图可知　　$U = 1\,\text{V}$

$$I_1 = I_2 = \frac{U}{2} = 0.5\,(\text{A})$$

a 结点应用 KCL，有　　$I = -(I_1 + I_2 + 3U) = -4\,(\text{A})$

$P_{1V} = 1 \times (-4) = -4\,(\text{W})$　　发出功率（关联参考方向）

$P_{3U} = 3U \times U = 3\,(\text{W})$　　吸收功率（关联参考方向）

$P_R = 2 \times I_1^2 + 2 \times I_2^2 = 1\,(\text{W})$ 吸收功率

故 $P_发 = P_吸$，功率守恒。

例 1-12　电路如图 1-33（a）所示，$R_1 = 1\,\Omega$，$R_2 = 2\,\Omega$，$R_3 = 3\,\Omega$，$U_{s1} = 3\,\text{V}$，$U_{s2} = 1\,\text{V}$，求电阻 R_1 两端的电压 U_1。

解：假设电流、电压参考方向，如图 1-33（b）所示。

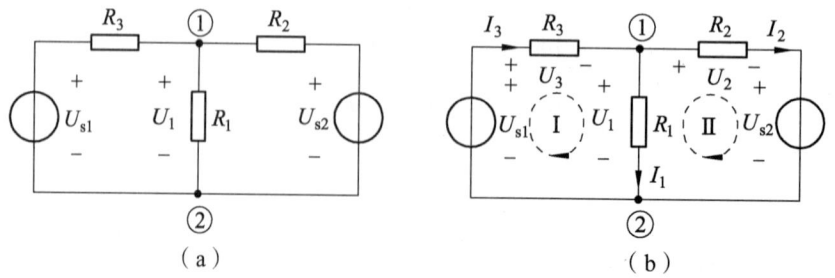

图 1-33　例 1-12 图

对回路 I，绕行方向如图 1-33（b）所示，应用 KVL 有

$$U_1 + U_3 - U_{s1} = 0 \quad 即 \quad U_3 = -U_1 + U_{s1} = 3 - U_1$$

对回路Ⅱ，有

$$-U_1 + U_2 + U_{s2} = 0 \quad 即 \quad U_2 = U_1 - U_{s2} = U_1 - 1$$

对结点①，应用 KCL 有

$$I_1 + I_2 - I_3 = 0$$

代入欧姆定律得

$$\frac{U_1}{R_1} + \frac{U_2}{R_2} - \frac{U_3}{R_3} = 0$$

代入 U_2 和 U_3 的表达式及各电阻值，有

$$\frac{U_1}{1} + \frac{U_1 - 1}{2} - \frac{3 - U_1}{3} = 0$$

求得

$$U_1 = \frac{9}{11} = 0.81 \, (\text{V})$$

例 1-13 电路如图 1-34（a）所示，已知 $U_s = 14\ \text{V}$，$R_1 = 2\ \Omega$，$R_2 = 1\ \Omega$，$I_d = 2I$，$U_d = 3U$，求电流 I 及电压 U。

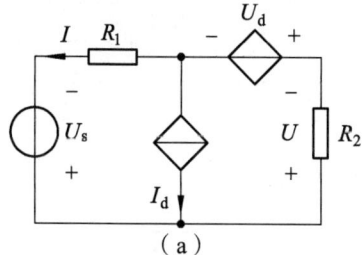
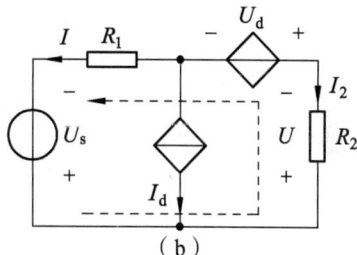

图 1-34　例 1-13 图

解：假设电流 I_2，根据 KCL 有

$$I + I_d + I_2 = 0$$

即

$$I + 2I + I_2 = 0$$
$$I_2 = -3I$$

对图 1-34（b）所选回路应用 KVL，有

$$R_1 I - U_s - R_2 I_2 + U_d = 0$$

根据条件有

$$U_d = 3U$$

而

$$U = -R_2 I_2$$

带入数据并整理，得

$$2I - (-3I) + 3(3I) = 14$$
$$I = 1\ \text{A}$$
$$U = -R_2 I_2 = -(-3 \times 1) = 3\ (\text{V})$$

至此，我们介绍了电路的两类约束——元件约束和拓扑约束，这是电路分析的基本依据，在后续的章节里可以直接利用两类约束列方程求解电路，也可以利用它分析和研究电路得到更多分析电路的方法。

1.7 实践与应用

1.7.1 用电安全

如果没有安全用电知识，就很容易发生触电、火灾、爆炸等电气事故，以至影响生产，危及生命。在电气事故中触电事故是常见的，占电气事故的大部分，而在众多触电事故中，最为严重的是电击。电击就是电流通过人的身体内部，使组织细胞受到破坏，引起心脏、呼吸系统以及神经系统麻痹，严重的电击会直接危及人的生命。电流对人体的作用特征如表1-2所示。

表1-2 电流对人体的作用特征

电流/mA	作用特征	
	50~60 Hz 交流	直流
0.6~1.5	开始有感觉——手轻微颤抖	没有感觉
2~3	手指强烈颤抖	没有感觉
5~7	手部痉挛	感觉痒和热
8~10	手已难于摆脱带电体，但还能摆脱。手指尖部到手腕剧痛	热感觉增加
20~25	手迅速麻痹，不能摆脱带电体。剧痛，呼吸困难	热感觉大大加强。手部肌肉收缩
50~80	呼吸麻痹，心室开始颤动	强烈的热感觉。手部肌肉收缩、痉挛，呼吸困难
90~100	呼吸麻痹，延续3 s或更长时间，则心脏麻痹、心室颤动	
300及以上	作用0.1 s以上时，呼吸和心脏麻痹，机体组织遭到电流热破坏	

显然，通过人体的工频电流超过50 mA时，心室开始颤动，出现致命的危险。实验证明：电流大于30 mA时，心脏就会发生心室颤动的危险，因此，30 mA作为致命电流的一极限。漏电保护器的漏电脱扣器电流定为30 mA，就是此理。日常用电，必须遵守安全相关规则，保证用电安全。

1.7.2 常用导线及截面选用

常用导线按照结构特点，可分为绝缘导线、裸导线、电磁线和电缆等。

1. 绝缘导线

绝缘导线是用铜或铝做导电线芯,外层覆以绝缘材料的电线。常用的外层绝缘材料有聚氯乙烯塑料和橡胶等。

2. 裸导线

常用的裸导线有 LJ 裸铝绞线、TJ 裸铜绞线和 LGJ 钢芯铝绞线三种。钢芯铝绞线强度较高,用于电压较高或电杆挡距较大的线路上。一般低压电力线路多采用铝绞线。

3. 电磁线

电磁线是指专用于电能与磁能相互转换的带有绝缘层的导线,常用于电动机、电工仪表、变压器等设备的绕组。常用的电磁线,按使用的绝缘材料不同分为漆包线和绕包线。漆包线主要用于制造中小型电动机、变压器、电器线圈等;绕包线则常用于大中型、耐高温的设备中。

4. 电缆

电缆是一种特殊的导线,它是一根或数根绝缘导线组合成线芯,裹上相应的绝缘层(橡皮、纸或塑料),外面再包上密闭的护套层(常为铝、铅或塑料等)。

5. 导线截面选用

导线是电路中传输电能和信号的主要载体,其截面的选用需要综合考虑电流负载、电压降、环境温度和安全因素等因素,这里主要讲解电流负载和导线截面的关系。导线截面积决定了导线的载流能力,所谓导线的载流能力,是指在规定的环境温度条件下,导线能够连续承受而不致使其稳态温度超过允许值的最大电流。表 1-3 是 YJV 电缆安全载流量。通常导线允许通过的电流强度与导线的截面积成正比,即截面积越大,导线的载流能力越强。在工程实践中,导线载流量除与工作温度有关外,还与敷设方式、使用环境等有关。因此,我们需要综合考虑来确定合适的导线规格,以满足电路传输需求,确保电路的安全和可靠运行。

表 1-3 YJV 电缆安全载流量

标称截面/mm^2	载流量/A		标称截面/mm^2	载流量/A	
	空气中	土壤中		空气中	土壤中
1.5	20	31	50	161	210
2.5	27	41	70	204	257
4	35	53	95	252	310
6	45	66	120	291	351
10	63	90	150	333	391
16	84	117	185	385	445
25	113	151	240	457	516
35	139	181	300	527	583

习 题

1-1 电路如图所示,若各元件电压和电流的参考方向如图所示,且通过计算或测量得知:$I_1 = 1$ A,$I_2 = -1$ A,$I_3 = -1$ A;$U_1 = 1$ V,$U_2 = -3$ V,$U_3 = 8$ V,$U_4 = -4$ V,$U_5 = 7$ V,$U_6 = -3$ V。试标出各电流的真实方向及各电压的真实极性。

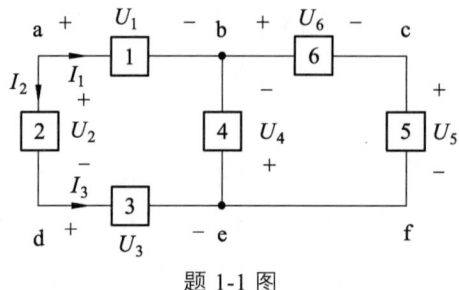

题 1-1 图

1-2 试计算各元件功率并判断是吸收还是发出功率。

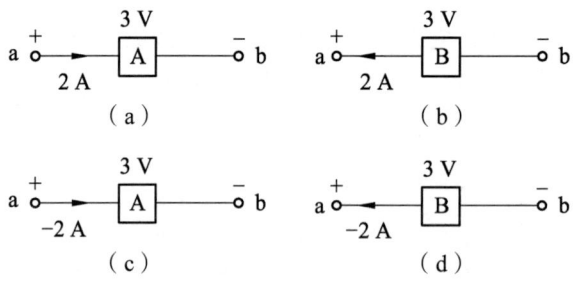

题 1-2 图

1-3 求图中各段电压的电压 u_{ab}。

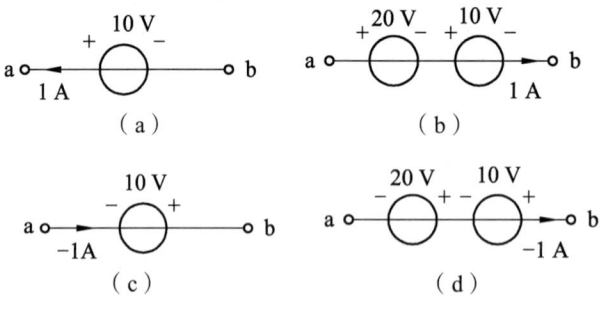

题 1-3 图

1-4 在指定的电压 u 和电流 i 参考方向下,写出各元件 u 和 i 约束方程。

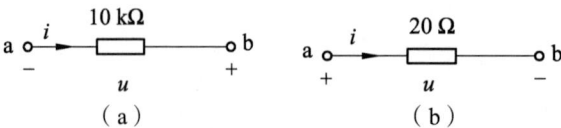

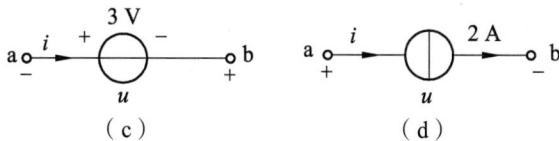

题 1-4 图

1-5 在指定的电压 u 和电流 i 参考方向下，写出各支路 u 和 i 约束方程。

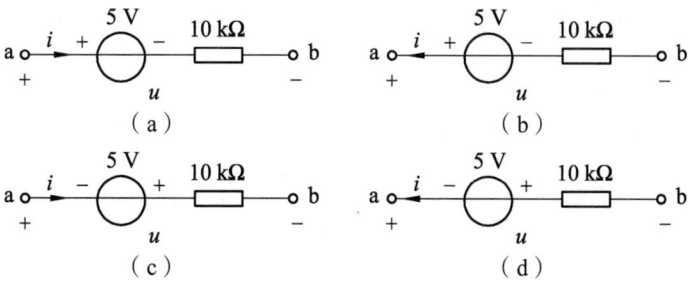

题 1-5 图

1-6 电路如图所示，求图中 A 点的电位。

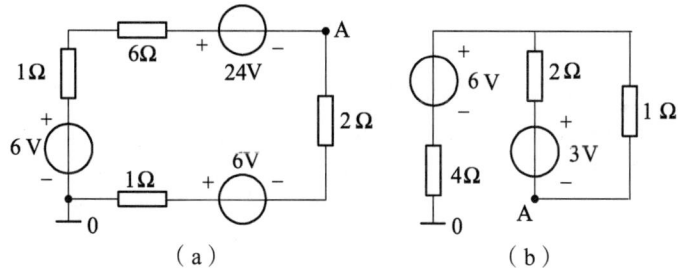

题 1-6 图

1-7 电路如图，分别计算各元件的功率。

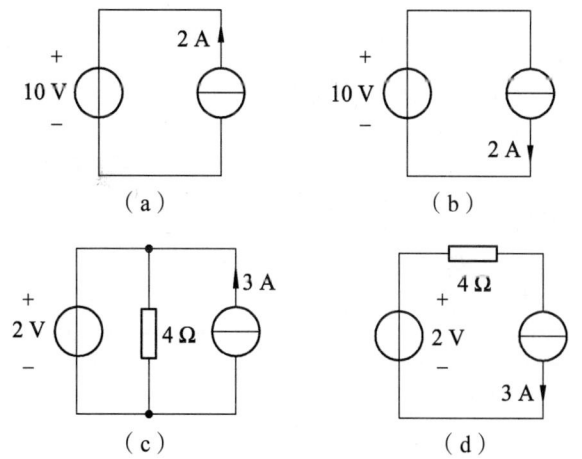

题 1-7 图

1-8 求图中支路 B 吸收的功率。

1-9 求图中受控源的功率。

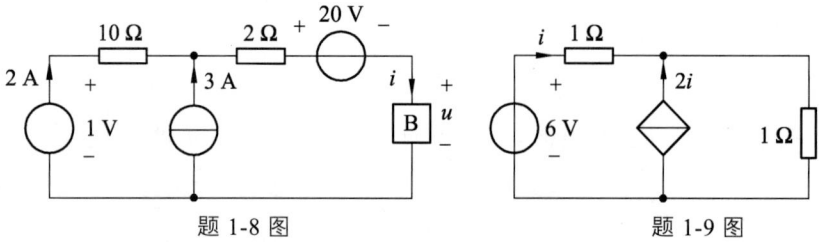

题 1-8 图　　　　题 1-9 图

1-10 求图中的电流 I 和电压 U。

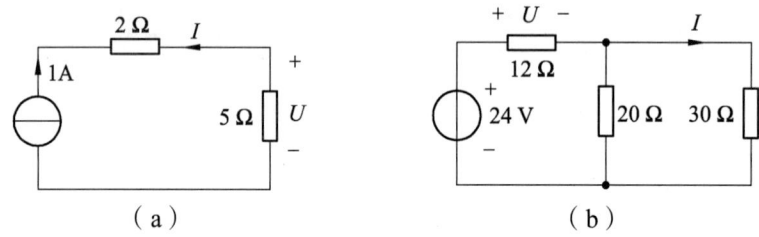

（a）　　　　（b）

题 1-10 图

1-11 求图示各电路的电压 U 及电流 I。

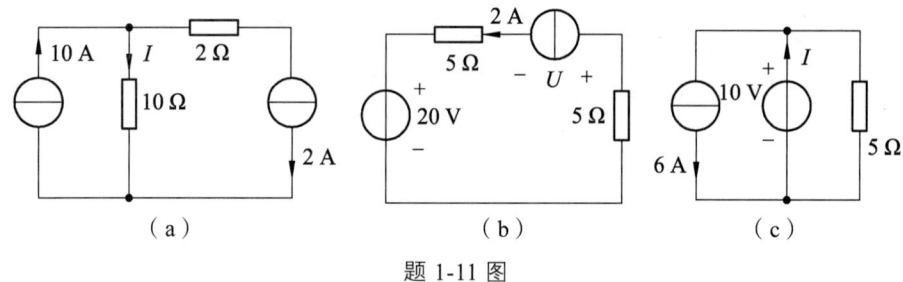

（a）　　　（b）　　　（c）

题 1-11 图

1-12 求所有电阻上的电压及各电压源上的电流。

1-13 求图示电路中各元件吸收的功率。

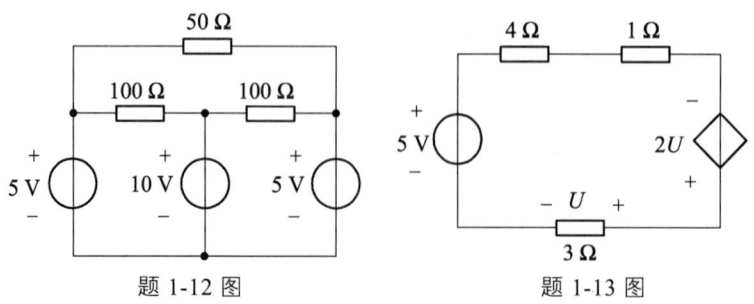

题 1-12 图　　　　题 1-13 图

1-14 电路如图，求电压 U。

1-15 电路如图，求两个受控源发出的功率。

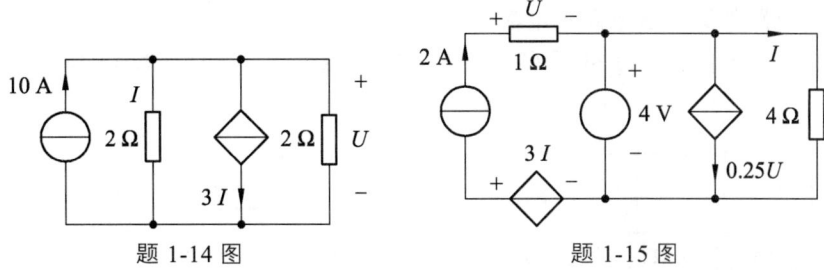

题 1-14 图　　　　　　题 1-15 图

1-16　电路如图，$R_1 = 1\ \Omega$，$R_2 = 3\ \Omega$，$U_{s1} = 2\ \text{V}$，$U_{s2} = 4\ \text{V}$。求 I_1、I_2、I_3。

1-17　电路如图，求各支路电流。

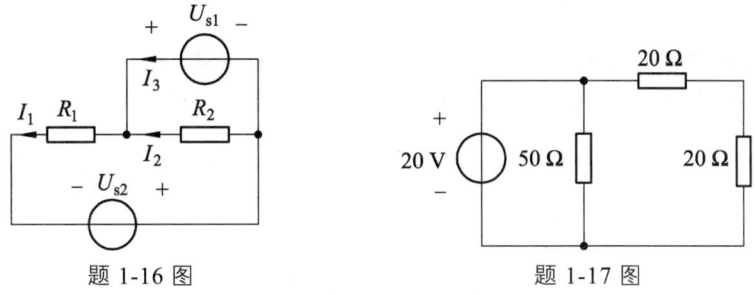

题 1-16 图　　　　　　题 1-17 图

1-18　电路如图，求支路电流 I_1 和 I_2。

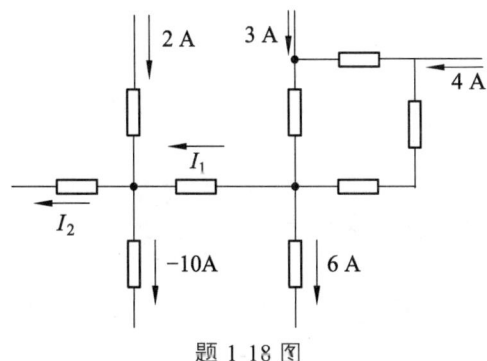

题 1-18 图

1-19　电路如图，求电压 u_{ab}，并讨论其功率平衡。

1-20　电路如图，求电路中电压源电压 u_s 和受控源功率。

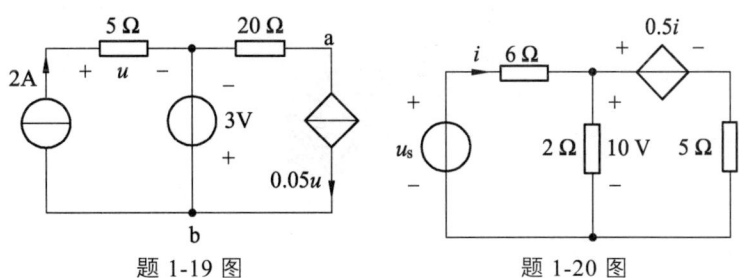

题 1-19 图　　　　　　题 1-20 图

1-21　电路如图，求电路中电流源电流 i_s。

1-22　电路如图，已知电压 $U_s = 10\text{ V}$，$R_1 = 5\text{ Ω}$，$R_2 = 3\text{ Ω}$，$R_3 = 6\text{ Ω}$，$U_d = 4I_3$，求电流 I_1、I_2、I_3。

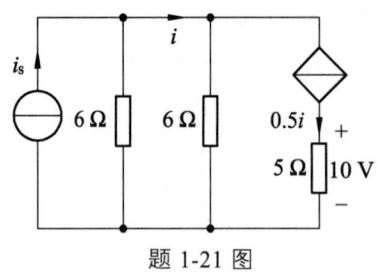

题 1-21 图

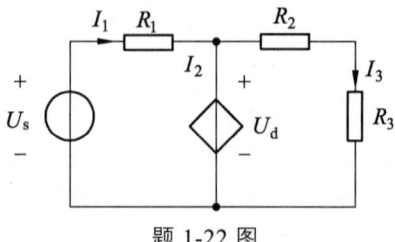

题 1-22 图

1-23　电路如图，已知 $U_s = 10\text{ V}$，$R_1 = 10\text{ Ω}$，$R_2 = 6\text{ Ω}$，$I_d = 4I_1$，求 U。

1-24　电路如图，已知 $I_J = 1\text{ A}$，$R_1 = 6\text{ Ω}$，$R_2 = 3\text{ Ω}$，$U_d = 1/2 U$，求 U_{AB}。

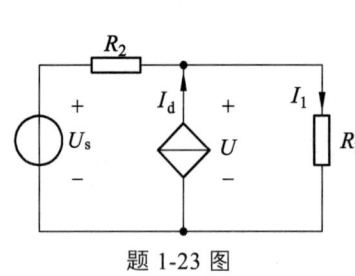

题 1-23 图

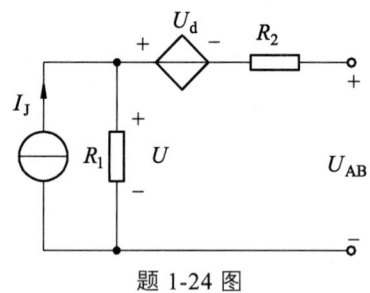

题 1-24 图

1-25　电路如图，已知 $R_1 = 6\text{Ω}$，$R_2 = 4\text{Ω}$，$R_3 = 2\text{Ω}$，$I_d = 0.5 I_1$，$U_2 = 6\text{ V}$，求 I_1，U_J，U_{AB} 的值。

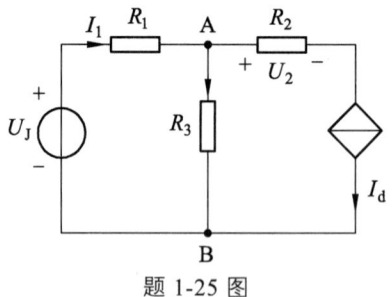

题 1-25 图

参考答案

第 2 章 电路分析方法——等效变换法

导 读

等效变换是分析电路的一种重要的思想方法。若要求解某支路电压或电流时，则可先把该支路以外的电路进行化简，从而把原电路等效成简单网络，这样就大大简便了求解。这类方法适用于比较简单的电路分析与计算。简单电阻电流的等效变换包括：电阻的串联、并联与混联的变换，Y 形连接和 △ 形连接的变换和电源的等效变换等。

2.1 电路等效变换的概念

对电路进行分析和计算时，有时可以把电路的某一部分简化，即用一个较为简单的电路替代原电路，如图 2-1 所示。

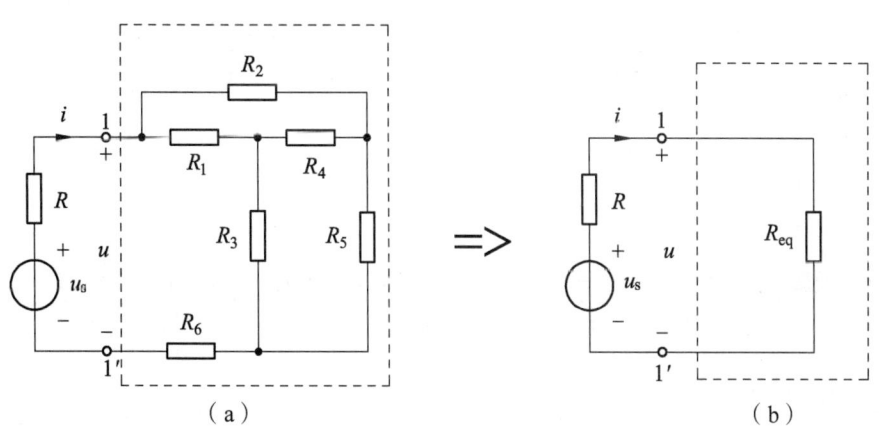

图 2-1 等效电阻

在图 2-1（a）电路虚线框中由几个电阻构成的电路，可以用一个电阻替代，如 2-1（b）电路虚线框中的 R_{eq}，进行替代的条件是左右两个电路中，端子 1-1′右侧部分具有相同的伏安特性。电阻 R_{eq} 称为等效电阻，它的值取决于原电路中各电阻值及连接方式。

进行替代后，端子 1-1′左侧电路的任何电压、电流都与替代前保持完全相同，这就是电路的"等效"概念。一般地说，当电路中某一部分用其等效电路替代后，未被替代部分的电压和电流保持不变，即等效变换是指对外等效。对于图 2-1（a）电路和 2-1（b）电路，虚线框外边的电压 u 和电流 i 都是一样的，即虚线框内部两个电路对于外部来说是等效的，但是对于它们内部来讲，由于电路已经变化，很多电量找不到对应项，对内不等效。

2.2 无源电阻电路的等效变换

电路分析中,仅由电阻构成的电路,可以用等效变换的方法进行简化。按照这些电阻的连接方式,可以分为:串联、并联、混联、Y 形和 △ 形连接,下面分别介绍它们的简化方法。

2.2.1 串联电阻电路

若干个电阻依次首尾相连,中间没有分支点,每个电阻流过的电流相同,这种连接方式称为串联。图 2-2(a)所示电路为 n 个电阻的串联组合。

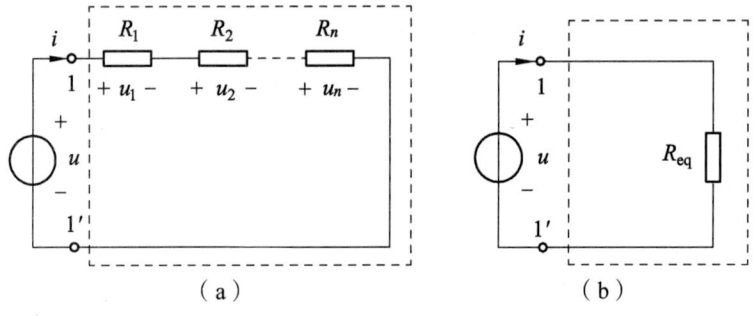

图 2-2 电阻的串联

应用 KVL,有

$$u = u_1 + u_2 + \cdots + u_k + \cdots + u_n \tag{2-1}$$

根据电阻的元件特性,有 $u_1 = R_1 i$, $u_2 = R_2 i$, $\cdots$ $u_k = R_k i$, $\cdots$ $u_n = R_n i$,代入式(2-1),有

$$u = (R_1 + R_2 + \cdots + R_k + \cdots + R_n)i = R_{eq} i \tag{2-2}$$

式中, R_{eq} 称为等效电阻。

$$R_{eq} \stackrel{\text{def}}{=} \frac{u}{i} = R_1 + R_2 + \cdots + R_k + \cdots + R_n = \sum_{k=1}^{n} R_k \tag{2-3}$$

由等效电阻可以得到各电阻的分压公式,即

$$u_k = R_k i = \frac{R_k}{R_{eq}} u \quad (k=1,2,\cdots,n) \tag{2-4}$$

在串联电路中,每个电阻的电流相同,电压与电阻成正比。

2.2.2 并联电阻电路

若干个电阻两端分别连接在两个公共结点上,每个电阻的电压相同,这种连接方式称为并联。图 2-3（a）所示电路为 n 个电阻的并联组合。

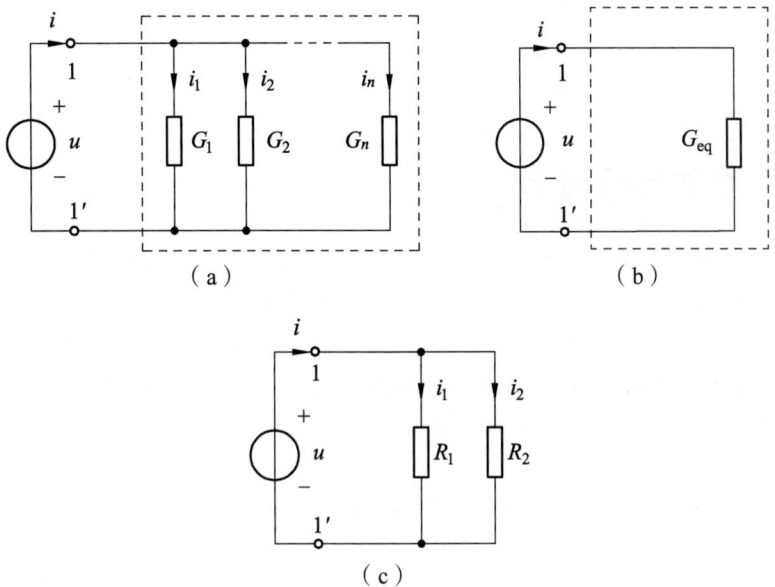

图 2-3 电阻的并联

应用 KCL，有

$$i = i_1 + i_2 + \cdots + i_k + \cdots + i_n \tag{2-5}$$

根据电导的元件特性，$i_1 = G_1 u$，$i_2 = G_2 u$，$\cdots$，$i_k = G_k u$，$\cdots$，$i_n = G_n u$，代入式（2-5），有

$$i = (G_1 + G_2 + \cdots + G_k + \cdots + G_n)u = G_{eq} u \tag{2-6}$$

式中，G_{eq} 称为等效电导。

$$G_{eq} \stackrel{\text{def}}{=} \frac{i}{u} = G_1 + G_2 + \cdots + G_k + \cdots + G_n = \sum_{k=1}^{n} G_k \tag{2-7}$$

由等效电导可以得到各电导的分流公式，即

$$i_k = G_k u = \frac{G_k}{G_{eq}} i \quad (k=1,2,\cdots,n) \tag{2-8}$$

可见，在并联电路中，每个电导的电压相同，电流与电导成正比。

当 $n = 2$，即 2 个电阻并联时，如图 2-3（c）所示，等效电阻 R_{eq} 为

$$R_{eq} = \frac{1}{\dfrac{1}{R_1} + \dfrac{1}{R_2}} = \frac{R_1 R_2}{R_1 + R_2}$$

两并联电阻的电流分别为

$$i_1 = \frac{G_1}{G_1+G_2}i = \frac{R_2}{R_1+R_2}i$$

$$i_2 = \frac{G_2}{G_1+G_2}i = \frac{R_1}{R_1+R_2}i$$

2.2.3 混联电阻电路

电阻的连接中既有串联又有并联的连接形式称为混联。分析混联电阻电路的基本方法是根据各电阻间的相互连接关系，交替运用电阻串、并联电路等效电阻的计算公式从局部到端口进行逐级化简。换而言之，就是将电路中各个串联或并联组合用其等效电阻代替直到原电路化简为简单的串联或并联电路。

例 2-1 求图 2-4 所示电路的等效电阻 R_{ab}。

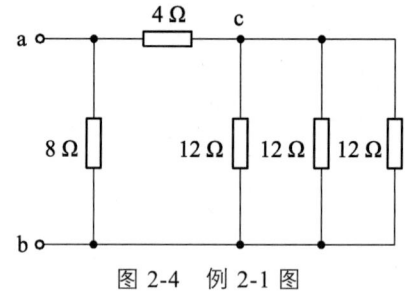

图 2-4 例 2-1 图

解：图中三个 12 Ω电阻并联，再与 4 Ω电阻串联，最后与 8 Ω电阻并联，因此有

$$R_{cb} = \frac{1}{\frac{1}{12}+\frac{1}{12}+\frac{1}{12}} = 4\,(\Omega)$$

$$R_{ab} = \frac{8\times(4+R_{cd})}{8+(4+R_{cd})} = \frac{8\times(4+4)}{8+(4+4)} = 4\,(\Omega)$$

在实际中，电阻并联是很常用的，例如各种负载（电灯、电炉、电烙铁等）都是并联在电网上的。另外，万用表就是利用电阻并联分流的原理来扩展电流测量范围的。

2.2.4 Y形和△形连接电阻电路

在电路中，电阻的连接有时既不是串联也不是并联。如图 2-5（a）所示，R_1、R_3、R_4 和 R_1、R_2、R_3 这两组电阻的连接就不能用串、并联来等效。

我们把电阻 R_1、R_3、R_4 的连接方式叫作星形（Y）连接，这种连接，将三个电阻的一端联接在一个公共接点上，其余一端与外电路相接。

R_1、R_2、R_3 的连接方式叫作三角形（△）连接，这种连接，将三个电阻分别接到三个端点的每两个之间,即三个电阻首尾相接,构成一个闭合三角形。

当电路中有 Y 形或 △ 形连接电阻时,不能用串并联方法进行等效变换。我们发现,如果把图 2-5(a)中按星形连接的 R_1、R_3、R_4 这三个电阻等效变换成按三角形连接的 R_a、R_b、R_c 时[见图 2-5(b)],则端钮 a、b 之间的等效电阻就可以用串联、并联公式求得;同样,若把图 2-5(a)中 R_1、R_2、R_3 等效变换成图 2-5(c)中按星形连接的 R_d、R_e、R_f,则 a、b 间的等效电阻也不难求出。

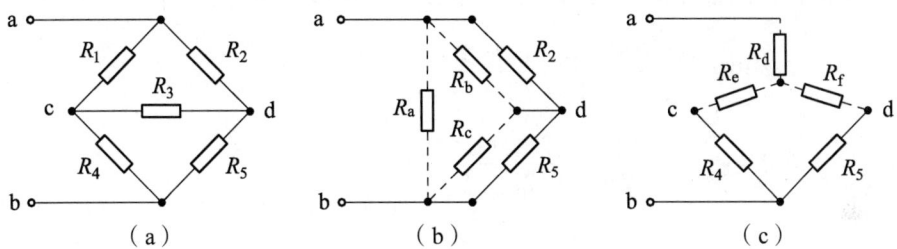

图 2-5 电阻的 Y 形和 △ 形连接

对于上面星形连接的电阻和三角形连接的电阻,它们都是通过三个端钮与外部电路相连的,它们之间的等效互换依据的仍然是外部等效原理,即当它们对应端钮间的电压相同时,流入对应端钮的电流也必须分别相等,这就是 Y - △ 等效变换的条件。

现以图 2-6 为例,若将电阻星形连接等效互换为三角形连接时,按照上述等效变换条件,可以推导出其等效变换公式为

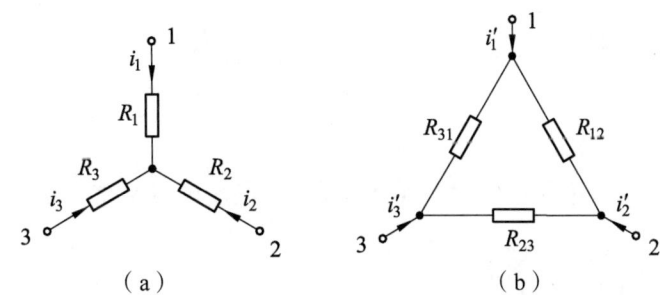

图 2-6 Y 形和 △ 形连接的等效变换

$$\left. \begin{array}{l} R_{12} = \dfrac{R_1R_2 + R_2R_3 + R_3R_1}{R_3} \\[2pt] R_{23} = \dfrac{R_1R_2 + R_2R_3 + R_3R_1}{R_1} \\[2pt] R_{31} = \dfrac{R_1R_2 + R_2R_3 + R_3R_1}{R_2} \end{array} \right\} \qquad (2\text{-}9)$$

反之,将星形连接等效互换为三角形连接时,其等效变换公式为

$$R_1 = \frac{R_{12}R_{31}}{R_{12}+R_{23}+R_{31}}$$
$$R_2 = \frac{R_{23}R_{12}}{R_{12}+R_{23}+R_{31}}$$
$$R_3 = \frac{R_{31}R_{23}}{R_{12}+R_{23}+R_{31}}$$
（2-10）

为便于记忆，以上 Y 形和△形连接的互换公式可以归纳为

$$Y形电阻 = \frac{△形相邻电阻的乘积}{△形电阻之和}$$

$$△形电阻 = \frac{Y形电阻两两乘积之和}{Y形不相邻电阻}$$

若三个电阻相等，则有 $R_Y = \frac{1}{3}R_△$ 或 $R_△ = 3R_Y$

例 2-2　求图 2-7（a）中等效电阻 R_{ab}。

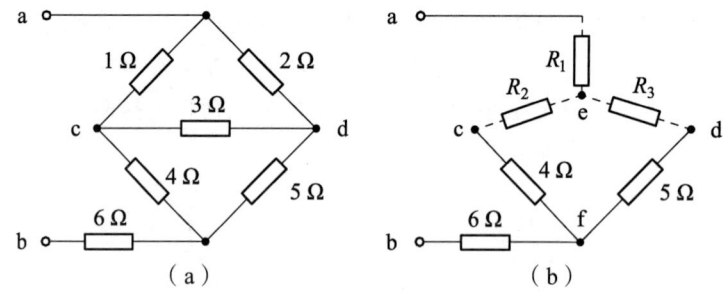

图 2-7　例 2-2 图

解：将图 2-7（a）中 1Ω、2Ω、3Ω 组成的△形连接用 Y 形连接等效代替，有

$$R_1 = \frac{1\times 2}{1+2+3} = \frac{1}{3}(\Omega)$$

$$R_2 = \frac{1\times 3}{1+2+3} = \frac{1}{2}(\Omega)$$

$$R_3 = \frac{2\times 3}{1+2+3} = 1(\Omega)$$

变换后的等效电路如图 2-7（b）所示，再利用电阻串并联关系进行求解，得

$$R_{ef} = \frac{(4+R_2)\times(5+R_3)}{(4+R_2)+(5+R_3)} = 2.52(\Omega)$$

$$R_{ab} = R_1 + R_{ef} + 6 = 0.33 + 2.52 + 6 = 8.85(\Omega)$$

本例题也可以将 1Ω、3Ω、4Ω 组成的 Y 形连接等效变换成△形连接，再利用电阻

串并联关系进行求解，具体过程不再赘述。

在使用 Y - △ 等效变换时，要注意找准 Y 或 △ 与外部连接的三个点，即分清外电路与 Y 或 △ 电路。

2.3 电源的等效变换

2.3.1 理想电压源和理想电流源的串并联等效

图 2-8（a）所示为 n 个电压源的串联，可以用一个电压源等效替代，如图 2-8（b）所示，这个等效的电压源为

$$u_s = u_{s1} + u_{s2} + \cdots + u_{sn} = \sum_{k=1}^{n} u_{sk}$$

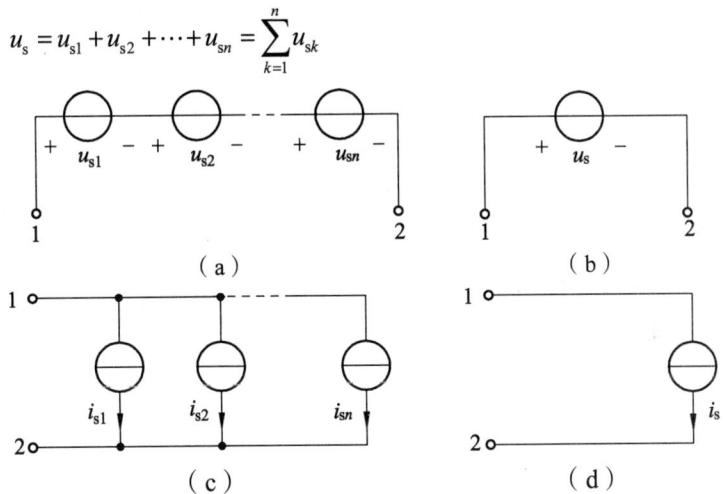

图 2-8 电压源的串联与电流源的并联

如果 u_{sk} 的参考方向与图 2-8（b）中 u_s 的参考方向一致时，式中的 u_{sk} 前面取"+"号，不一致时取"-"。

图 2-8（c）所示为 n 个电流源的并联，可以用一个电流源等效替代如图 2-8（d）所示，这个等效的电流源为

$$i_s = i_{s1} + i_{s2} + \cdots + i_{sn} = \sum_{k=1}^{n} i_{sk}$$

如果 i_{sk} 的参考方向与图 2-8（d）中的参考方向一致时，式中的 i_{sk} 前面取"+"号，不一致时取"-"。

只有电压相等、极性一致的电压源才允许并联，否则违背 KVL，其等效电路为其中任一电压源，但是这个并联组合向外部提供的电流在各个电压源之间如何分配则无法确定。

只有电流相等、方向一致的电流源才允许串联，否则违背 KCL，其等效电路为其中任一电流源，但是这个串联组合的总电压如何在各个电流源之间分配则无法确定。

2.3.2 实际电源的两种电路模型及其等效变换

实际电源与理想电源有所不同,由于实际电源本身有内阻,其端电压(或电流)与输出电流(或电压)有关,通常输出电流(或电压)越大,端电压(或电流)越低。根据测定,其电压电流关系曲线如图 2-9 所示。

实际电源的两种电路模型

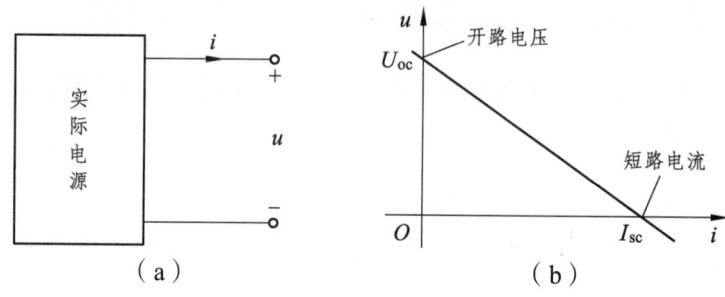

图 2-9 实际电源的伏安特性曲线

根据该曲线,可以作出实际电源的两种等效电路模型。即用电压源和电阻的串联组合或电流源与电阻的并联组合作为实际电源的电路模型。

图 2-10(a)所示为一个理想电压源和一个电阻串联组合,其中 R_s 通常称作内电阻(或内阻),而 u_s 称为源电压。

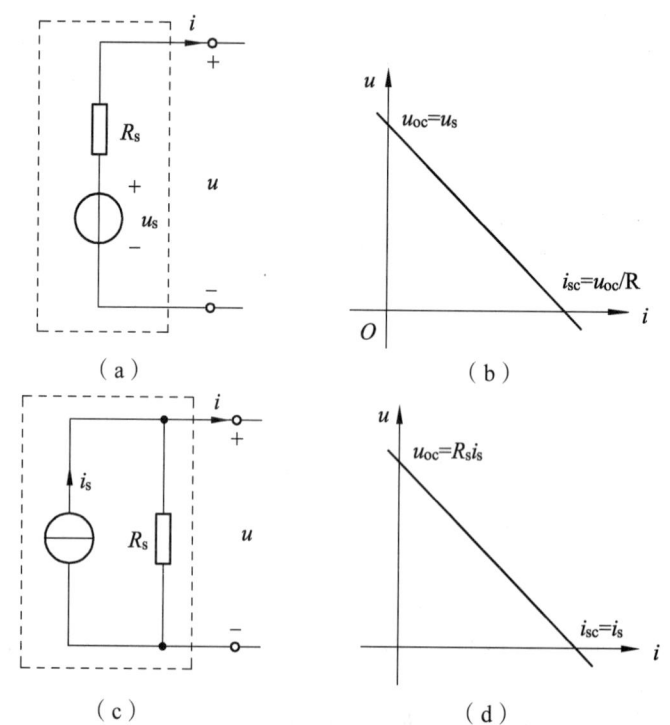

图 2-10 实际电源的两种电路模型及其伏安特性曲线

其端口电压电流关系为

$$u = u_s - R_s i \tag{2-11}$$

当电源输出端开路时,端口电流 $i = 0$,端口电压为

$$u = u_{oc} = u_s \tag{2-12}$$

式中,u_{oc} 称为开路电压。

当电源输出端短路时,端口电压 $u = 0$,端口电流为

$$i = i_{sc} = \frac{u_s}{R_s} \tag{2-13}$$

式中,i_{sc} 称为短路电流。

比较式(2-12)和(2-13)有

$$R_s = \frac{u_{oc}}{i_{sc}} \tag{2-14}$$

可见,只要知道上式中任意两个参数,就可以作出其电压源模型,特性曲线如图2-10(b)所示。

图2-10(c)所示为一个理想电流源和一个电阻并联组合而成。

其端口电压电流关系为

$$i = i_s - \frac{u}{R_s} \tag{2-15}$$

当电源输出端开路时,端口电流 $i = 0$,端口电压为

$$u = u_{oc} = i_s R_s \tag{2-16}$$

当电源输出端短路时,端口电压 $u = 0$,端口电流为

$$i = i_{sc} = i_s \tag{2-17}$$

式中,i_{sc} 称为短路电流。

比较式(2-16)和(2-17)有

$$R_s = \frac{u_{oc}}{i_{sc}} \tag{2-18}$$

只要知道式中任意两个参数,就可以作出其电流源模型,特性曲线如图2-10(d)所示。对比式(2-11)和(2-15)发现,如果满足条件

$$u_s = R_s i_s \tag{2-19}$$

则两种电源模型的端口电压电流关系将完全一样,即它们对外部是等效的。所以,

电压源模型和电流源模型之间在满足该条件情况下，可以进行相互变换，如图 2-11 所示（注意电压源与电流源的方向）。

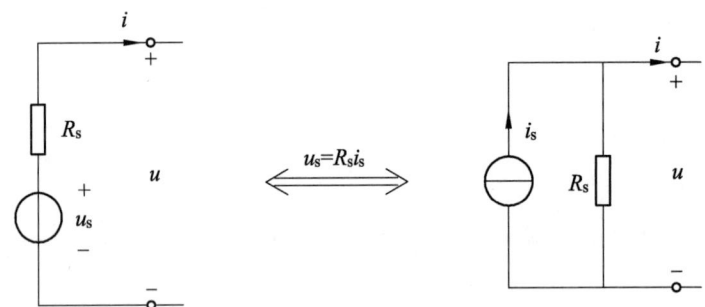

图 2-11　两种电源模型的等效变换

电路分析中，对于含源电阻电路，可以采用上面的两种电源模型等效变换的方法，对电路进行简化，从而方便求解。

例 2-3　求解图 2-12（a）所示电路中的电流 i。

解：利用等效变换，先把图 2-12（a）中左侧电压源与电阻的串联，变换成电流源与电阻的并联，如图 2-12（b）所示。

然后利用电流源并联、电阻并联变换得到图 2-12（c）。

再利用一次电源等效变换，将电流源与电阻的并联组合，变换成电压源与电阻的串联，如图 2-12（d）所示。

将电压源、电阻串联变换，最后得到图 2-12（e），从而有

$$i = \frac{12}{6} = 2 \text{（A）}$$

在使用上述电源等效变换时注意，这里的等效变换仍然是对外部电路来讲的，对内部不等效。如果需要求内部电量，必须根据变换前原电路进行求解。

另外，受控电压源、电阻的串联组合与受控电流源、电阻的并联组合也可以采用上述方法进行变换，此时把受控电源当作独立电源来处理，不过需要注意在变换过程中要保存控制量所在支路，而不要把它消掉。

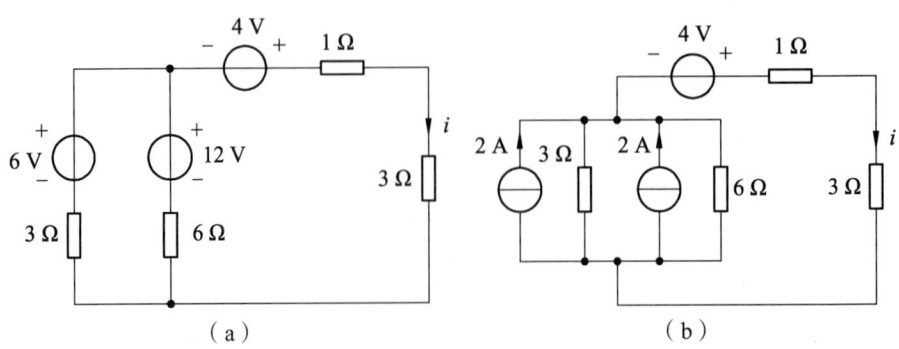

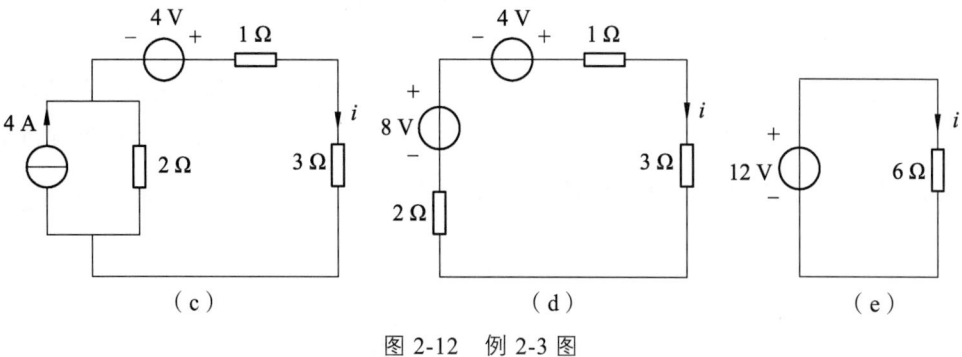

图 2-12 例 2-3 图

例 2-4 求解图 2-13（a）所示电路中的电流 i。

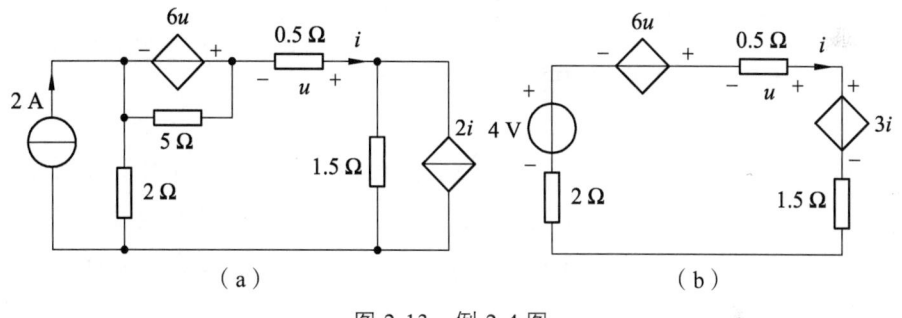

图 2-13 例 2-4 图

解：应用等效变换把图 2-13（a）所示电路转换成图 2-13（b）所示单回路电路。由 KVL 可得

$$\begin{cases} 4 = 2i - 6u + 0.5i + 1.5i + 3i \\ u = -0.5i \end{cases}$$

得 $\quad i = 0.4 \text{ A}$

2.4 实践与应用

2.4.1 串联电阻的应用

1. 电阻调光器

通过已学内容知道，将一可变电阻器与负载串联时，调节可变电阻器的电阻值时，将改变电路中的电流，同时也调节了负载上的电压和获得的功率。早期调光器就是将电阻串接在灯泡和电源中间，改变电阻值便能调节光源中的电流，达到调光目的。它的缺点是耗能多、效率低、体积大、控制不便，优点是交直流电源都可使用，没有无线电干扰，可在实验室、电教示范和船舶导航设备的照明中使用。

2. 限流电路

如图 2-14 所示发光二极管（LED）电路，为限制流过二极管的电流值，电路中串联了一个电阻来限制二极管上的电流和电压。若电路中没有串联电阻，二极管则可能会因流过的电流过大而击穿。通过电路分析能帮助我们决定需要多大的电阻来保护这个二极管。

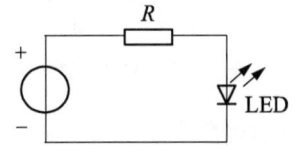

图 2-14 电阻串联限流电路

2.4.2 并联电路的应用

并联电路通常用于配电电路中，使得各用电设备可以单独工作，不受电路其他设备的影响。如汽车照明系统，此系统是一个直流系统，由 12 V 电池给整个直流系统供电，所有灯与电池是并联连接的，若一个灯坏了不会影响其他灯，电路如图 2-15 所示。

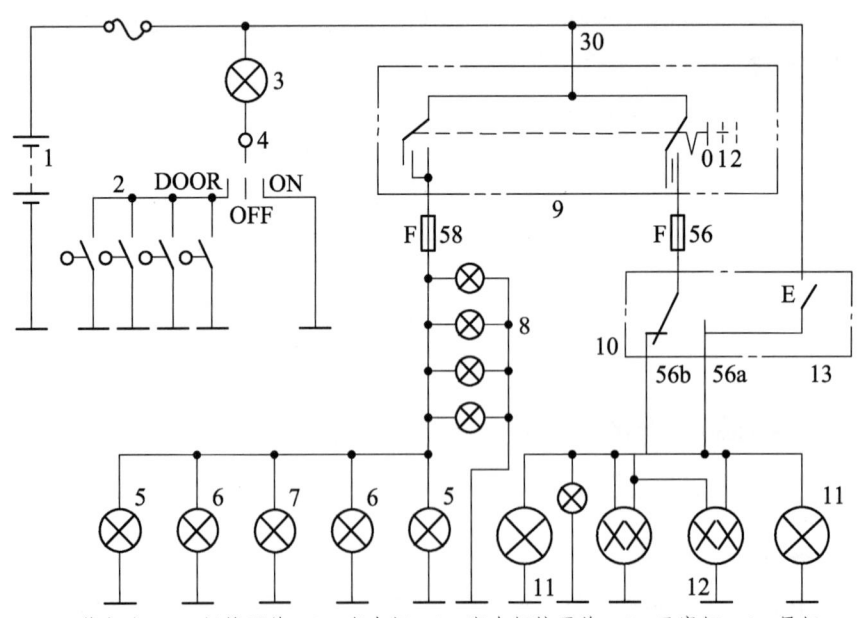

1—蓄电池；2—门控开关；3—室内灯；4—室内灯控开关；5—示宽灯；6—尾灯；
7—牌照灯；8—仪表灯；9—灯光开关；10—变光开关；11—远光指示灯；
12—前照灯（4 灯亮远光、2 灯亮近光）；13—超车灯开关

图 2-15 汽车常用照明系统电路

习 题

2-1 求图中电压 u 和电流 i。

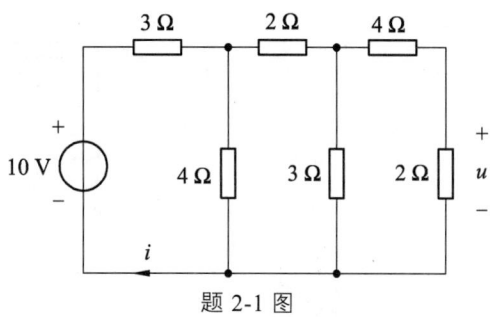

题 2-1 图

2-2 求图示电路的等效电阻 R_{in}。

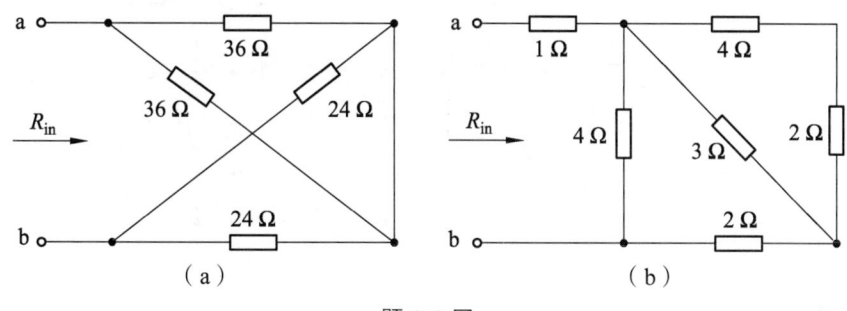

题 2-2 图

2-3 电路如图所示,求等效电阻 R_{in}。

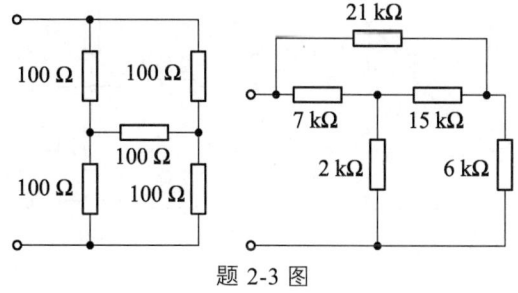

题 2-3 图

2-4 电路如图所示,求电流 I。

2-5 电路如图所示,用 Y-△ 变换求电流 I。

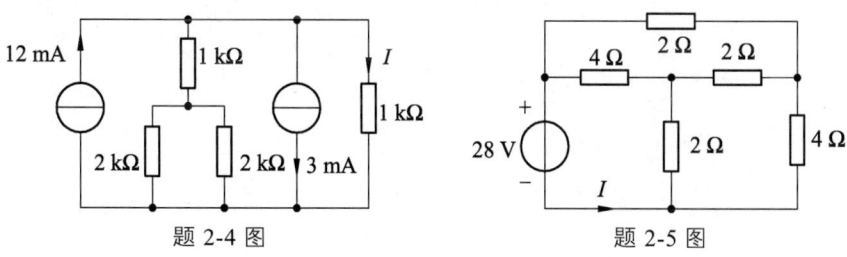

题 2-4 图   题 2-5 图

2-6　图示为一多量程电压表，表头满偏流 $I_g = 50\ \mu A$，内阻 $R_g = 2.5\ k\Omega$，现欲扩大量程为 2.5 V，10 V，50 V，250 V 四挡。求所需串联的电阻 R_1，R_2，R_3，R_4。

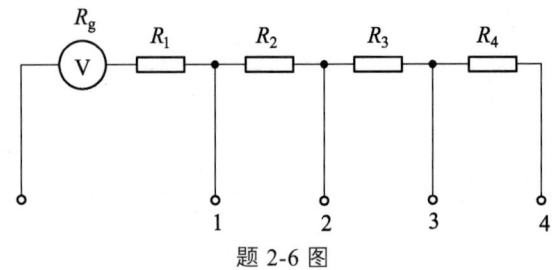

题 2-6 图

2-7　求下列各图所示的等效电阻 R_{ab}。

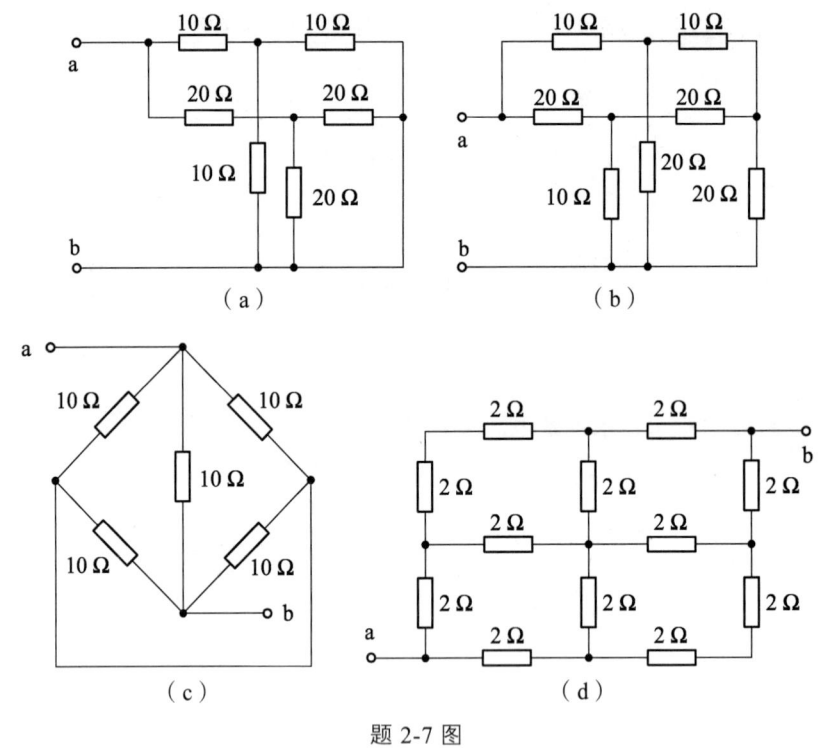

题 2-7 图

2-8　通过等效变换化简以下电路。27

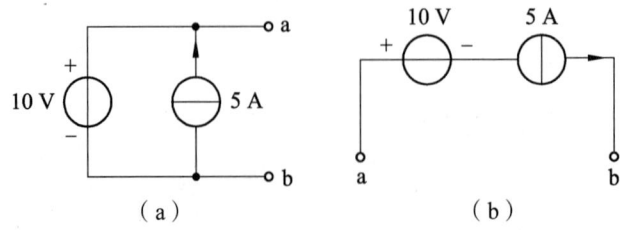

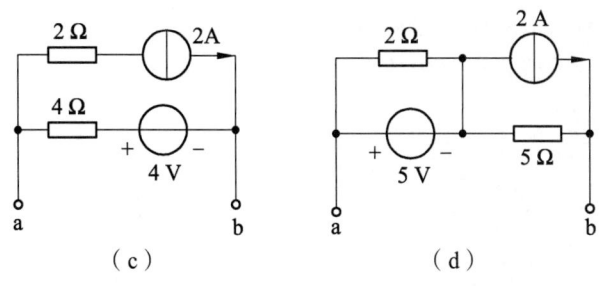

题 2-8 图

2-9 通过等效变换化简以下电路。

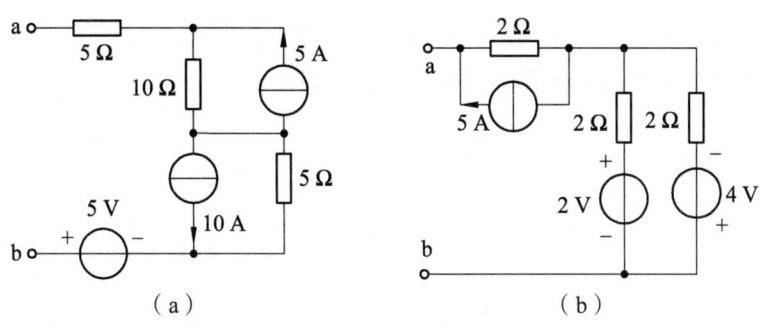

题 2-9 图

2-10 电路如图所示，试用电源模型等效变换求电流 I。

2-11 电路如图所示，试用电源模型等效变换法求电流 I。

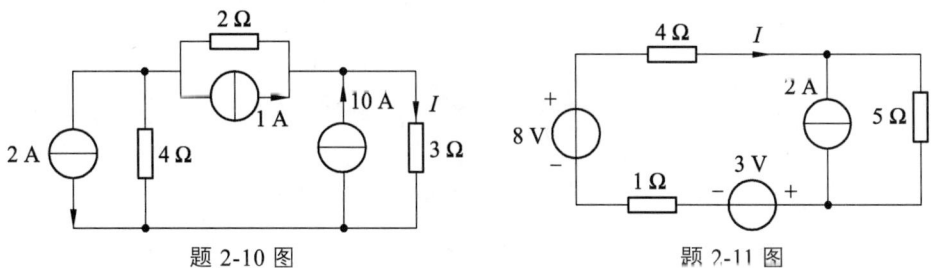

题 2-10 图　　　题 2-11 图

2-12 电路如图所示，试等效简化 3 Ω电阻所接二端网络，求 3 Ω电阻的电压，并求 1 Ω电阻的电流。

2-13 电路如图所示，试用电源模型等效变换法求电流 I。

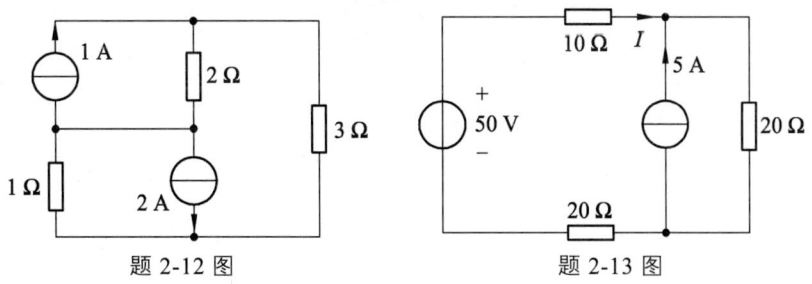

题 2-12 图　　　题 2-13 图

2-14　将如图所示电路化简为最简单的形式。

2-15　求如图所示桥式电路中的电流 I。

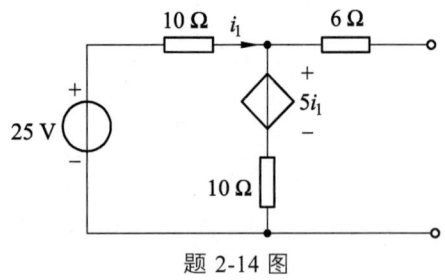

题 2-14 图

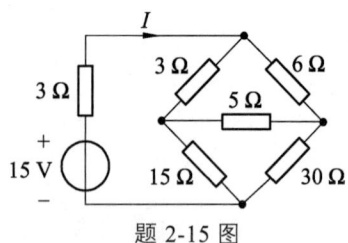

题 2-15 图

2-16　电路如图所示，试用电源模型等效变换法求电流 I。

2-17　电路如图所示，试用电源模型等效变换法求电流 I。

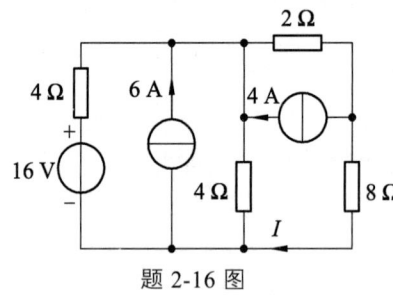

题 2-16 图

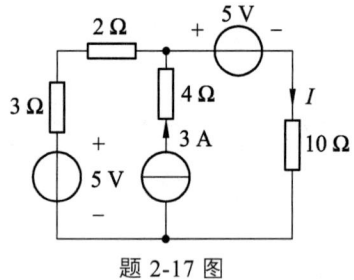

题 2-17 图

2-18　电路如图所示，求电压 U。

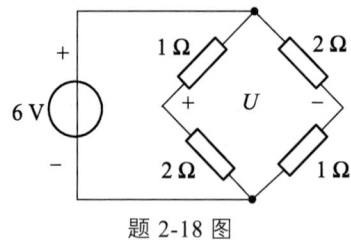

题 2-18 图

参考答案

第3章 电路分析方法二——列电路方程法

导 读

列电路方程法是电路分析的一般方法，适用于复杂电路或大规模电路的分析与计算。这类方法是在选取合适的电路变量后，根据所选变量不同，依据基尔霍夫电流定律（KCL）、基尔霍夫电压定律（KVL）和电路元件特性（电路元件的电压与电流之间的关系）建立电路方程（组），求得所选变量后再确定所求响应。这类方法有支路电流法、回路电流法、结点电压法等。本章介绍的列电路方程法不仅适用于线性电阻电路分析，也容易推广到正弦稳态电路的分析。其中回路电流法和结点电压法也被广泛应用于电路的计算机辅助分析。

3.1 两类约束的独立方程

拓扑约束和元件约束是对电路中各电流变量、电压变量施加的全部约束。根据这两类约束，可以列出求解电路中所有电流变量和电压变量的独立方程组。比如一个具有 b 条支路的电路，可列出 b 个支路电流变量和 b 个支路电压变量的 $2b$ 个独立方程式。

下面以图 3-1 所示的电路为例，可以看出，该电路有 4 个节点，6 条支路，7 个回路，3 个网孔，共有 6 个支路电流变量和 6 个支路电压变量。

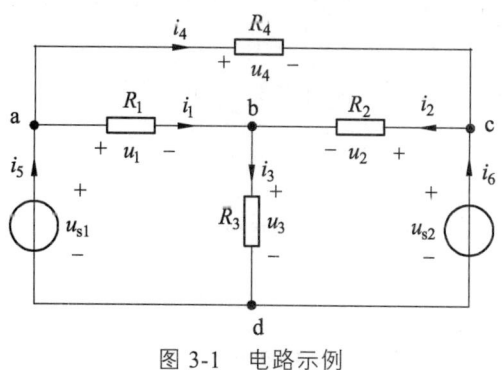

图 3-1 电路示例

根据 KCL，列出结点 a、b、c、d 的结点电流方程

$$\left.\begin{array}{ll} 结点a & -i_5+i_4+i_1=0 \\ 结点b & -i_1-i_2+i_3=0 \\ 结点c & i_2-i_4-i_6=0 \\ 结点d & -i_3+i_6+i_5=0 \end{array}\right\} \quad (3-1)$$

显然，将式（3-1）中任意 3 个方程相加，可得到剩余的第 4 个方程，说明这 4 个方程式中只有 3 个是独立的，也就是说，对所有结点列写的 KCL 方程不是独立的，因此，对图 3-1 所示电路来说，只需对任意 3 个结点列写 KCL 方程，便可得到该电路的独立节点方程。比如选结点 a、b、c 列写结点电流方程。

一般来说，对具有 n 个结点的电路，可以列出 $(n-1)$ 个线性无关的 KCL 方程，且为任意的 $(n-1)$ 个，这 $(n-1)$ 个结点称为独立结点。

对 7 个回路，根据 KVL，分别列写回路电压方程，有

$$\left.\begin{array}{l} ① \ u_1 + u_3 - u_{s1} = 0 \\ ② \ -u_2 + u_{s2} - u_3 = 0 \\ ③ \ u_4 + u_2 - u_1 = 0 \\ ④ \ u_4 + u_{s2} - u_{s1} = 0 \\ ⑤ \ u_1 - u_2 + u_{s2} - u_{s1} = 0 \\ ⑥ \ u_4 + u_{s2} - u_3 - u_1 = 0 \\ ⑦ \ u_4 + u_2 + u_3 - u_{s1} = 0 \end{array}\right\} \quad (3\text{-}2)$$

将式（3-2）中第 1、2 个方程相加，可得到第 5 个方程，第 1、3 个方程相加，可得到第 7 个方程，第 2、4 个方程相加，可得到第 6 个方程，说明这 7 个方程式不是独立的，也就是说，对所有回路列写的 KVL 方程不是独立的。因此，对图 3.1 所示的电路来说，第 1、2、3 个方程相加，可得到第 4 个方程，说明这 7 个方程式中只有 3 个是独立的，也就是说，只需对 3 个网孔列写 KVL 方程，便可得到该电路的独立回路方程。

对具有 b 条支路，n 个结点的电路，可以列出 $(b-n+1)$ 个线性无关的 KVL 方程。对于一个给定的平面电路来说，全部网孔是一组独立回路，所以平面图的网孔数也就是独立回路数。

再利用元件的 VCR，可得到 6 条支路的 VCR，即

$$\left.\begin{array}{l} u_1 = R_1 i_1 \\ u_2 = R_2 i_2 \\ u_3 = R_3 i_3 \\ u_4 = R_4 i_4 \\ u_{s1} = 给定值 \\ u_{s2} = 给定值 \end{array}\right\} \quad (3\text{-}3)$$

总之，对于具有 b 条支路、n 个节点的电路来说，可列出 $(n-1)$ 个 KCL 独立方程，$(b-n+1)$ 个 KVL 独立方程，b 个 VCR 独立方程，联立这 $2b$ 个独立方程式可求解 b 个支路电流变量和 b 个支路电压变量。

由此可见，在给定电路结构、元件特性和各独立源参数的情况下，欲求出该电路中所有的支路电流和支路电压，或部分的支路电流和支路电压，需要列写 $2b$ 个方程式联立

求解。如图 3-1 所示的电路中则需要联立 $2 \times 6 = 12$ 个方程式。显然，用 KCL、KVL 和元件 VCR 对已知电路模型列出电压电流约束关系方程求解各支路电压和各支路电流是电路分析的最基本方法。

3.2 支路电流法

当组成电路的电阻元件不能用简单的串、并联方法计算其等效电阻时，这种电路称为复杂电路，如图 3-2 所示。求解这类电路中各电阻上电流时，就不能简单地用欧姆定律解决问题，必须通过电源等效变换来化简电路，从而求出各电阻上电流，但这很不方便，尤其对结构较复杂的电路，在计算复杂电路的各种方法中，支路电流法是最基本、最直观的方法。

所谓支路电流法，就是以支路电流为未知量，根据 KCL 和 KVL 列出独立的支路电流方程和独立的回路电压方程，然后联立求解方程，求解出各支路电流的方法。

现以图 3-2 所示电路为例介绍用支路电流法求解电路的基本步骤，图中电压源和电阻均为已知，求各支路电流。

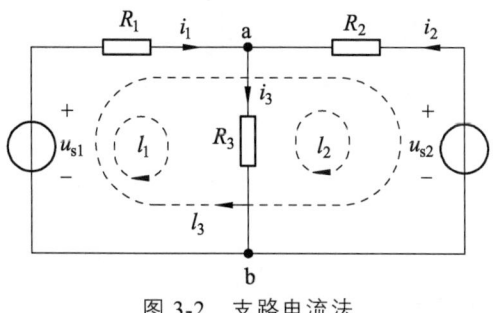

图 3-2 支路电流法

（1）设备支路电流为 i_1、i_2 和 i_3，参考方向如图所示，该电路有三条支路、两个结点。

（2）根据 KCL，列出结点 a 和 b 的结点电流方程

结点 a $\qquad -i_1 - i_2 + i_3 = 0$

结点 b $\qquad i_1 + i_2 - i_3 = 0$

上两式其实是同一式，只有一个方程是独立的。一般来说，对具有 n 个结点的电路，应用 KCL 时，只能得出 ($n-1$) 个独立方程。

（3）选定回路 l_1、l_2、l_3，对这三个回路列 KVL 方程

回路 1 $\qquad i_1 R_1 + i_3 R_3 - u_{s1} = 0$

回路 2 $\qquad -i_3 R_3 - i_2 R_2 + u_{s2} = 0$

回路 3 $\qquad i_1 R_1 - i_2 R_2 - u_{s1} + u_{s2} = 0$

上面三个回路方程中，任何一个方程都可以从其他两个方程导出，所以三个方程中只有两个是独立的。

一般来说,一个电路如果有 n 个结点 b 条支路,所列独立的 KVL 方程数为 $b-(n-1)$ 个。在平面电路内可选网孔作为回路,列网孔 KVL 方程可保证方程的独立性。

另外,选取独立回路列 KVL 方程,也可保证方程的独立性。所谓独立回路是指至少包含一条新支路(即该支路在已选取的回路里未出现过)的回路。应该注意:电路的网孔个数和独立回路的个数是相等的,但独立回路却不一定是网孔,而网孔却是独立回路。

(4)把独立结点电流方程与独立回路的电压方程联立起来进行求解。

$$\left.\begin{array}{r} i_1 + i_2 - i_3 = 0 \\ i_1 R_1 + i_3 R_3 = u_{s1} \\ -i_3 R_3 - i_2 R_2 = -u_{s2} \end{array}\right\} \quad (3\text{-}4)$$

上式中三个方程,三个未知数,刚好可以求解出支路电流。

例 3-1 电路如图 3-3 所示,用支路电流法求各支路电流 i_1、i_2、i_3 及电压 u 和两电压源的功率。

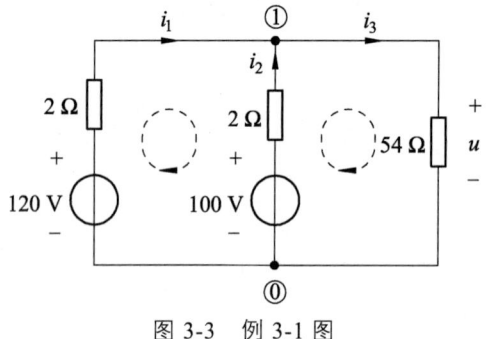

图 3-3 例 3-1 图

解:对结点 1 列 KCL 方程

$$i_1 + i_2 = i_3$$

选定网孔作独立回路,绕行方向如图所示,列 KVL 方程

$$-120 + 2i_1 - 2i_2 + 100 = 0$$
$$2i_2 + 54i_3 - 100 = 0$$

联立解以上三个方程得

$$i_1 = 6 \text{ A}, \quad i_2 = -4 \text{ A}, \quad i_3 = 2 \text{ A}$$

所以

$$u = 54i_3 = 108 \text{ V}$$

120 V 电压源功率为 $p_1 = -120 \times i_1 = -120 \times 6 = -720$ W,发出 720 W 的功率。
100 V 电压源功率为 $p_2 = -100 \times i_2 = -100 \times (-4) = 400$ W,吸收 400 W 的功率。

从以上讨论及例题中可以看出，支路电流法，就是以支路电流为未知量，列写出独立的 KCL、KVL 方程。如果某电路有 n 个结点，b 条支路，则任选 $(n-1)$ 个结点列写 $(n-1)$ 个 KCL 方程；选网孔或独立回路，列写 $b-(n-1)$ 个 KVL 方程。所以最终方程个数为 b。

其步骤为：

（1）选定各支路电流的参考方向；

（2）根据 KCL，对 $(n-1)$ 个结点列方程；

（3）根据 KVL，对 $b-(n-1)$ 个独立回路列方程，并求解。

3.3 网孔电流法

支路电流法是应用 KCL 和 KVL 求解复杂电路的基本方法，其所列方程个数与电路的支路数相同，当电路中支路个数比较多，支路电流也比较多，所列方程个数也较多，求解方程就比较复杂。

网孔电流法

网孔电流法是以网孔电流为未知量，根据 KVL 列出网孔的电压方程，然后联立求解出网孔电流的方法。因为电路的网孔数比支路数少得多，根据 KVL 列出的方程个数比用支路电流法列出的方程个数也少得多，因此可以简化计算。网孔电流法只适用于平面电路。

网孔电流法是假想在每个网孔中有网孔电流各自流动，支路上的电流看作是各网孔电流作用产生的。因此，利用 KVL 求出各网孔电流，再根据网孔电流与支路电流的关系，求解各支路电流。网孔电流的个数应等于 $b-(n-1)$ 个。下面以图 3-4 为例，介绍网孔电流法分析电路的基本步骤。

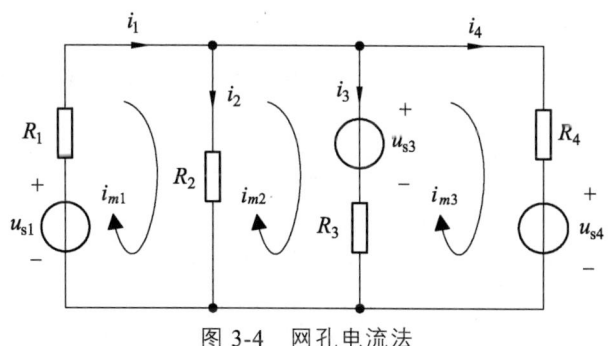

图 3-4　网孔电流法

（1）假设有三个网孔电流 i_{m1}、i_{m2}、i_{m3} 分别沿平面电路中的三个网孔连续流动。

由于支路 1 中只有电流 i_{m1} 流过，则 $i_1=i_{m1}$，支路 2 和支路 3 分别有 2 个往孔电流同时流过，支路电流将是网孔电流的代数和，即 $i_2=i_{m1}-i_{m2}$，$i_3=i_{m2}-i_{m3}$，支路 4 上只有网孔电流 i_{m3} 流过，所以 $i_4=i_{m3}$。

（2）对3个网孔分别列 KVL 方程

$$\begin{cases} -u_{s1}+R_1i_{m_1}+R_2(i_{m1}-i_{m2})=0 \\ R_2(i_{m2}-i_{m1})+u_{s3}+R_3(i_{m2}-i_{m3})=0 \\ -u_{s3}+R_4i_{m3}+u_{s4}+R_3(i_{m3}-i_{m2})=0 \end{cases}$$

对上式进行整理，有

$$\begin{cases} (R_1+R_2)i_{m1}+(-R_2)i_{m2}+(0)i_{m3}=u_{s1} \\ (-R_2)i_{m1}+(R_2+R_3)i_{m2}+(-R_3)i_{m3}=-u_{s3} \\ (0)i_{m1}+(-R_3)i_{m2}+(R_3+R_4)i_{m3}=u_{s3}-u_{s4} \end{cases} \quad （3\text{-}5）$$

式（3-5）就是以网孔电流为求解对象的网孔电流方程。

假设 R_{11}、R_{22}、R_{33} 分别代表网孔 1、2、3 的自阻，它们分别是网孔 1、2、3 中所有电阻之和，即 $R_{11}=R_1+R_2$，$R_{22}=R_2+R_3$，$R_{33}=R_3+R_4$；用 R_{12} 和 R_{21} 代表网孔 1 和网孔 2 的互阻，即两个网孔的共有电阻，$R_{12}=R_{21}=-R_2$，用 R_{13} 和 R_{31} 代表网孔 1 和网孔 3 的互阻，即网孔 1、3 的共有电阻，$R_{13}=R_{31}=0$，用 R_{23} 和 R_{32} 代表网孔 2 和网孔 3 的互阻，即网孔 2、3 的共有电阻，$R_{23}=R_{32}=-R_3$。

式（3-5）可改写成：

$$\begin{cases} R_{11}i_{m1}+R_{12}i_{m2}+R_{13}i_{m3}=u_{s11} \\ R_{21}i_{m1}+R_{22}i_{m2}+R_{23}i_{m3}=u_{s22} \\ R_{31}i_{m1}+R_{32}i_{m2}+R_{33}i_{m3}=u_{s33} \end{cases} \quad （3\text{-}6）$$

式中具有下标相同的电阻 R_{11}、R_{22}、R_{33} 是各自网孔的自阻，自阻总为正；下标不同的电阻 R_{12}、R_{21} 等为网孔间的互阻，互阻的正负视两网孔电流在共有支路上参考方向相同时，互阻为正，反之为负，如果两网孔间没有共有支路，或者有共有支路但其电阻为零（如共有支路仅为电压源），则互阻为 0，在电路不含受控源的情况下，总有 $R_{ik}=R_{ki}$。方程右边 u_{s11}、u_{s22}、u_{s33} 为网孔 1、2、3 的总电压源的电压，各电压源的方向与网孔电流方向一致时，前面取"-"，反之去"+"。

（3）求解方程，求得网孔电流，然后根据支路电流与网孔电流之间的关系求出各支路电流。

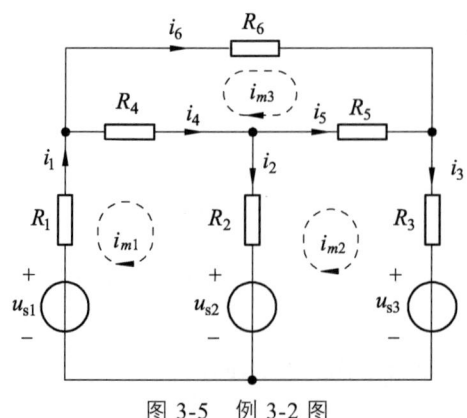

图 3-5 例 3-2 图

例 3-2 图 3-5 中，已知 $u_{s1} = 12\text{ V}$，$u_{s2} = 7.5\text{ V}$，$u_{s3} = 1.5\text{ V}$，$R_1 = 0.1\text{ Ω}$，$R_2 = 0.2\text{ Ω}$，$R_3 = 0.1\text{ Ω}$，$R_4 = 2\text{ Ω}$，$R_5 = 6\text{ Ω}$，$R_6 = 10\text{ Ω}$。求各支路电流。

解： 电路为平面电路，共有三个网孔。

假设网孔电流 i_{m1}、i_{m2}、i_{m3} 如图 3-4 所示。列网孔电流方程，有

$$(R_1 + R_2 + R_4)i_{m1} + (-R_2)i_{m2} + (-R_4)i_{m3} = u_{s1} - u_{s2}$$
$$(-R_2)i_{m1} + (R_2 + R_3 + R_5)i_{m2} + (-R_5)i_{m3} = u_{s2} - u_{s3}$$
$$(-R_4)i_{m1} + (-R_5)i_{m2} + (R_4 + R_5 + R_6)i_{m3} = 0$$

代入数据得

$$(0.1 + 0.2 + 2)i_{m1} + (-0.2)i_{m2} + (-2)i_{m3} = 12 - 7.5$$
$$(-0.2)i_{m1} + (0.2 + 0.1 + 6)i_{m2} + (-6)i_{m3} = 7.5 - 1.5$$
$$(-2)i_{m1} + (-6)i_{m2} + (2 + 6 + 10)i_{m3} = 0$$

解得

$$i_{m1} = 3\text{ A} \quad i_{m2} = 2\text{ A} \quad i_{m3} = 1\text{ A}$$

根据各支路电流与回路电流的关系，得各支路的电流

$$i_1 = i_{m1} = 3\text{ A} \quad i_2 = i_{m1} - i_{m2} = 3 - 2 = 1\text{ A} \quad i_3 = i_{m2} = 2\text{ A}$$
$$i_4 = i_{m1} - i_{m3} = 3 - 1 = 2\text{ A} \quad i_5 = i_{m2} - i_{m3} = 2 - 1 = 1\text{ A} \quad i_6 = i_{m3} = 1\text{ A}$$

例 3-3 用网孔电流法求图 3-6 中电压 u。

解： 本例中有两个比较特殊的现象：含有 VCCS 受控源和无伴电流源（无电阻与电流源并联）。

对于受控源，把它当成独立源看待；对于无伴电流源，假设其电压为 u_{is}，列写在网孔电流方程中，这样多了一个未知量 u_{is}，但可以再补充一个方程，即网孔电流 i_2 等于电流源的值（如果不要求求解电流源电压，可不用假设 u_{is}，不写其所在网孔电流方程，而直接写网孔电流等于电流源大小）。

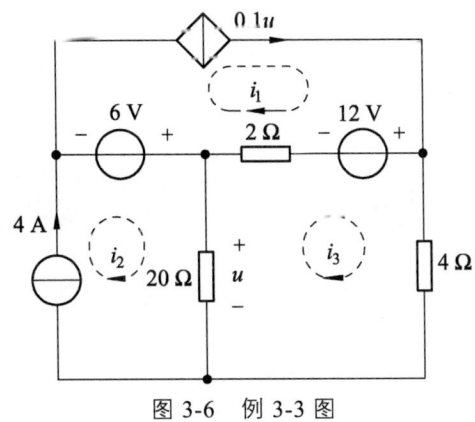

图 3-6 例 3-3 图

本题求解如下：
假设网孔电流 i_1、i_2、i_3 如图所示，列网孔电流方程，有

网孔 1：　　　$i_1 = 0.1u$

网孔 2：　　　$-2i_1 - 20i_2 + 26i_3 = 12$

网孔 3：　　　$i_2 = 4 \text{ A}$

补充方程：　　$u = 20(i_2 - i_3)$

解得：

$$i_1 = 0.8 \text{ A} \quad i_2 = 4 \text{ A} \quad i_3 = 3.6 \text{ A} \quad u = 8 \text{ V}$$

例 3-4　如图 3-7 所示，给定直流电路，$u_{s1} = 50 \text{ V}$，$i_{s2} = 1 \text{ A}$，$u_{s3} = 20 \text{ V}$，试用网孔电流法列出电路的方程。

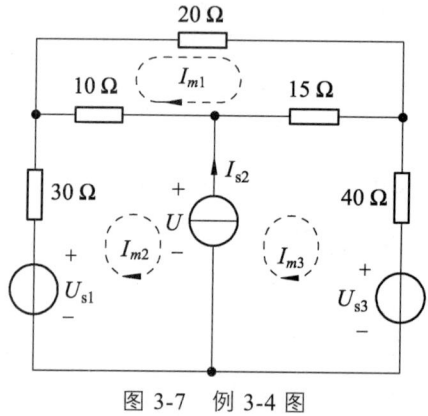

图 3-7　例 3-4 图

解：采用混合变量，设无伴电流源的电压为 U。
列方程如下：

$$(20 + 15 + 10)I_{m1} - 10I_{m2} - 15\,I_{m3} = 0$$
$$-10\,I_{m1} + (10 + 30)I_{m2} + U = 50$$
$$-15\,I_{m1} - U + (40 + 15)I_{m3} = -20$$

附加方程：

$$-I_{m2} + I_{m3} = 1$$

方程数和未知数相等，可求各网孔电流。

3.4　回路电流法

网孔电流法只适用于平面电路，回路电流法则无此限制，它适用于平面或非平面电路，是一种适用性较强并获得广泛应用的分析方法。

回路电流法是假想在回路中有回路电流各自流动。但与网孔不同，回路的取法很多。

选取的回路应是一组独立回路,且回路的个数也应等于 $b-(n-1)$ 个。

下面以图 3-8 为例,介绍回路电流法分析电路的基本步骤。

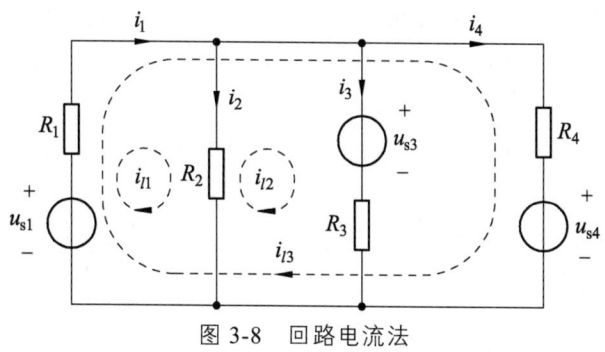

图 3-8　回路电流法

（1）假设有三个回路电流 i_{l1}、i_{l2}、i_{l3} 分别沿平面电路中的三个回路连续流动。

由于支路 1 中有两个回路电流 i_{l1} 和 i_{l3} 流过,则 $i_1 = i_{l1} + i_{l3}$,支路 2 中有 2 个回路电流同时流过,支路电流将是回路电流的代数和,即 $i_2 = i_{l1} - i_{l2}$,支路 3 上只有回路电流 i_{l2} 流过,所以 $i_3 = i_{l2}$,支路 4 上只有回路电流 i_{l3} 流过,所以 $i_4 = i_{l3}$。

（2）对 3 个回路分别列 KVL 方程

$$\left.\begin{array}{l} -u_{s1} + R_1(i_{l_1} + i_{l_3}) + R_2(i_{l_1} - i_{l_2}) = 0 \\ R_2(i_{l_2} - i_{l_1}) + u_{s3} + R_3 i_{l_2} = 0 \\ -u_{s1} + R_1(i_{l_1} + i_{l_3}) + R_4 i_{l_3} + u_{s4} = 0 \end{array}\right\}$$

对上式进行整理,有

$$\left.\begin{array}{l}(R_1 + R_2)i_{l_1} + (-R_2)i_{l_2} + R_1 i_{l_3} = u_{s1} \\ (-R_2)i_{l_1} + (R_2 + R_3)i_{l_2} + (0)i_{l_3} = -u_{s3} \\ R_1 i_{l_1} + (0)i_{l_2} + (R_1 + R_4)i_{l_3} = u_{s1} - u_{s4}\end{array}\right\} \tag{3-7}$$

式（3-7）就是以回路电流为求解对象的回路电流方程。

假设 R_{11}、R_{22}、R_{33} 分别代表回路 1、2、3 的自阻,它们分别是回路 1、2、3 中所有电阻之和,即 $R_{11} = R_1 + R_2$,$R_{22} = R_2 + R_3$,$R_{33} = R_1 + R_4$；用 R_{12} 和 R_{21} 代表回路 1 和回路 2 的互阻,即两个回路的共有电阻,$R_{12} = R_{21} = -R_2$,用 R_{13} 和 R_{31} 代表回路 1 和回路 3 的互阻,即回路 1、3 的共有电阻,$R_{13} = R_{31} = R_1$,用 R_{23} 和 R_{32} 代表回路 2 和回路 3 的互阻,即回路 2、3 的共有电阻,$R_{23} = R_{32} = 0$。

式（3-7）可改写成：

$$\left.\begin{array}{l} R_{11}i_{l1} + R_{12}i_{l2} + R_{13}i_{l3} = u_{s11} \\ R_{21}i_{l1} + R_{22}i_{l2} + R_{23}i_{l3} = u_{s22} \\ R_{31}i_{l1} + R_{32}i_{l2} + R_{33}i_{l3} = u_{s33} \end{array}\right\} \tag{3-8}$$

式中具有下标相同的电阻 R_{11}、R_{22}、R_{33} 是各自回路的自阻,自阻总为正；下标不同

的电阻 R_{12}、R_{21} 等为回路间的互阻，互阻的正负视两回路电流在共有支路上参考方向相同时，互阻为正，反之为负，如果两回路间没有共有支路，或者有共有支路但其电阻为零（如共有支路仅为电压源），则互阻为 0，在电路不含受控源的情况下，总有 $R_{ik}=R_{ki}$。方程右边 u_{s11}、u_{s22}、u_{s33} 为回路 1、2、3 的总电压源的电压，各电压源的方向与回路电流方向一致时，前面取"-"，反之去"+"。

（3）求解方程，求得回路电流，然后根据支路电流与回路电流之间的关系求出各支路电流。

例 3-5 如图 3-9 所示，给定直流电路，$u_{s1}=50\text{ V}$，$i_{s2}=1\text{ A}$，$u_{s3}=20\text{ V}$，试用回路电流法列出电路的方程。

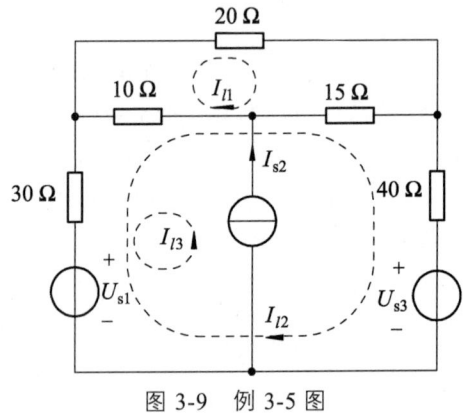

图 3-9 例 3-5 图

解：选取如图所示回路，列方程如下：
$$(20+15+10)I_{l1}-(15+10)I_{l2}+10\,I_{l3}=0$$
$$-(15+10)\,I_{l1}+(30+10+15+40)I_{l2}-(10+30)I_{l3}=50-20$$
$$I_{l3}=1$$

由例 3-4 和例 3-5 比较可知，回路电流法与网孔电流法基本相同，区别在于选取回路时，选一般的独立回路还是选网孔作独立回路，所以可以将网孔电流法看作是回路电流法的特殊形式。

例 3-6 用回路法求图 3-10 所示电路中的电压 U。

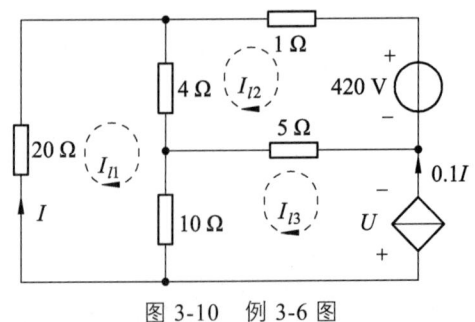

图 3-10 例 3-6 图

解：选独立回路，如图所示选网孔作为独立回路。列写回路电流方程：

回路Ⅰ：$34I_{l1} - 4I_{l2} - 10 \times I_{l3} = 0$

回路Ⅱ：$-4I_{l1} + 10I_{l2} - 5 \times I_{l3} = -420$

回路Ⅲ：$I_{l3} = -0.1I$

补充方程：$I = I_{l1}$

解得

$$I_{l1} = -5\,\text{A}, \quad I_{l2} = -43.75\,\text{A}, \quad I_{l3} = 0.5\,\text{A}$$

对回路Ⅲ列写 KVL，有

$$-U + 10(I_{l3} - I_{l1}) + 5(I_{l3} - I_{l2}) = 0$$

代入数据

$$-U + 10(0.5 + 5) + 5(0.5 + 43.75) = 0$$

求得

$$U = 276.25\ \text{V}$$

3.5 结点电压法

对于比较复杂的电路，求解其支路电流和电压时，为了减少方程的数目，当电路的结点多网孔少时，引入网孔电流法。如果给定的电路回路多而结点少，为了减少方程数目，可引入结点电压法。

结点电压法

所谓结点电压法，就是在给定的电路中，任取一个结点作为参考点，即设此结点为零电位，其余各结点与参考结点间的电压就是该结点的结点电压。设结点电压为未知量，根据 KCL 列写各结点电流方程，联解结点电流方程可求得各结点电压值，支路电流和电压可由欧姆定律求得。参考结点用符号"⓪"或"⊥"表示。

现以图 3-11 示电路为例介绍用结点电压法求解电路的基本步骤。

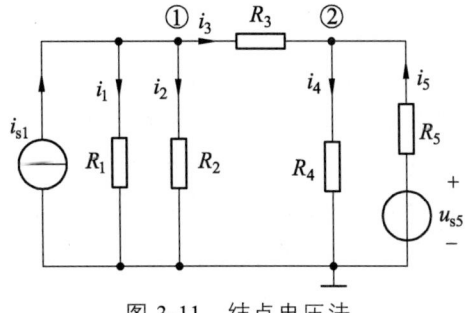

图 3-11 结点电压法

(1) 设结点电压为未知量,并任意指定一个结点为参考点,其余各结点与参考点间的电压就是结点电压。图中"⊥"为参考结点。

(2) 列写结点电流方程。

根据 KCL 有

$$\left.\begin{aligned} 结点①: & \quad -i_{s1}+i_1+i_2+i_3=0 \\ 结点②: & \quad -i_3-i_5+i_4=0 \end{aligned}\right\} \quad (3\text{-}9)$$

将式中电流用结点电压表示,有

$$\left.\begin{aligned} 结点①: & \quad -i_{s1}+\frac{u_{n1}}{R_1}+\frac{u_{n1}}{R_2}+\frac{u_{n1}-u_{n2}}{R_3}=0 \\ 结点②: & \quad -\frac{u_{n1}-u_{n2}}{R_3}-\frac{u_{s5}-u_{n2}}{R_5}+\frac{u_{n2}}{R_4}=0 \end{aligned}\right\}$$

对上式进行整理,有

$$\left.\begin{aligned} 结点①: & \quad \left(\frac{1}{R_1}+\frac{1}{R_2}+\frac{1}{R_3}\right)u_{n1}-\frac{u_{n2}}{R_3}=i_{s1} \\ 结点②: & \quad -\frac{u_{n1}}{R_3}+\left(\frac{1}{R_3}+\frac{1}{R_4}+\frac{1}{R_5}\right)u_{n2}=\frac{u_{s5}}{R_5} \end{aligned}\right\} \quad (3\text{-}10)$$

或者用电导表示电阻

$$\left.\begin{aligned} 结点①: & \quad (G_1+G_2+G_3)u_{n1}-G_3 u_{n2}=i_{s1} \\ 结点②: & \quad -G_3 u_{n1}+(G_3+G_4+G_5)u_{n2}=G_5 u_{s5} \end{aligned}\right\} \quad (3\text{-}11)$$

观察式(3-11)可见,结点 1 所列方程中结点电压 u_{n1} 前的系数为电导($G_1+G_2+G_3$),是结点 1 所连接的所有电阻的电导之和,称其为自导,记为 G_{11};结点电压 u_{n2} 前的系数为 $-G_3$,是结点 1 和结点 2 之间的所有电阻的电导之和,称其为结点 1 和结点 2 之间的互电导,记为 G_{12};方程右边为电流源 i_{s1},记为 i_{s11},表示流入结点 1 的电流源。

类似地,结点 2 所列方程中,$G_{22}=G_3+G_4+G_5$,$G_{21}=-G_3$,$i_{s22}=u_{s5}/R_5$(电压源 u_{s5} 形成的等效电流源),由此可将结点方程写成一般形式:

$$\left.\begin{aligned} G_{11}u_{n1}+G_{12}u_{n2}=i_{s11} \\ G_{21}u_{n1}+G_{22}u_{n2}=i_{s22} \end{aligned}\right\} \quad (3\text{-}12)$$

式(3-12)就是结点电压方程的一般形式,列写结点电压方程,可直接按照式(3-12)写出。其中,每个结点方程中,自身结点电压前面的系数称为自导(是指与某一结点相连的各支路的电导的总和)总是正,互导(是指两相邻结点之间的各支路的电导之和)总是负。方程右边为连接到本结点的电流源(或电压源与电阻串联等效为电流源与电阻的并联)的代数和,当其电流流入结点时前面取正号,否则取负号。

(3) 解结点电压方程,求出结点电压后,支路电流可通过欧姆定律求得。

例 3-7 如图 3-12 所示,已知 $u_{s1}=15$ V,$u_{s4}=10$ V,$u_{s6}=4$ V,$R_1=5$ Ω,$R_2=20$ Ω,

$R_3 = 2\ \Omega$,$R_4 = 4\ \Omega$,$R_5 = 20\ \Omega$,$R_6 = 10\ \Omega$,求各支路电流。

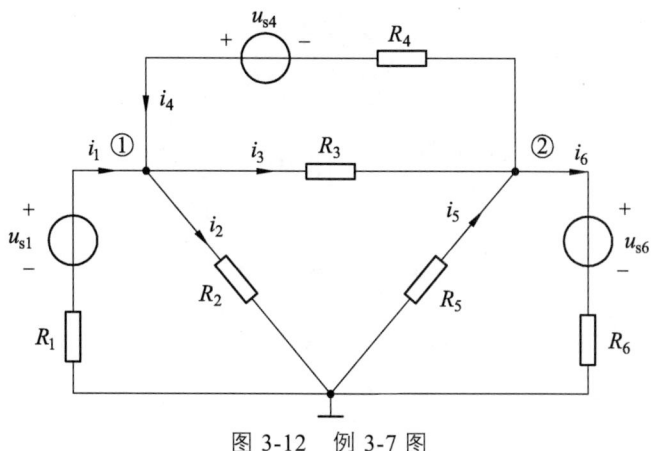

图 3-12　例 3-7 图

解： 该电路有三个结点，选取一个作为参考结点，如图。
列写结点电压方程

$$\begin{cases} 结点①: & \left(\dfrac{1}{R_1}+\dfrac{1}{R_2}+\dfrac{1}{R_3}+\dfrac{1}{R_4}\right)u_{n1}-\left(\dfrac{1}{R_3}+\dfrac{1}{R_4}\right)u_{n2}=\dfrac{u_{s1}}{R_1}+\dfrac{u_{s4}}{R_4} \\ 结点②: & -\left(\dfrac{1}{R_3}+\dfrac{1}{R_4}\right)u_{n1}+\left(\dfrac{1}{R_3}+\dfrac{1}{R_4}+\dfrac{1}{R_5}+\dfrac{1}{R_6}\right)u_{n2}=\dfrac{u_{s6}}{R_6}-\dfrac{u_{s4}}{R_4} \end{cases}$$

代入数据，有

$$\begin{cases} \left(\dfrac{1}{5}+\dfrac{1}{20}+\dfrac{1}{2}+\dfrac{1}{4}\right)u_{n1}-\left(\dfrac{1}{2}+\dfrac{1}{4}\right)u_{n2}=\dfrac{15}{5}+\dfrac{10}{4} \\ -\left(\dfrac{1}{2}+\dfrac{1}{4}\right)u_{n1}+\left(\dfrac{1}{2}+\dfrac{1}{4}+\dfrac{1}{20}+\dfrac{1}{10}\right)u_{n2}=\dfrac{4}{10}-\dfrac{10}{4} \end{cases}$$

解得

$$u_{n1}=10\ \text{V} \qquad u_{n2}=6\ \text{V}$$

根据各支路电流与结点电压的关系，有

$$i_1=\dfrac{u_{s1}-u_{n1}}{R_1}=\dfrac{15-10}{5}=1\ (\text{A}) \qquad i_2=\dfrac{u_{n1}}{R_2}=\dfrac{10}{20}=0.5\ (\text{A})$$

$$i_3=\dfrac{u_{n1}-u_{n2}}{R_3}=\dfrac{10-6}{2}=2\ (\text{A}) \qquad i_4=\dfrac{u_{n2}+u_{s4}-u_{n1}}{R_4}=\dfrac{6+10-10}{4}=1.5\ (\text{A})$$

$$i_5=\dfrac{-u_{n2}}{R_5}=\dfrac{-6}{20}=-0.3\ (\text{A}) \qquad i_6=\dfrac{u_{n2}-u_{s6}}{R_6}=\dfrac{6-4}{10}=0.2\ (\text{A})$$

例 3-8　用结点电压法求解图 3-13 所示电路中的电压 U。

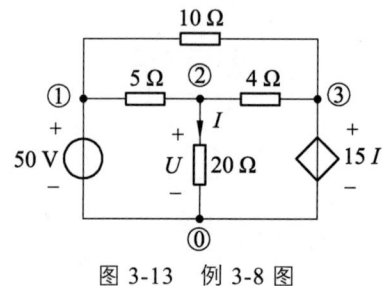

图 3-13　例 3-8 图

解：选定结点并编号如图所示，对各结点列写结点电压方程：

$$U_{n1} = 50$$

$$-\frac{1}{5}U_{n1} + \left(\frac{1}{4} + \frac{1}{5} + \frac{1}{20}\right)U_{n2} - \frac{1}{4}U_{n3} = 0$$

$$U_{n3} = 15I$$

补充方程：$I = \dfrac{U_{n2}}{20}$

联立以上方程求解，得

$$U = U_{n2} = 32 \text{ V}$$

本题中对于受控电压源支路，列写结点电压方程时，处理方法与独立电压源支路方法一样，但要多一个用结点电压表示控制量的方程。

例 3-9　试列出图 3-14 所示电路的结点电压方程。

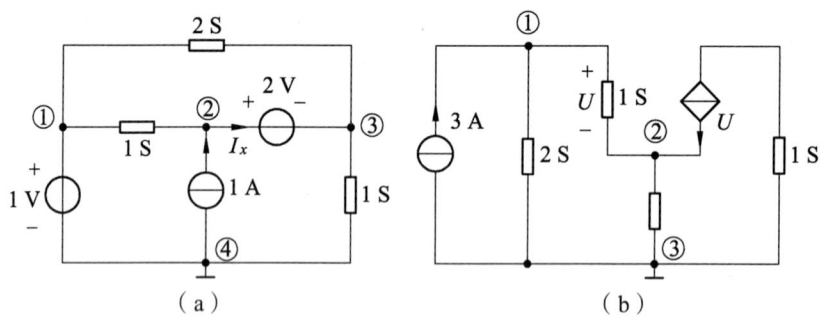

图 3-14　例 3-9 图

解：图 3-14（a）中，电路有两个无伴电压源，令结点④为参考节点，则 $U_{n1}=1$ V 为已知，设流过 2 V 无伴电压源的电流为 I_x，如图 3-14（a）所示，可得结点电压方程为

$$\begin{cases} 结点①: & U_{n1} = 1 \\ 结点②: & -U_{n1} + U_{n2} = 1 - I_x \\ 结点③: & -2U_{n1} + 3U_{n2} = I_x \\ 辅助方程: & U_{n2} - U_{n3} = 2 \end{cases}$$

图 3-14（b）中，与受控电流源相连的电阻不计入自导或互导，有

$$\begin{cases} 结点①: & 3U_{n1} - U_{n2} = 3 \\ 结点②: & -U_{n1} + 3U_{n2} = U \\ 辅助方程: & U_{n1} - U_{n2} = U \end{cases}$$

3.6 实践与应用

在电路分析和设计中，我们经常需要测量电流、电压和电阻的数值。弥尔曼定理为我们提供了一种简便的方法，可以通过使用电压表和电阻表等仪器，测量电压和电阻的数值，然后利用弥尔曼定理计算出电流的数值，而无需对电流进行直接测量。弥尔曼定理由德国物理学家费迪南德·弥尔曼于 1840 年提出，对于只有一个独立结点的电路，其结点电压一般式为

$$U = \frac{\sum_K G_K U_K + \sum_i I_i}{\sum_{K'} G_{K'}} \qquad (3-13)$$

式（3-13）为弥尔曼定理。式中 $\sum_K G_K U_K$ 为与结点相连的各电压源和电阻串联支路的等效电流源代数和，等效电流源电流的参考方向流入结点时为正，反之取负；$\sum_i I_i$ 为与结点相连的各独立电流源支路的电流代数和，电流参考方向流入结点时为正，反之取负；而 $\sum_{K'} G_{K'}$ 为结点所连接各支路的电导之和，均取正，这里还要注意，不应计入与电流源串联的电阻，因为恒流源支路中不论串入任何元件都不影响其恒流值。

因此，对于只有一个独立结点的电路，先用弥尔曼定理求出结点电压，然后，通过结点电压求出其他量，如各支路电流。

下面通过一个实例来推导这个公式，如图 3-15 所示。

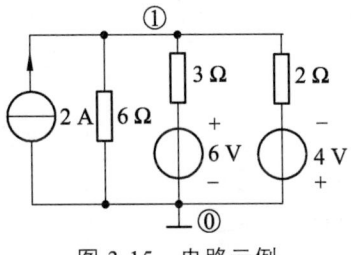

图 3-15 电路示例

列结点电压方程：$\left(\dfrac{1}{6}+\dfrac{1}{3}+\dfrac{1}{2}\right)U_{n1}=2+\dfrac{6}{3}-\dfrac{4}{2}$

$$U_{n1}=\dfrac{2+\dfrac{6}{3}-\dfrac{4}{2}}{\dfrac{1}{6}+\dfrac{1}{3}+\dfrac{1}{2}}=\dfrac{\sum GU+\sum I}{\sum G} \qquad (3\text{-}14)$$

式（3-14）即弥尔曼定理公式。通过理解弥尔曼定理的原理和应用，我们可以更准确地预测电路中的电压和电流变化，优化电路设计。

在实际应用中，结点电压法和回路电流法常被应用于电子电路的设计和分析中。在数字集成电路设计中，可以使用结点电压法来分析各个晶体管之间的电压关系，确定最佳晶体管组合方案。在大型电子系统如卫星和雷达系统中，回路电流法可用于分析大型复杂电路的稳定性和可靠性，有助于确保整个系统正常运行。

习 题

3-1 图示电路中，已知 $u_{s1}=30$ V，$u_{s2}=20$ V，$R_1=8$ Ω，$R_2=R_3=4$ Ω。用支路电流法求各支路电流和支路电压 u_{AB}。

3-2 图示电路中，$R_1=R_2=10$ Ω，$R_3=4$ Ω，$R_4=R_5=8$ Ω，$R_6=2$ Ω，$u_{s3}=20$ V，$u_{s6}=40$ V，用支路电流法和网孔电流法求解电流 i_5。

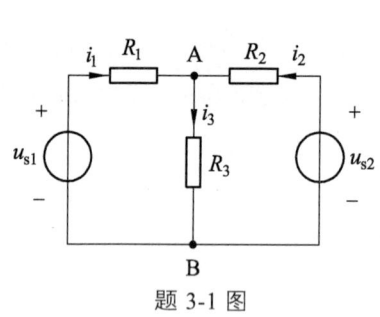

题 3-1 图

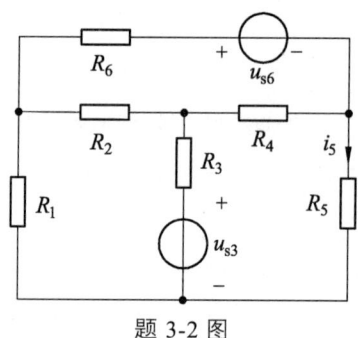

题 3-2 图

3-3 试用网孔电流法求图示电路中的电流 i_1，i_2，i_3。

3-4 试用网孔电流求图示电路中的电压 U。

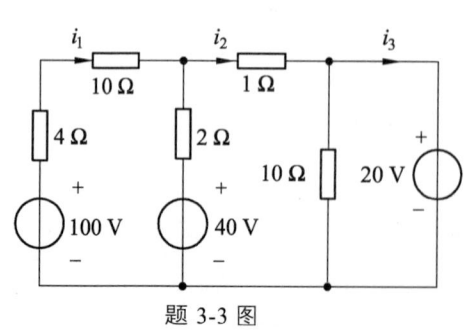

题 3-3 图

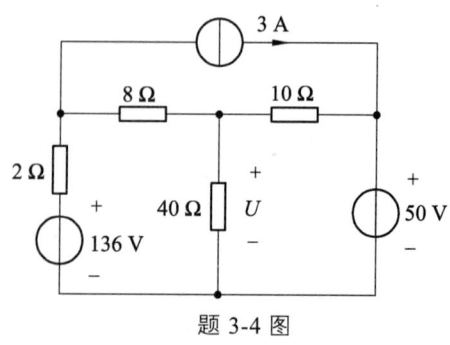

题 3-4 图

3-5 图示电路中,已知 $u_{s1} = 20$ V, $u_{s2} = 30$ V, $u_{s3} = 10$ V, $R_1 = 1\ \Omega$, $R_2 = 6\ \Omega$, $R_3 = 2\ \Omega$。用网孔电流法求各支路电流。

3-6 列出图示电路的网孔电流方程。

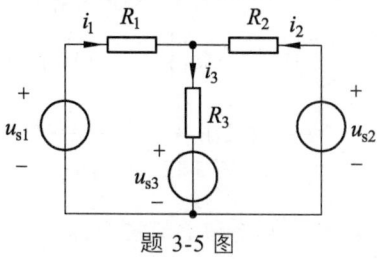

题 3-5 图

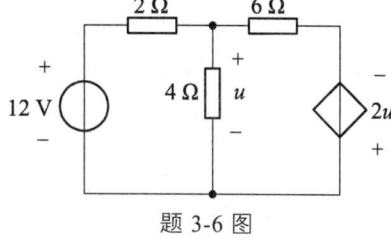

题 3-6 图

3-7 图示电路中,用网孔电流法求电流 i 和电压 u。

3-8 图示电路中,用网孔电流法求网孔电流和电压 u。

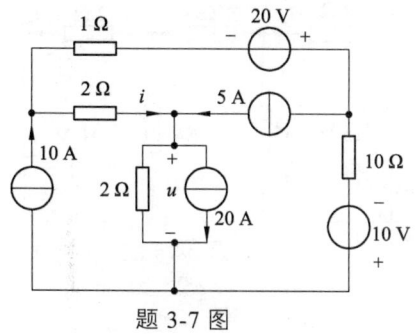

题 3-7 图

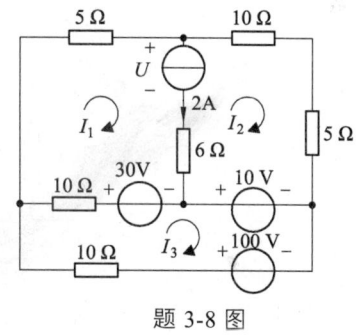

题 3-8 图

3-9 图示电路中,列写网孔电流方程。

3-10 图示电路中,列写回路电流方程。

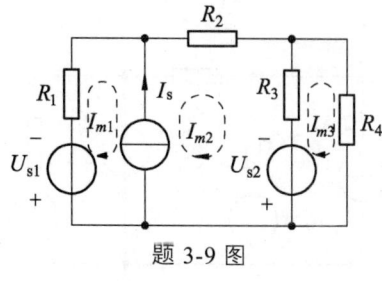

题 3-9 图

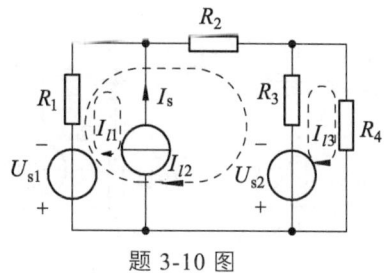

题 3-10 图

3-11 图示电路中,用回路电流法求电压 U。

3-12 图示电路中,用回路电流法求电流 i_1 和 i_2。

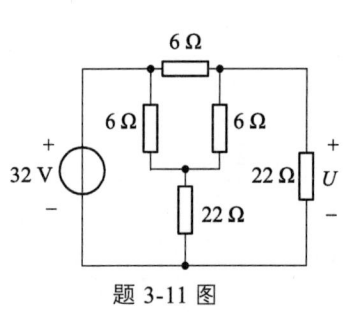
题 3-11 图

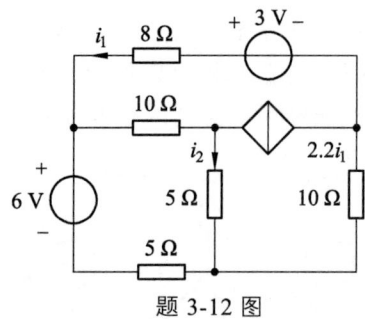
题 3-12 图

3-13 分别用回路法和结点法求图示电路中各支路电流和电流源电压。

3-14 用结点电压法求解图示各电流。

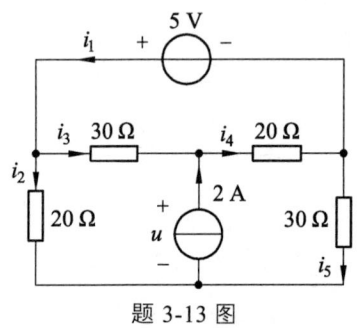
题 3-13 图

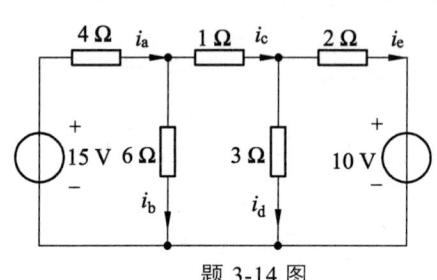
题 3-14 图

3-15 列出图示电路的结点电压方程。

3-16 列出图示电路的结点电压方程。

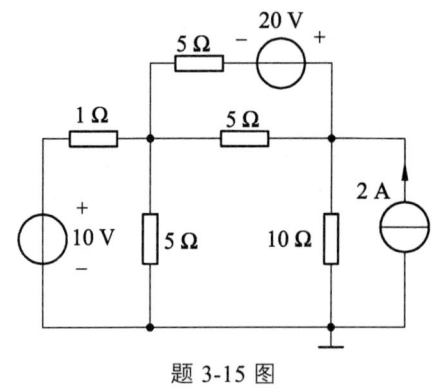
题 3-15 图

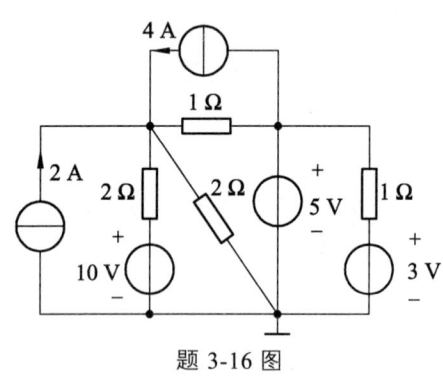
题 3-16 图

3-17 用结点电压法计算图示电路中的电流 I。

3-18 列出图示电路的结点电压方程。

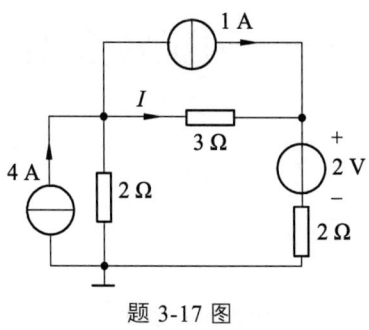
题 3-17 图

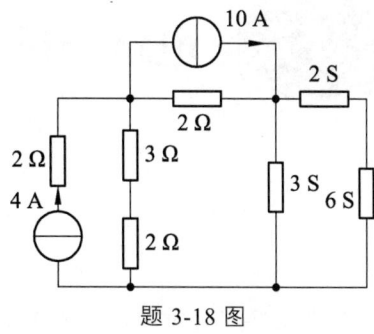
题 3-18 图

3-19 用结点电压法求图示电路中的电流 i_1 和 i_2。

3-20 用网孔电流法求图示各支路电流。

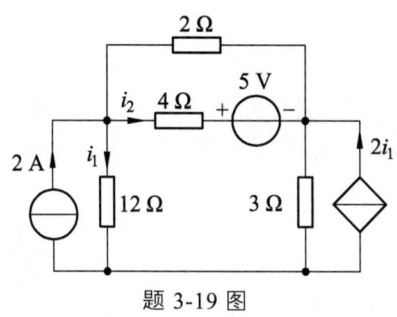
题 3-19 图

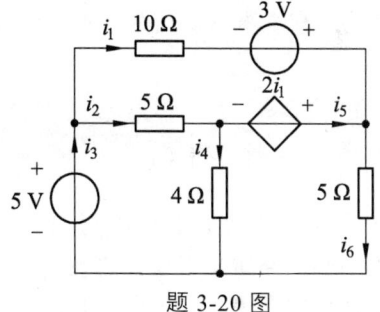
题 3-20 图

参考答案

第 4 章 电路分析方法三——电路定理法

导　读

电路定理是电路理论的前辈从电路的特性出发，总结归纳了一些关于电路基本性质的结论。如叠加定理、替代定理、戴维宁诺顿定理、最大功率传输定理和互易定理等，这些定理是电路理论的重要组成部分，因此，和等效变换法、电路方程法一样，应用电路定理为求解电路问题提供了另一类分析方法。在实际应用中，有时需综合运用几个定理来解决问题，这些定理在本书后续内容中会经常用到。

4.1　叠加定理

第 3 章介绍了电路分析中常用的一些基本方法，除了这些方法，还可以采用一些电路定理对电路进行简化或求解。叠加定理就是其中一种。

所谓叠加定理，是指在线性电路（由线性元件及独立源组成的电路）中，任一支路的电流（或电压）都是电路中各个独立电源单独作用时，在该支路所产生的电流（或电压）的代数和。

叠加定理

下面结合实例对叠加定理进行说明。

例 4-1　如图 4-1（a）所示，试求 u_2 与电压源和电流源的关系。

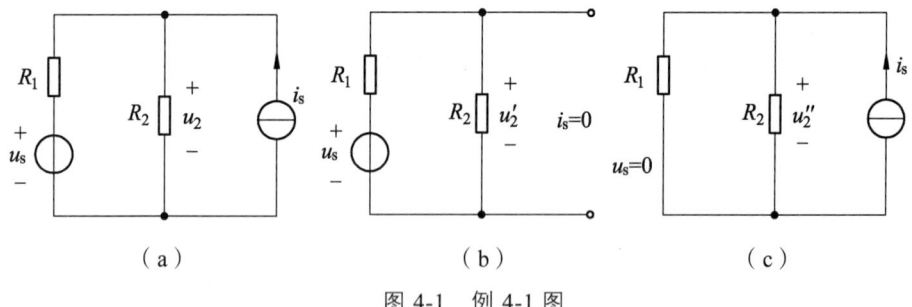

图 4-1　例 4-1 图

解：根据结点电压法，直接写出 u_2 的表达式有

$$u_2 = \frac{\dfrac{u_s}{R_1} + i_s}{\dfrac{1}{R_1} + \dfrac{1}{R_2}} = \frac{R_2}{R_1 + R_2} u_s + \frac{R_1 R_2}{R_1 + R_2} i_s \tag{4-1}$$

式（4-1）即为 u_2 与电压源和电流源的关系。

第4章 电路分析方法三——电路定理法

由式（4-1）可以看出，u_2 由两项组成，第一项只与电压源 u_s 成比例，即 u_s 单独作用时所产生的电压 $u_2' = \dfrac{R_2}{R_1 + R_2} u_s$，如图 4-1（b）所示，此时 $i_s = 0$；第二项只与电流源 i_s 成比例，即 i_s 单独作用时所产生的电压 $u_2'' = \dfrac{R_1 R_2}{R_1 + R_2} i_s$，如图 4-1（c）所示，此时 $u_s = 0$。同理，可确定电路中其他电压或电流与电压源和电流源存在类似的线性关系。

例 4.1 说明了叠加的概念，即双激励产生的响应是每一个激励单独作用时产生的响应之和，这个方法也可推广到多个电源的电路中去。

例 4.2 如图 4-2 所示，已知 $u_s = 10\text{ V}$，$i_s = 1\text{ A}$，$R_1 = 2\ \Omega$，$R_2 = 3\ \Omega$，$R_3 = 1\ \Omega$，试用叠加定理求解各支路电流。

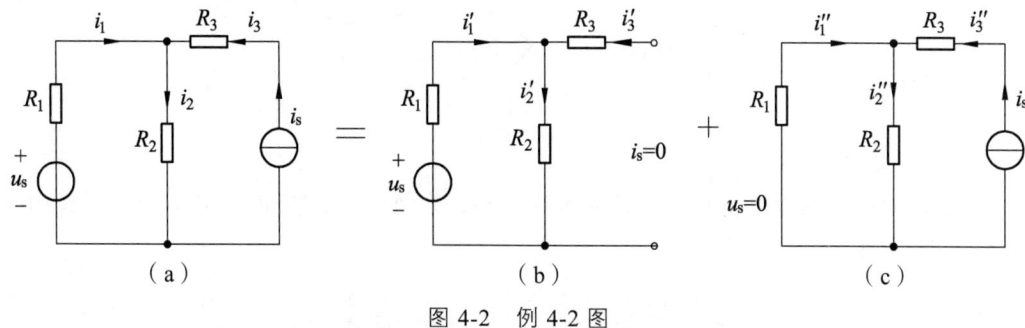

图 4-2 例 4-2 图

解：（1）首先将原电路分解成每一个电源单独作用时的电路模型。图 4-2（b）所示为电压源 u_s 单独作用时的电路模型，由于电流源不作用，即令 $i_s = 0$，所以电流源开路。图 4-2（c）为电流源单独作用时的电路模型，此时电压源不作用，令 $u_s = 0$，所以电压源短路。图 4-2（a）电路中任一支路的电流 i 或电压 u 是电路（b）与电路（c）中相应支路电流 i 或电压 u 的叠加，并且要把待求量的参考方向标在图上，以便于叠加。

（2）按每一个电源单独作用时的电路模型求出每条支路的电流或电压。

由图 4-2（b）求出电压源单独作用时各支路电流：

$$i_1' = i_2' = \dfrac{u_s}{R_1 + R_2} = \dfrac{10}{2+3} = 2\ (\text{A})$$

$$i_3' = 0\ (\text{A})$$

由图 4-2（c）求出电流源单独作用时各支路电流：

$$i_1'' = -\dfrac{R_2}{R_1 + R_2} i_s = -\dfrac{3}{2+3} \times 1 = -0.6\ (\text{A})$$

$$i_2'' = \dfrac{R_1}{R_1 + R_2} i_s = \dfrac{2}{2+3} \times 1 = 0.4\ (\text{A})$$

$$i_3'' = i_s = 1\ (\text{A})$$

（3）各电源单独作用时产生电流的代数和就是原电路各支路的电流。

$i_1 = i_1' + i_1'' = 2 - 0.6 = 1.4$（A）

$i_2 = i_2' + i_2'' = 2 + 0.4 = 2.4$（A）

$i_3 = i_3' + i_3'' = 0 + 1 = 1$（A）

例 4-3 应用叠加定理求图 4-3 中电压 U。

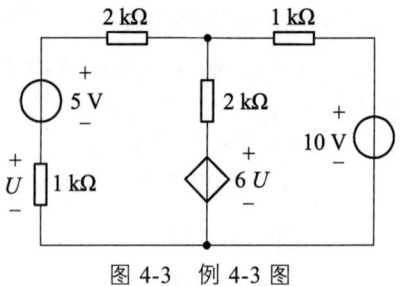

图 4-3 例 4-3 图

解：该电路有两个独立电源，按照叠加定理，分别画出 5 V 和 10 V 电源单独作用时的电路如图 4-4（a）（b）所示。

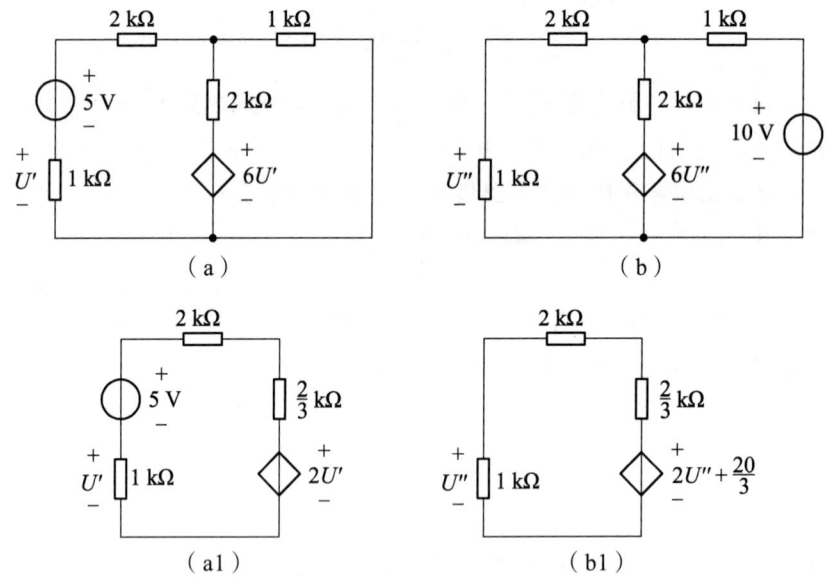

图 4-4 例 4-3 题解图

对两个电路分别求解电压：

图 4-4（a）中进行电源等效变换得图（a1），则有

$$U' = \frac{2U' - 5}{1 + 2 + \frac{2}{3}} \times 1 = \frac{2U' - 5}{\frac{11}{3}}$$

解得：$U' = -3$ V

图 4-4（b）中进行电源等效变换得图（b1），则有

$$U'' = \frac{2U'' + \dfrac{20}{3}}{1+2+\dfrac{2}{3}} \times 1 = \frac{2U'' + \dfrac{20}{3}}{\dfrac{11}{3}}$$

解得：$U'' = 4$ V

根据叠加定理，原电路的电压为：$U = U' + U' = -3 + 4 = 1$ (V)

应用叠加定理时，要注意以下几点。

（1）叠加定理只适用于线性电路，对非线性电路不适用。

（2）当一个独立源单独作用于电路时，其他的独立源应"置零"。电流源"置零"时，应看做开路，电压源"置零"时，应看做短路。

（3）将每个独立源单独作用下产生的电流或电压叠加时，参考方向选择与原变量相同的取正号，相反的取负号。

（4）叠加定理只适用于电流、电压的计算，不适用于计算功率。

对叠加定理进行进一步推导，可得出另外一个重要定理齐性定理：在线性电路中，当所有激励都同时增加或缩小 K（K 为实常数）倍时，响应也同时增加或缩小 K 倍。

4.2 替代定理

替代定理内容为：对于某一给定的线性或非线性电路，如果已知该电路中任一条支路的电压 u 或电流 i，则可以把这条支路去掉，用一个电压等于 u 的电压源或电流等于 i 的电流源来替代。这样替代后不会影响电路中其他支路的电流和电压。用图 4-5 对该定理进行描述。

如果已知图 4-5（a）中 X 部分两端的电压为 u，通过的电流为 i，则可用电压为 u 的电压源来代替 X，如图 4-5（b）所示；也可用电流为 i 的电流源来代替 X，如图 4-5（c）所示；还可用电阻值为 u/i 的电阻 R 来代替 X，如图 4-5（d）所示；代替前后网络 N 中其他各支路的电流和电压不会发生变化。

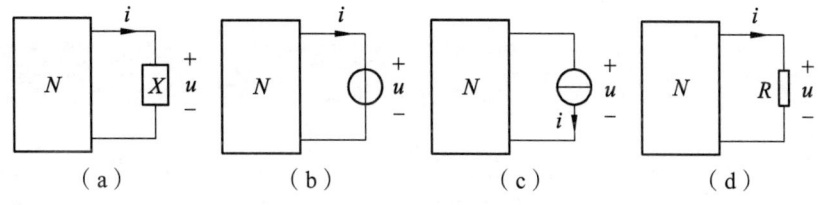

图 4-5　替代定理

例 4-4　图 4-6（a）中，已知 $u_{ab} = 0$，求 R。

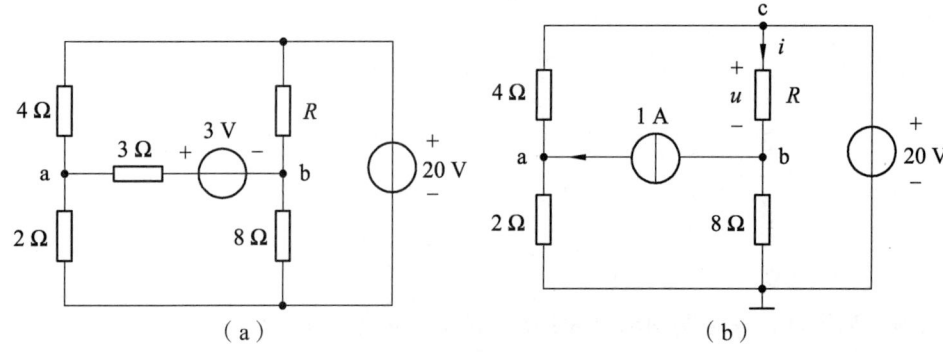

图 4-6　例 4-4 图

解：由于 $u_{ab}=0$，所以 3 V 电压源支路的电流为 1 A，根据替代定理，可以用 1 A 的电流源代替，如图 4-6（b）所示。

在图 4-6（b）中，选参考结点如图所示，结点 c 对参考点间的电压为 20 V。对 a 结点列结点电压方程

$$\left(\frac{1}{2}+\frac{1}{4}\right)u_a - \frac{1}{4}\times 20 = 1$$

解得

$$u_a = 8\ \text{V}$$

由于 $u_{ab}=0$，所以

$$u_b = u_a = 8\ \text{V}$$

则有

$$u = 20 - u_b = 20 - 8 = 12\ (\text{V})$$

$$i = 1 + \frac{u_b}{8} = 1 + \frac{8}{8} = 2\ (\text{A})$$

由欧姆定律得

$$R = \frac{u}{i} = \frac{12}{2} = 2\ (\Omega)$$

事实上，替代定理就是电路的等效变换，在分析电路时，常常用它化简电路，辅助其他方法求解电路。

4.3　戴维宁定理和诺顿定理

在电路分析中，有时并不需要求出所有支路的电流，而只需知道某一支路上的电流和电压，这时若采用结点电压法或回路电流法都比较烦琐，可以采用戴维宁定理或诺顿定理。在学习这两个定理之前，先介绍有关二端网络的概念。

戴维宁定理

4.3.1 二端网络

如果网络具有两个引出端钮与其他电路连接,不管其内部结构如何都叫作二端网络,也叫作一端口网络。图 4-7 所示电路都是二端网络。

图 4-7 给出的二端网络中,其内部不含独立电源的称为无源二端网络,如图 4-7(a)和(b)所示,通常用符号 N 表示,如图 4-7(d)所示。其内部含有独立电源的称为有源二端网络,如图 4-7(c)所示,一般用符号 N_s 表示,如图 4-7(e)所示。显然,对二端网络来说,从一个端钮流出的电流必然等于从另一端钮流入的电流。

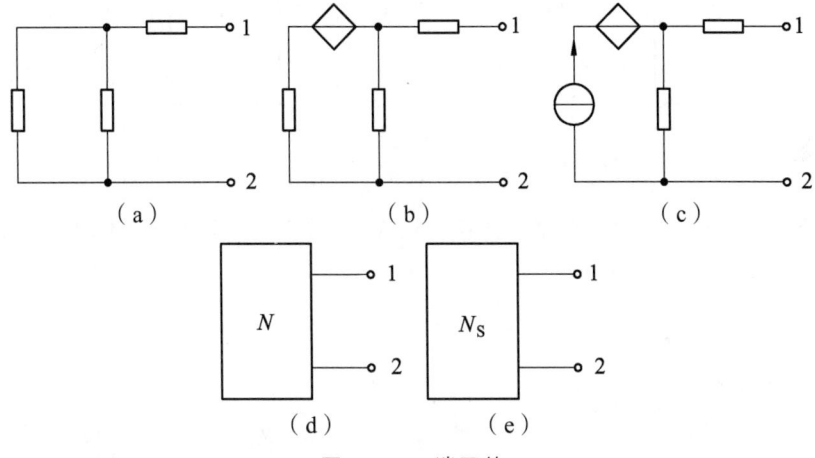

图 4-7　二端网络

对无源二端网络来说,可通过电阻的等效变换及求输入电阻的方法,最终等效成一个电阻。对于有源二端网络,则需采用戴维宁定理或诺顿定理。

4.3.2 戴维宁定理

戴维宁定理是对有源二端网络等效变换的定理,该定理表述为:一个含有独立源、线性受控源、线性电阻的有源二端网络,对其外部来说,可以用一个理想电压源和一个等效电阻的串联来等效。其中,理想电压源的大小为有源二端网络的开路电压,等效电阻为令二端网络内的所有独立源为零时对应的无源二端网络的等效电阻。

以上表述可以用图 4-8 描述。

在图 4-8 中,图(a)是将电路分成待求支路和有源二端网络的模型,其中,网络 M 是待求支路,N_s 网络是有源二端网络;图(b)表示将有源二端网络等效为一个理想电压源 u_{oc} 和等效电阻 R_{eq} 的串联;图(c)说明等效电压源 u_{oc} 的计算方式;图(d)说明等效电阻 R_{eq} 的计算方式,其中 N 是将有源二端网络 N_s 中的所有独立源置零后的网络,是一个无源网络。

在计算 u_{oc} 时可采用我们前面讲述的任何方法,如回路法、结点法、电源等效交换等分析计算方法,但要特别注意电压源 u_{oc} 的方向必须与计算 u_{oc} 时的方向相同。

电路分析基础

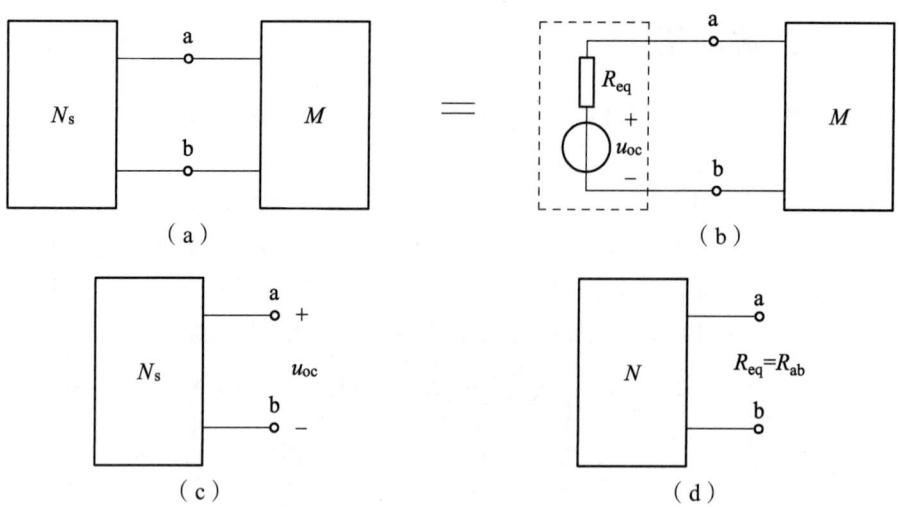

图 4-8 戴维宁定理

例 4-5 图 4-9（a）所示电路，负载电阻 R_L 可以改变，求 $R_L = 1\ \Omega$ 时其上的电流 i；若 R_L 改变为 $6\ \Omega$，再求电流 i。

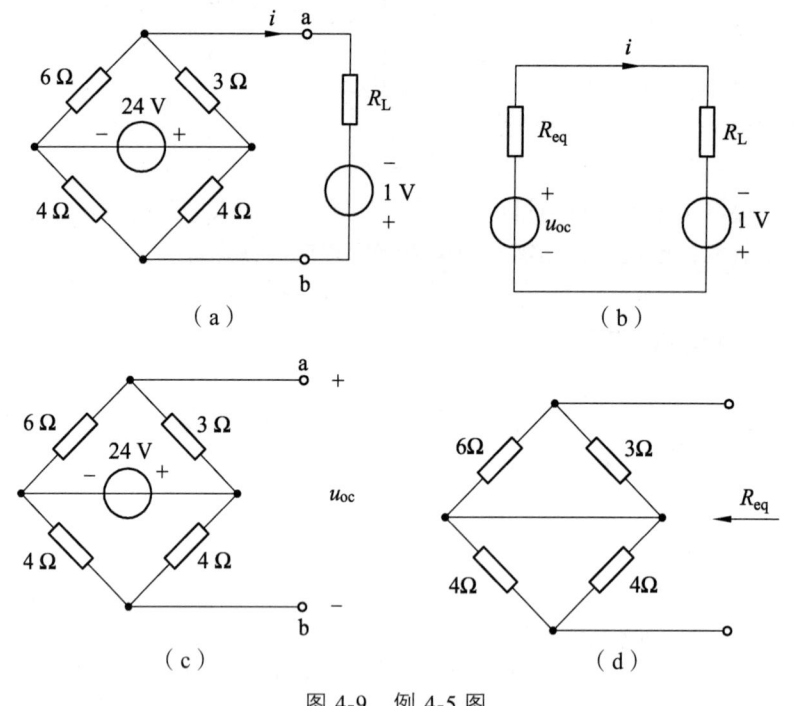

图 4-9 例 4-5 图

解： 该例研究 R_L 所在支路的电流，其左侧为二端有源网络。

（1）先求开路电压 u_{oc}，将待求支路从电路中断开，如图 4-9（c）所示，有

$$u_{oc} = \frac{6}{6+3} \times 24 - \frac{4}{4+4} \times 24 = 4 \ （V）$$

(2) 求等效电阻 R_{eq}，将内部电源置零，如图 4-9 (d) 所示，有

$$R_{eq} = \frac{4 \times 4}{4+4} + \frac{3 \times 6}{3+6} = 4 \ (\Omega)$$

(3) 根据所求开路电压 u_{oc} 和等效电阻 R_{eq} 作戴维宁等效电路，如图 4-9 (b) 所示，则

当 $R_L = 1 \ \Omega$ 时 $\qquad i = \dfrac{u_{oc}+1}{R_{eq}+R_L} = \dfrac{4+1}{4+1} = 1 \ (A)$

当 $R_L = 6 \ \Omega$ 时 $\qquad i = \dfrac{u_{oc}+1}{R_{eq}+R_L} = \dfrac{4+1}{4+6} = 0.5 \ (A)$

从该例可看出，第一、二步是为第三步服务的。因此，只要我们得到线性含源端口网络的两个数据开路电压 u_{oc} 和等效电阻 R_{eq}，戴维宁等效电路即可确定。

上述电压源和电阻的串联组合称为戴维宁等效电路，等效电路中的电阻称为戴维宁等效电阻。当有源二端网络用戴维宁等效电路等效后，端口以外的电路中的电压、电流均保持不变，这种等效称为对外等效。

开路电压 u_{oc} 的计算，是在含源端口网络开路的情况下进行的。至于采用何种方法，可根据具体电路灵活选用。

等效电阻 R_{eq} 的计算，可以分两种情况讨论。

含源二端网络内部不含受控源时，令网络内所有独立源为零，得到仅含电阻元件的无源端口网络。可以运用电阻的串、并联等效化简公式（必要时也可用 Y—△ 等效变换）求等效内电阻 R_{eq}。

含源二端网络内部含受控源时，一般可以采用下面两个方法来计算 R_{eq}。

外施激励法：令网络内所有独立源为零，然后在端口网络的端口上施加一电压源 u，求出端口电流 i，则有

$$R_{eq} = \frac{u}{i} \qquad (4-2)$$

开路电压短路电流法：与外施激励法不同，此法是对含源二端网络直接进行计算，即分别求出含源二端网络端口的开路电压 u_{oc}（端口开路）和短路电流 i_{sc}（将端口短路），如图 4-10 所示。

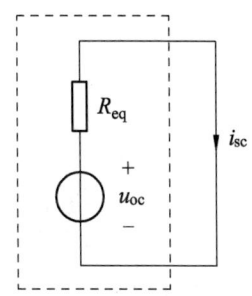

图 4-10 开路电压短路电流法

有
$$R_{eq} = \frac{u_{oc}}{i_{sc}} \tag{4-3}$$

例 4-6 试用戴维宁定理求解图 4-11 所示电路中的电压 u。

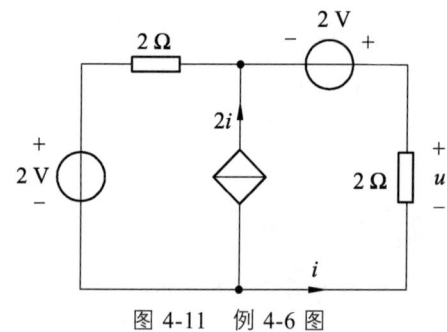

图 4-11 例 4-6 图

解：将待求支路移去，得对应电路如图 4-12（a）所示，求戴维宁等效电路。先求开路电压 u_{oc}：

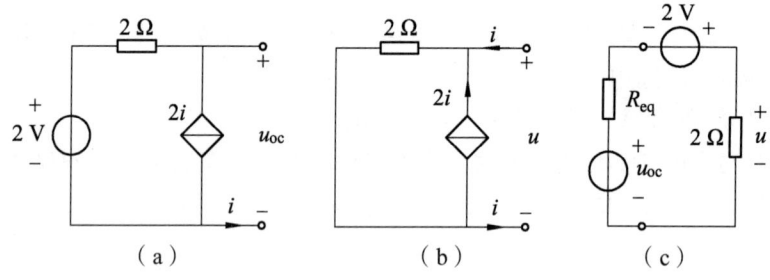

图 4-12 例 4-6 求解用图

此时，$i = 0$，受控电流源的电流 $2i$ 也为零，相当于开路，于是有

$$u_{oc} = 2 \text{ V}$$

再求等效电阻 R_{eq}：

因该电路含有受控源，采用外施激励法，令二端口网络内部独立电源为零，在端口施加电压 u，求端口电流 i 从而得到 R_{eq}，如图 4-12（b）所示，有

$$u = 2(i + 2i)$$

所以

$$R_{eq} = \frac{u}{i} = 6 \text{ Ω}$$

最后作戴维宁等效电路，将待求支路接入，如图 4-12（c）所示，有

$$u = \frac{2}{2 + R_{eq}} \times (2 + u_{oc}) = \frac{2}{2 + 6} \times (2 + 2) = 1 \text{ (V)}$$

运用戴维宁定理求含源端口网络的戴维宁等效电路时，须注意如下几点：

（1）求端口开路电压 u_{oc} 和短路电流 i_{sc} 时，含源端口网络内的所有独立源须保留。

（2）运用外施激励法求等效电阻 R_{eq} 时，含源端口网络内的所有独立源应设为零，即独立电压源用短路代替，独立电流源用开路代替，而受控源按无源元件处理，仍保留在电路中。

（3）在移去待求支路，即对电路进行分析时，受控源和相应的控制量应划在同一网络中，包括控制量为端口电压或端口电流。

4.3.3 诺顿定理

诺顿定理表述为：一个含有独立源、线性受控源、线性电阻的有源二端网络，对其外部来说，可以用一个理想电流源和一个等效电阻的并联组合来等效。其中，理想电流源的大小为有源二端网络的短路电流，等效电阻为令二端网络内的所有独立源为零时对应的无源二端网络的等效电阻。

以上表述可以用图 4-13 描述。

在图 4-13 中，图（a）是将电路分成待求支路和有源二端网络的模型，其中，网络 M 是待求支路，N_s 网络是有源二端网络；图（b）表示将有源二端网络等效为一个理想电流源 i_{sc} 和等效电阻 R_{eq} 的并联；图（c）说明等效电流源 i_{sc} 的计算方式；图（d）说明等效电阻 R_{eq} 的计算方式，其中 N 是将有源二端网络 N_s 中的所有独立源置零后的网络，是一个无源网络。

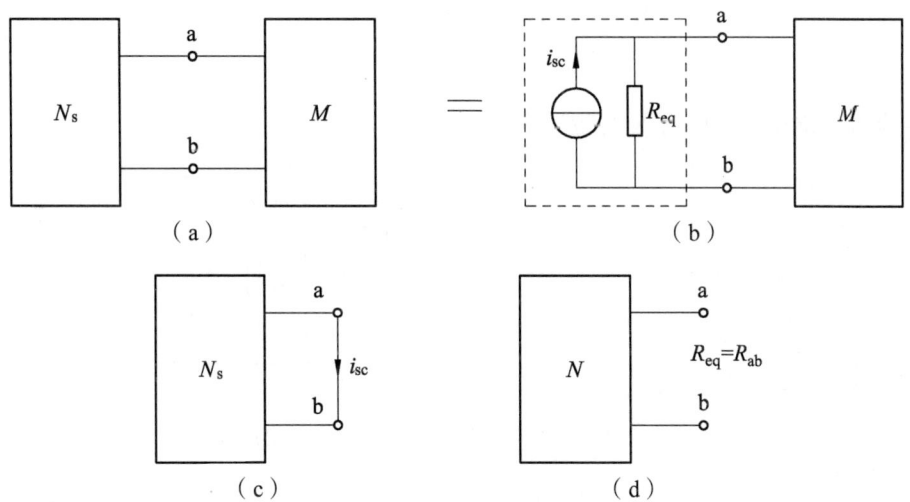

图 4-13 诺顿定理

同样，在计算 i_{sc} 时可采用我们前面讲述的任何方法，诸如回路法、结点法、电源等效变换等等分析计算方法，但要特别注意电流源 i_{sc} 的方向。

例 4-7 如图 4-14（a）所示电路，求戴维宁和诺顿等效电路。

解： 先求开路电压 u_{oc}：

根据图 4-14（a），有

$$u_{oc} = 10 \times 1.5i + 10i + 10$$

由于 $i = 0$，所以

$$u_{oc} = 10 \text{ V}$$

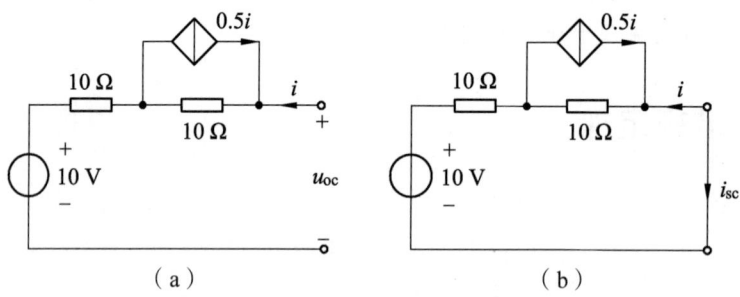

图 4-14 例 4-7 图

再求短路电流 i_{sc}：

根据图 4-14（b），有

$$10 \times 1.5i + 10i + 10 = 0$$

$$i_{sc} = -i = 0.4 \text{ (A)}$$

所以

$$R_{eq} = \frac{u_{oc}}{i_{sc}} = \frac{10}{0.4} = 25 \text{ (}\Omega\text{)}$$

从而得戴维宁和诺顿等效电路如图 4-15 所示。

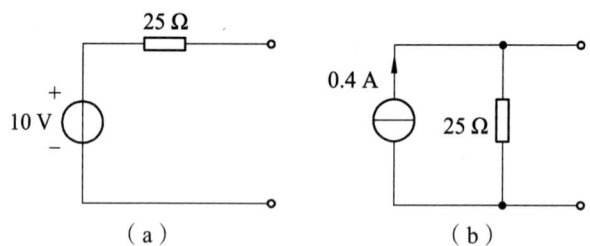

图 4-15 例 4-7 的戴维宁和诺顿等效电路

4.4 最大功率传输定理

在电子技术中，常常要求负载从给定的电源获得最大功率，这就是最大功率传输问题。通常，电子设备的内部结构是非常复杂的，但其向外供电能时都是引出两个端点接到负载上,因此,可将其看成一个给定的有源二端网络。根据等效电源定理,一个有源二端网络总可以等效为一个电压源与电阻的串联或一个电流源与电阻的并联,所以,最大功率传输问题实际上是等效电源定理的应用问题。

下面,来讨论负载获得最大功率的条件及最大功率的计算。为了推导负载获得最大功率的条件,我们将有源二端网络等效为一个如图 4-16 所示的戴维宁等效电路,虚线框内为戴维宁等效电源,R_L 为负载。根据图 4-16 有

$$i = \frac{u_{oc}}{R_{eq} + R_L} \quad (4\text{-}4)$$

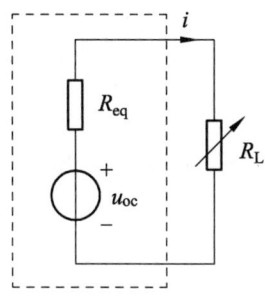

图 4-16 最大功率传输

则负载功率为

$$p = i^2 R_L = \left(\frac{u_{oc}}{R_{eq} + R_L}\right)^2 R_L \quad (4\text{-}5)$$

为了计算 p 的最大值,可由 p 对 R_L 求导数并令其导数为零,即

$$\frac{dp}{dR_L} = \frac{(R_{eq} + R_L)^2 - 2R_L(R_{eq} + R_L)}{(R_{eq} + R_L)^2} = 0 \quad (4\text{-}6)$$

解得

$$R_L = R_{eq} \quad (4\text{-}7)$$

所以,$R_L = R_{eq}$ 即是负载获得最大功率的条件。通常,$R_L = R_{eq}$ 时,称负载与电源匹配,所以,$R_L = R_{eq}$ 也称为最大功率匹配条件。此时,负载最大功率为

$$p_{max} = i^2 R_L = \left(\frac{u_{oc}}{R_{eq} + R_L}\right)^2 R_L = \frac{u_{oc}^2}{4R_{eq}} \quad (4\text{-}8)$$

例 4-8 图 4-17(a)所示电路外接可调电阻 R_L,当 R_L 为多大时,它可以从电路中获得最大功率,并求此最大功率。

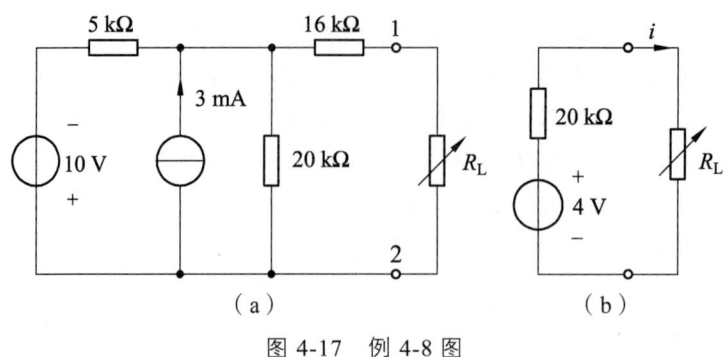

图 4-17　例 4-8 图

解：先对 4-17（a）所示电路应用戴维宁定理，可以求得

$$u_{oc} = 4\text{ V} \qquad R_{eq} = 20\text{ k}\Omega$$

得到 4-17（b）所示简化图，根据最大功率传输定理，当 $R_L = R_{eq}$ 时，R_L 可获得最大功率，最大功率为

$$p_{max} = \frac{u_{oc}^2}{4R_{eq}} = \frac{4^2}{4 \times 20 \times 10^3} = 0.2 \text{（mW）}$$

4.5　实践与应用

4.5.1　电源建模

实际工作中，经常需要进行电源建模，即确定电源的空载电压和内部电阻。如图 4-18（a）为一个实际电源，如汽车电池。根据戴维宁定理和最大功率传输定理，可确定电源的空载电压 u_s 和内部电阻 R_s。首先，测量如图 4-18（b）所示的开路电压 u_{oc}，且令 $u_s = u_{oc}$，然后，在电源的输出端外接一个可变电阻 R_L，如图 4-18（c）所示，调整电阻 R_L 的值，直到电压表的读数恰好等于开路电压的一半时，此时满足最大功率传输定理匹配条件 $R_L = R_s$。此时，断开可变电阻 R_L，并测量它的阻值，则有 $R_s = R_L$。

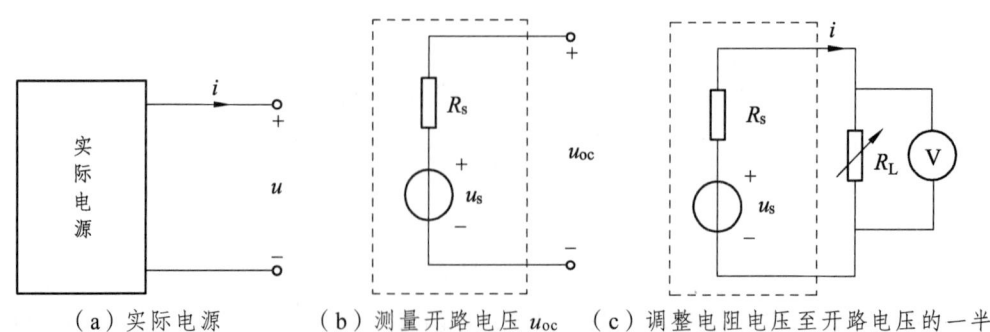

（a）实际电源　　（b）测量开路电压 u_{oc}　　（c）调整电阻电压至开路电压的一半

图 4-18　电源的空载电压和内部电阻测量

因而，得到电源对应的模型由空载电压 u_s 和内部电阻 R_s 串联表示。

4.5.2 音频功率放大器

音频功率放大器是最大功率传输定理的另一个典型应用。在音频功率放大器中，音频放大器即有源二端网络，扬声器即负载。为实现最大功率传输，才能使得声音最为洪亮，需要将负载电阻与输出端的电阻匹配。通过匹配输出电阻和负载电阻，可以有效地提高功率放大器的效率，并使音频信号的传输更加清晰和稳定。

例如，某音频放大器开路时测得的开路电压为 9 V，输出电阻为 3 Ω，若连接 3 Ω 扬声器，如图 4-19 所示，此时扬声器获得最大功率 6.75 W。若连接 5Ω 扬声器，此时扬声器获得功率为 6.33 W。若连接 1Ω 扬声器，此时扬声器获得功率为 5.06 W。显然，电阻匹配时，扬声器获得最大功率，声音最为洪亮。

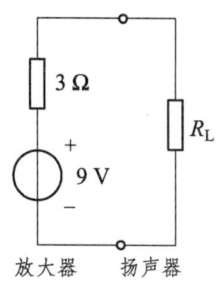

图 4-19 音频功率放大器连接

最大功率传输定理是电路分析与设计中常用的原理之一。通过合理匹配电路的电阻，可以实现最大功率传输效率，提高系统的性能和效果。在实际电路中，由于存在各种因素的影响，例如电源的内阻、电阻器的热耗散等，电路的实际输出功率可能会有所不同。因此，在实际应用中，需要根据具体情况进行调整和优化。

习 题

4-1 试用叠加定理求解图中电流 i 和电压 u。

4-2 如图所示电路中，试用叠加定理求电流 i。

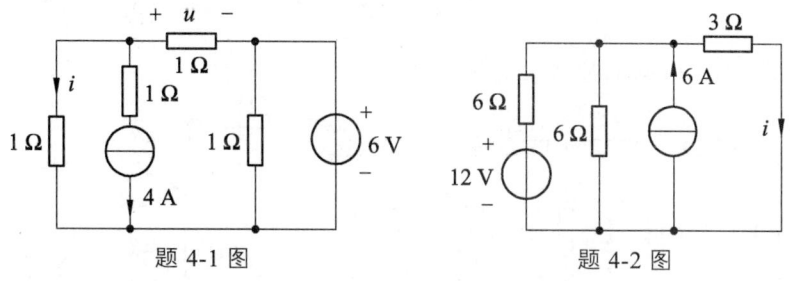

题 4-1 图　　　　　　　　　　题 4-2 图

4-3 如图所示电路中，试用叠加定理求电流 i 和 1Ω 电阻消耗的功率。

4-4 试用叠加定理求解图中电流 I_1 和电压 U。

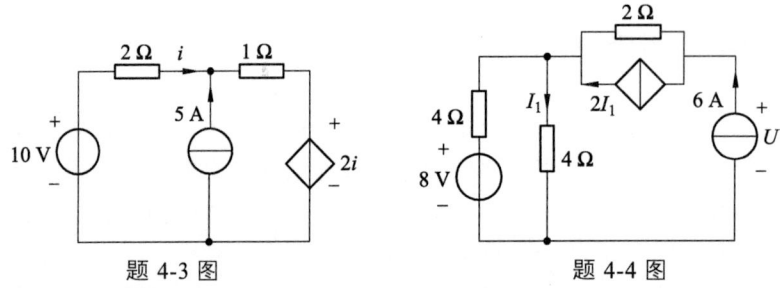

题 4-3 图   题 4-4 图

4-5 电路如图所示，虚线框内元件参数未知，当改变电阻 R 时，网络的电压和电流都会随之改变。经测试有如下数据：$i = 1$ A 时，$u = 20$ V；$i = 2$ A 时，$u = 30$ V。试问 $i = 3$ A 时，$u = ?$（提示：用替代定理和叠加定理）

4-6 如图所示线性网络 N，（1）只含电阻，当 $I_{s1} = 8$ A，$I_{s2} = 12$ A 时，$U_x = 80$ V；当 $I_{s1} = -8$ A，$I_{s2} = 4$ A 时，$U_x = 0$ V。求当 $I_{s1} = I_{s2} = 20$ A 时，U_x 为多少？

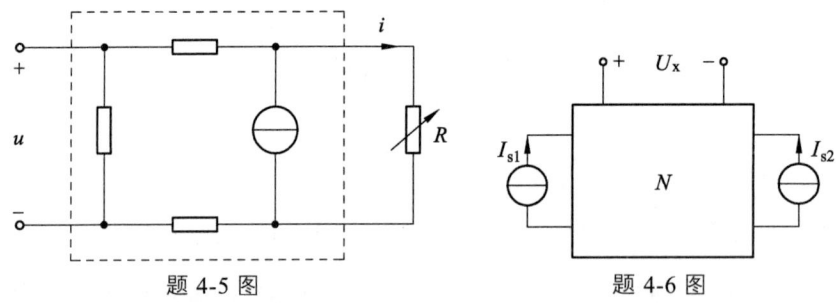

题 4-5 图   题 4-6 图

4-7 画出图示电路的戴维宁等效电路。

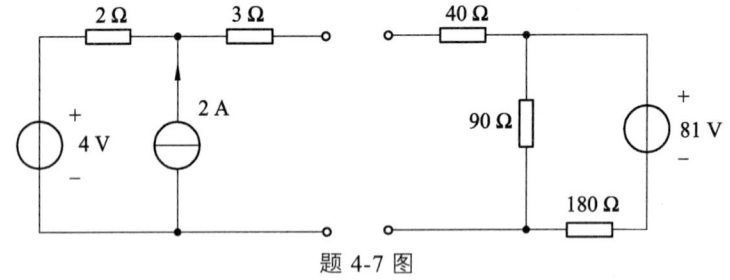

题 4-7 图

4-8 画出图示电路的戴维宁等效电路。

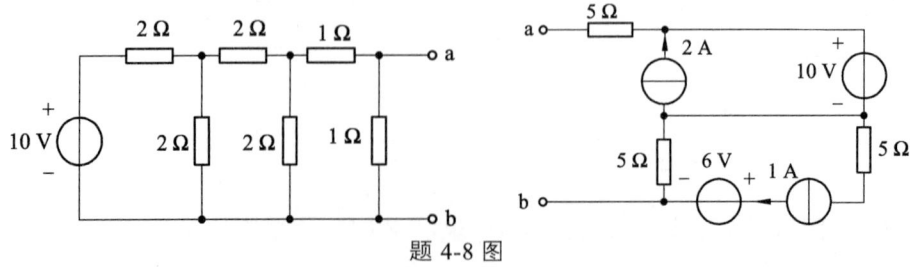

题 4-8 图

4-9　求图中电路的等效电阻 R_{ab}。

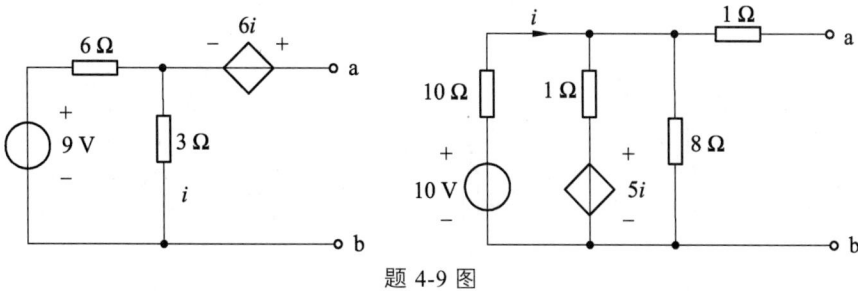

题 4-9 图

4-10　画出图示电路的戴维宁等效电路。

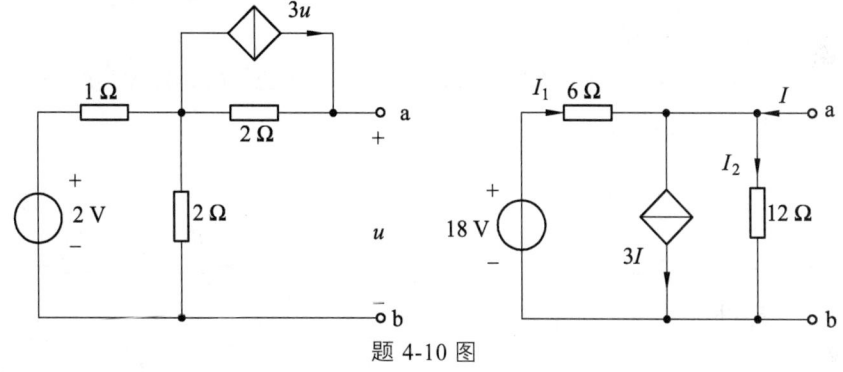

题 4-10 图

4-11　画出图示电路的诺顿等效电路。

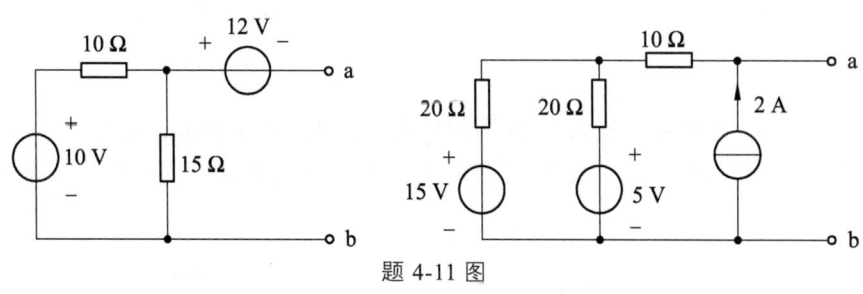

题 4-11 图

4-12　画出图示电路的戴维宁等效电路或者诺顿等效电路。

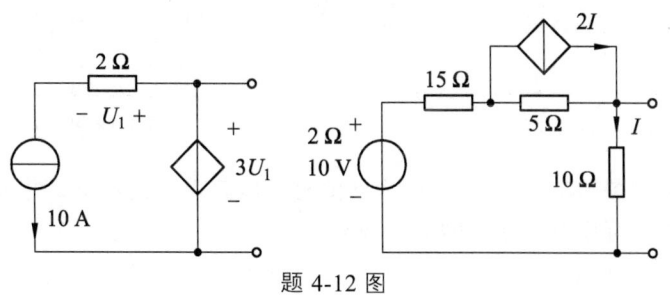

题 4-12 图

4-13 用戴维宁定理求图示电路中的电流 i。

4-14 用戴维宁定理求图示电路中的电流 i。

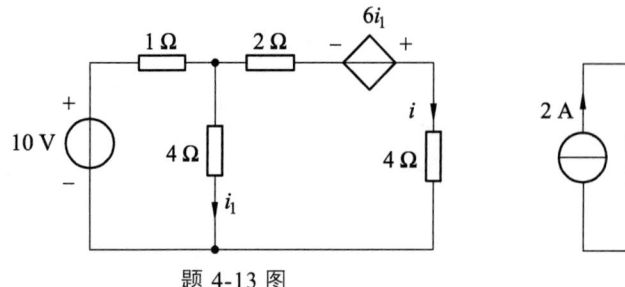
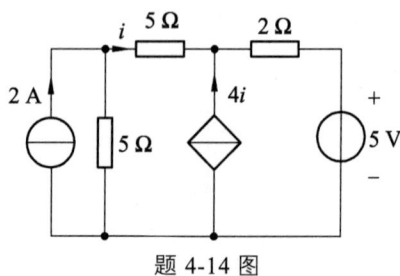

题 4-13 图　　　　　　题 4-14 图

4-15 已知 $R_1 = 4\ \Omega$, $R_2 = 4\ \Omega$, $R_3 = 2\ \Omega$, $R_L = 2\ \Omega$, $U_{s1} = 24\ \text{V}$, $U_{s2} = 8\ \text{V}$, $I_s = 5\ \text{A}$, 用戴维宁定理求负载 R_L 上的电流 I。

4-16 已知 $R_1 = 16\ \Omega$, $R_2 = 2\ \Omega$, $R_3 = 20\ \Omega$, $R_4 = 5\ \Omega$, $U_s = 10\ \text{V}$, $I_s = 5\ \text{A}$, 用戴维宁定理求负载 R_2 上的电流 I。

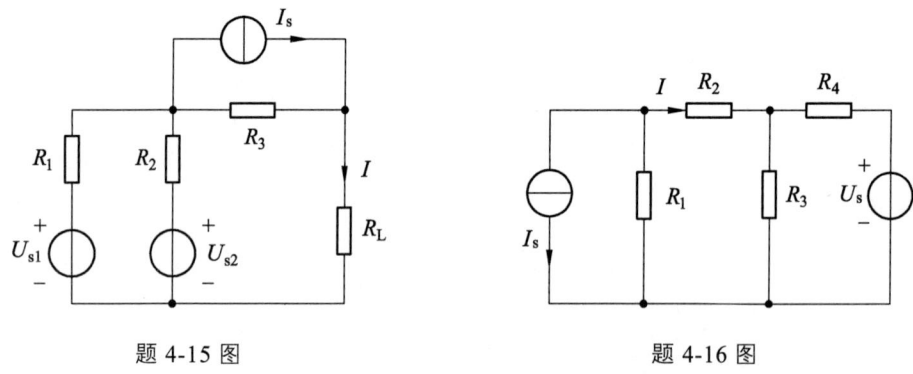

题 4-15 图　　　　　　题 4-16 图

4-17 电路如图所示，试问当 R_L 为何值时可以获得最大功率，并求此功率。

4-18 电路如图所示，负载 R_L 可调，试问当 R_L 为何值时可以获得最大功率，并求此功率。

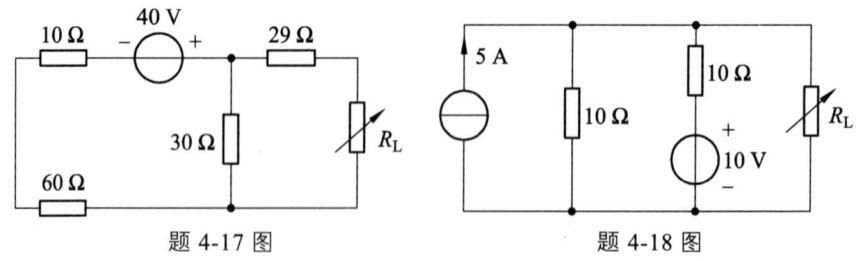

题 4-17 图　　　　　　题 4-18 图

4-19 电路如图所示，试问当 R_L 为何值时可以获得最大功率，并求此功率。

4-20 求图中可变电阻获得的最大功率。

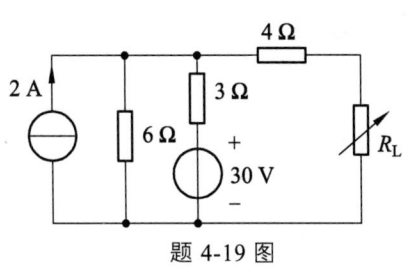
题 4-19 图

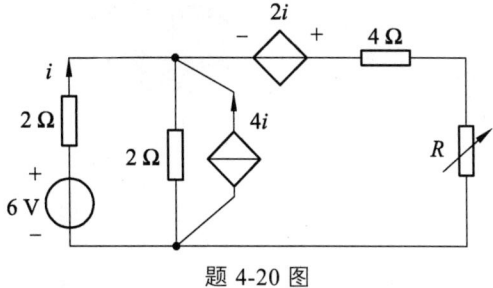
题 4-20 图

参考答案

第 5 章 储能元件

导 读

储能元件是电力系统和能源利用中不可或缺的重要组成部分。它们能够有效地将电能或其他形式的能量储存起来,并在需要时释放出来,从而实现能量的平衡和优化利用。

本章介绍电容、电感两种储能元件,讨论其在电路中的 VCR(电压电流关系)及功率、能量表达式。也讨论了电容、电感在作串、并联时的等效参数。

5.1 电容元件

在工程技术中,电容器的应用极为广泛。电容器虽然品种、规格各异,但就其构成原理来说,电容器都是两块金属板用介质(如云母、绝缘纸、空气等)隔开就形成了一个简单的平行板电容器。在外电源的作用下,两块极板上会分别存有等量的异性电荷,形成电场;当外电源撤掉后,由于理想的介质不导电,两极板上的异性电荷在电场力的作用下

电容元件

互相吸引,且不能中和,因而,在极板上的电荷能长久地保持下去,这样就形成了一种能储存电荷的器件。因为由电荷建立的电场中储存着电能,所以电容元件是一种能储存电能的元件。

电路理论中的电容元件是储存电场能量的元件,是实际电容器的理想化模型。

理想电容元件只具有存储电荷而建立电场的功能,所以理想电容元件应该是一种电荷与电压相约束的元件。

1. 电 容

电容元件可定义为:一个二端元件,如果在任意时刻 t 其端电压 $u(t)$ 与其储存的电荷 $q(t)$ 之间的关系可用 $u\text{-}q$ 平面上的一条曲线所确定,就称此二端元件为电容元件,简称为电容。

若该曲线为通过 $u\text{-}q$ 平面上原点的一条直线且不随时间变化,则称该元件为线性时不变电容元件,本书只讨论线性时不变电容元件。

线性时不变电容元件的电路模型及库伏关系如图 5-1 所示。

当将电压施加于平行板电容器的两端时,由于电场的作用,在平行板电容器两金属板上会分别聚集极性相反、数量相等的电荷,聚集的电荷量与端电压的关系为

$$q(t) = Cu(t) \tag{5-1}$$

式中，C 称为电容元件的电容量，它表明了在给定的电压时，电容器的电容量越大，电容储存的电荷越多，其单位为法拉（F）、微法（μF）和皮法（pF）。

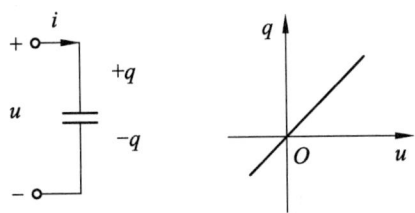

图 5-1 线性时不变电容元件

对于线性时不变电容元件，C 为正实常数。因此，其符号 C 既表示电容元件又表示其参数。由式（5-1）可知，电容两端的电压越高，聚集的电荷越多，但是每一个电容所允许承受的电压是有限度的，电压过高，介质就会被击穿，一旦电容器被击穿后，它的介质从原来不导电的变成导电的，电容器就丧失了储存电荷的作用，因此，电容器在使用中不能超过其额定工作电压。

2．电容元件的伏安关系

虽然式（5-1）对电容器聚集的电荷量与其端电压之间的关系进行了描述，但电路理论中更关心的是元件两端的电压与电流的关系，由平行板电容器可知，无论施加于电容器两端的电压有多大，只要其不变化，则电场就不会发生变化，因此，不会有电荷的运动，也就没有电流。而一旦电压发生了变化，导致电容器所形成的电场发生变化，将会产生电荷的运动，产生电流。由此只有当电压变化时，电容器才会有电流，而且电压变化越快产生的电流越大。

由电流的定义可知，电流是单位时间通过导体横截面积的电量的大小，当电压变化快时，单位时间内参加移动的电荷数量多，因此电流大，反之，电压变化慢时电流小。若取电容元件中电流和电压的参考方向为关联参考方向，则电容元件的伏安关系为

$$i(t) = \frac{dq(t)}{dt} = C\frac{du(t)}{dt} \qquad (5-2)$$

流经线性电容元件的电流与该元件上所作用电压的变化率成正比，而与该电压的大小无关。

线性电容元件中是否存在电流关键要看该元件上所作用的电压是否随时间变化。当所作用的电压是直流电压时，不论该电压值有多大，其变化率都等于零，因此电容中的电流恒等于零。电容的这种直流特性和电阻元件的开路特性类似，所以电容对直流电路而言相当于开路，或者说电容具有隔断直流的功能。反之，只要电容元件上所作用的电压随时间变化，即使该电压瞬时值为零，电容电流也可能不等于零。

若电流、电压的参考方向为非关联，则式（5-2）应改为

$$i(t) = -C\frac{du(t)}{dt} \qquad (5-3)$$

在使用时，常常也将电容的电压表示为电流的函数，即对式（5-2）积分可得

$$u(t) = \frac{1}{C}\int_{-\infty}^{t} i(\tau)\mathrm{d}\tau \tag{5-4}$$

上式中把积分变量 t 改为 τ，以区分积分上限 t。式（5-4）是电容元件伏安关系的积分形式，其表明 t 时刻的电容电压与 t 时刻以前的电流的"全部历史"有关，即电容具有记忆电流的功能，所以称电容为记忆元件。

电容之所以对电流具有记忆作用，是因为电容是聚集电荷的元件，电容电压仅反映可聚集电荷的多少，而电荷的聚集是电流从 $-\infty$ 到 t 长时期作用的结果，因此，某时刻的电压数值并不取决于该时刻的电流，而是取决于从 $-\infty$ 到 t 所有时刻的电流值。相对于电容元件的记忆功能，将电阻称为无记忆元件。

在实际的研究中，总要有一个起始时刻，如果设起始时刻为 t_0，即只需要了解在某一时刻 t_0 之后电容电压的情况，式（5-4）可以改为

$$u(t) = \frac{1}{C}\int_{-\infty}^{t_0} i(\tau)\mathrm{d}\tau + \frac{1}{C}\int_{t_0}^{t} i(\tau)\mathrm{d}\tau = u(t_0) + \frac{1}{C}\int_{t_0}^{t} i(\tau)\mathrm{d}\tau \tag{5-5}$$

式中，

$$u(t_0) = \frac{1}{C}\int_{-\infty}^{t_0} i(\tau)\mathrm{d}\tau$$

称为电容电压的初始状态，它反映了电容在 t_0 时刻的储能情况。由式（5-5）可知，在实际的分析中没有必要了解 t_0 以前电流的情况，t_0 以前电流的全部历史对未来的影响可由电容电压的初始状态 $u(t_0)$ 来反映。即如果知道了初始时刻 t_0 开始作用的电流 $i(t)$ 以及电容的初始电压 $u(t_0)$，就能唯一地确定 $t > t_0$ 的任意时刻的电容电压 $u(t)$。

3. 电容元件的功率和能量

电容是储存电能的元件。在电流、电压取关联参考方向的情况下，电容元件吸收的功率为

$$p(t) = u(t)i(t) = u(t) \cdot C \frac{\mathrm{d}u(t)}{\mathrm{d}t}$$

对上式从 $-\infty$ 到 t 积分，可得 t 时刻电容上的储能为

$$W_C = \int_{-\infty}^{t} p(\tau)\mathrm{d}\tau = \int_{-\infty}^{t} u(\tau)i(\tau)\mathrm{d}\tau$$

$$= C\int_{-\infty}^{t} u(\tau)\frac{\mathrm{d}u(\tau)}{\mathrm{d}\tau}\mathrm{d}\tau = \frac{1}{2}Cu^2(t) - \frac{1}{2}Cu^2(-\infty)$$

一般总可以认为 $u(-\infty) = 0$，所以可得电容的储能为

$$W_C(t) = \frac{1}{2}Cu^2(t) \tag{5-6}$$

式（5-6）表明，无论电压 $u(t)$ 为正值还是负值，电容储存的能量均大于或等于零。

4. 电容电压的连续性

电容伏安特性的积分形式为

$$u(t) = \frac{1}{C}\int_{\infty}^{t} i(\tau)d\tau = u(t_0) + \frac{1}{C}\int_{t_0}^{t} i(\tau)d\tau$$

它除了表示电容电压具有记忆电流的记忆性外，还表示了电容电压具有连续性。设想若有任意时刻为 t_0，将其前一瞬间记为 t_{0-}，后一瞬间记为 t_{0+}，则可得 $t = t_{0+}$ 时刻的电容电压为

$$u(t_{0+}) = u(t_{0-}) + \frac{1}{C}\int_{t_{0-}}^{t_{0+}} i(\tau)d\tau$$

在实际电路中，通过电容的电流总是为有限值，因此，该有限的电流在无穷小的区间 $[t_{0-}, t_{0+}]$ 内的积分等于零，所以有

$$u(t_{0+}) = u(t_{0-}) \tag{5-7}$$

式（5-7）表明，电容电压具有连续性。

另外，如果电容电压不连续，则必然出现间断点，间断点将导致：

$$\frac{du(t)}{dt} \to \infty \qquad i(t) = \frac{du(t)}{dt} \to \infty \qquad p(t) = \frac{dW_C(t)}{dt} = Cu(t)\frac{du(t)}{dt} \to \infty$$

这在实际中是不可能的，因此，电容电压是连续的变量。

式（5-7）常被总结为"电容电压不能跃变"，它是动态电路分析中经常用到的一个重要结论。

例 5-1 图 5-2（a）所示为 $C = 1F$ 的电容，原先没有积存电荷。在 $t = 0$ 时，电流 i 给电容 C 充电，电流的波形如图 5-2（b）所示。试求 $t > 0$ 时的电容电压 u。

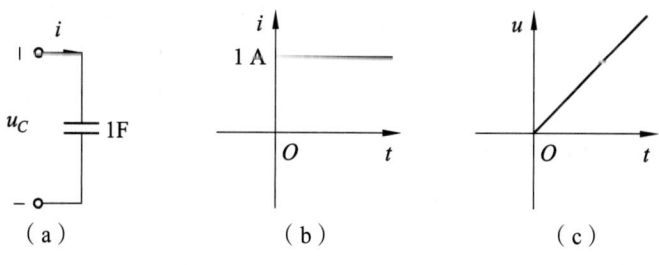

图 5-2 例 5-1 图

解：由于电容原无积存电荷，也就是电容电压的初始值 $u(0) = 0$，因而，根据式（5-5）有

$$u(t) = u(0) + \frac{1}{C}\int_0^t i d\tau = 0 + \int_0^t 1 d\tau = t \text{ V}$$

电容电压 $u(t)$ 的波形如图 5-2(c) 所示。

这个例子说明，虽然电流 i 在 $t=0$ 时刻有跳变，但电容电压 u 却没有跳变，而是连续变化的。

例 5-2　图 5-3（a）所示为 $C=5\mu F$ 的电容，其电压波形如 5-3（b）所示，试画出电流 $i(t)$ 的波形。

解：利用式 $i=C\dfrac{du}{dt}$ 得到电流 $i(t)$，如图 5-3（c）所示。

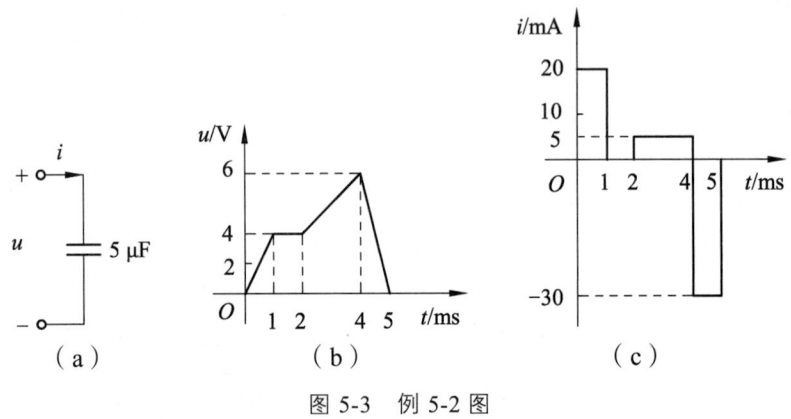

图 5-3　例 5-2 图

5.2　电感元件

在工程中广泛应用导线绕制的线圈，例如，在电子电路中常用的空心或带有铁心的高频线圈，电磁铁或变压器中含有绕制的线圈等，这样就形成了一个实际电感器或电感线圈。当一个线圈通以电流后产生的磁场随时间变化时，在线圈中就产生感应电压。

电感元件

电路理论中的电感元件是实际电感器的理想化模型，是储存磁场能量的元件。

一个理想电感元件只具有产生磁通的作用而不具备其他的作用，即理想电感元件是一种电流与磁链相约束的器件。

1. 电感元件

电感元件可定义为：一个二端元件，如果在任意时刻 t 通过它的电流 $i(t)$ 与其磁链 $\psi(t)$ 之间的关系可用 $i-\psi$ 平面上的一条曲线所确定，就称此二端元件为电感元件，简称为电感。

若该曲线为通过 $i-\psi$ 平面上原点的一条直线且不随时间变化，则称该元件为线性时不变电感元件，本书只讨论线性时不变电感元件。图 5-4（a）所示为电感元件电路模型，

图 5-4（b）所示为电感元件韦-安特性。

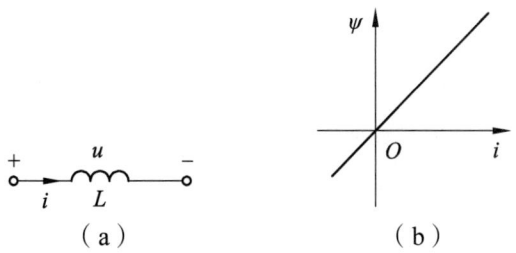

图 5-4　线性时不变电感元件

当规定磁通的参考方向与电流的参考方向之间满足右手螺旋法则时，由图 5-4（b）可知，磁链与电流的关系为

$$\psi(t) = Li(t)$$

式中，L 称为电感元件的电感量，单位为亨利（H）。

对于线性时不变电感元件，L 为正实常数。因此，其符号 L 既表示电感元件又表示其参数。由上式可知，电感通过的电流越大，产生的磁链越大。但是每一个电感器所允许承受的电流是有限度的，电流过大，会使线圈过热或使线圈受到过大的电磁力的作用而产生机械变形，甚至烧毁线圈。因此，一个实际的电感线圈，除了要标明其电感量外，还要标明它的额定电流。

2. 电感元件的伏安关系

虽然电感是根据 i-ψ 关系来定义的，但在电路分析中，我们感兴趣的往往是电感上的伏安关系。若电感上的电流与电压为关联参考方向的情况下，电流的参考方向与磁通的参考方向满足右手螺旋法则，则由物理学中的法拉第电磁感应定律可知，感应电压与磁链的变化率成正比，即

$$u(t) = \frac{d\psi(t)}{dt} = L\frac{di(t)}{dt} \tag{5-8}$$

式（5-8）是在电感元件上的电压、电流为关联参考方向的条件下的电感元件伏安关系的微分形式，它表明电压与电流的变化率及电感量有关，如果电流不变，即其变化率为零，此时虽有电流，但电压为零，因此，电感对直流起着短路的作用；电感的电流变化越快，则电压越大，这是因为电感聚集磁链，当电感的电流发生变化时，聚集的磁链也相应地发生变化，这时才能发生电磁感应，产生电压。当电流不变时，磁链也不变，这时虽有电流，但电感两端没有电压。

若电流、电压的参考方向非关联，则式（5-8）应改为

$$u(t) = -L\frac{di(t)}{dt}$$

在使用时，常常也将电感的电流表示为电压的函数，即对式（5-8）积分可得

$$i(t) = \frac{1}{L}\int_{-\infty}^{t} u(\tau)\mathrm{d}\tau$$

上式中把积分变量 t 改为 τ，以区分积分上限 t。上式是电感元件伏安关系的积分形式，其表明 t 时刻的电感电流与该时刻以前的电压的"全部历史"有关，即电感具有记忆电压的功能，所以也称电感为记忆元件。

在实际的研究中，总要有一个开始时刻，如果设开始时刻为 t_0，即只需要了解在某一时刻 t_0 之后电感电流的情况，上式可以改为

$$i(t) = \frac{1}{L}\int_{-\infty}^{t_0} u(\tau)\mathrm{d}\tau + \frac{1}{L}\int_{t_0}^{t} u(\tau)\mathrm{d}\tau = i(t_0) + \frac{1}{L}\int_{t_0}^{t} u(\tau)\mathrm{d}\tau \qquad (5\text{-}9)$$

式中，

$$i(t_0) = \frac{1}{L}\int_{-\infty}^{t_0} u(\tau)\mathrm{d}\tau$$

称为电感电流初始状态，它反映了电感在 t_0 时刻的储能情况。

由式（5-9）可知，在实际的分析中没有必要了解 t_0 以前电压的情况，t_0 以前电压的全部历史对未来的影响可由电感电流的初始状态 $i(t_0)$ 来反映。即如果知道了初始时刻 t_0 开始作用的电压 $u(t)$ 以及电感的初始电流 $i(t_0)$，就能唯一地确定 $t > t_0$ 的任意时刻的电感电流 $i(t)$。

3. 电感元件的功率和能量

电感是储存磁能的元件。在电流、电压取关联参考方向的情况下，电感吸收的功率为

$$p(t) = u(t)i(t) = L\frac{\mathrm{d}i(t)}{\mathrm{d}t} \cdot i(t)$$

对上式从 $-\infty$ 到 t 积分，可得 t 时刻电感上的储能为

$$\begin{aligned} W_L &= \int_{-\infty}^{t} p(\tau)\mathrm{d}\tau = \int_{-\infty}^{t} u(\tau)i(\tau)\mathrm{d}\tau \\ &= L\int_{-\infty}^{t} i(\tau)\frac{\mathrm{d}i(\tau)}{\mathrm{d}\tau}\mathrm{d}\tau = \frac{1}{2}Li^2(t) - \frac{1}{2}Li^2(-\infty) \end{aligned}$$

一般总可以认为 $i(-\infty) = 0$，所以可得电感的储能为

$$W_L(t) = \frac{1}{2}Li^2(t)$$

上式表明，无论电流为正值还是为负值，电感储存的能量均大于零。

5. 电感电流的连续性

电感伏安特性的积分形式为

$$i(t) = \frac{1}{L}\int_{-\infty}^{t} u(\tau)d\tau = i(t_0) + \frac{1}{L}\int_{t_0}^{t} u(\tau)d\tau$$

它除了表示电感电流具有记忆电压的记忆特性外，还表示了电感电流具有连续性。设想若有任意时刻为 t_0，前一瞬间记为 t_{0-}，后一瞬间记为 t_{0+}，则可得 $t = t_{0+}$ 时刻的电感电流为

$$i(t_{0+}) = i(t_{0-}) + \frac{1}{L}\int_{t_{0-}}^{t_{0+}} u(\tau)d\tau$$

在实际电路中，通过电感的电压总为有限值，因此该有限的电压在无穷小的区间 $[t_{0-}, t_{0+}]$ 内的积分等于零，有

$$i(t_{0+}) = i(t_{0-}) \tag{5-10}$$

式（5-10）表明，电感电流具有连续性。

另外，如果电感电流不连续，则必然出现间断点，间断点将导致：

$$\frac{di(t)}{dt} \to \infty \quad u(t) = L\frac{di(t)}{dt} \to \infty \quad p(t) = \frac{dW_L(t)}{dt} = Li(t)\frac{di(t)}{dt} \to \infty$$

这在实际中是不可能的，因此电感电流是连续的变量。

式（5-10）常常被总结为"电感电流不能跃变"，也是动态电路分析中常常用到的一个重要结论。

例 5-3　电感元件电压波形如图 5-5（b）所示。求通过电感的电流 $i(t)$，并画出它们的波形。设电感电流的初始值为 $i(0) = 0$。

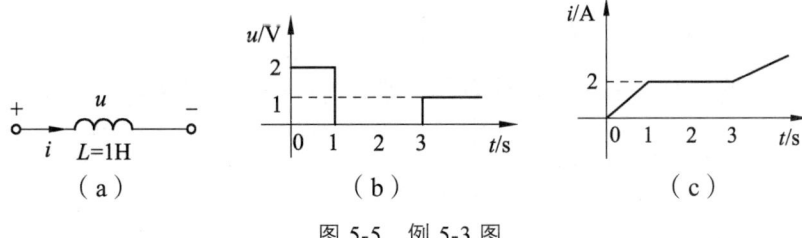

图 5-5　例 5-3 图

解： 当 $0 \leqslant t \leqslant 1\text{s}$：　$u = 2\text{ V}$

$$i(t) = i(0) + \frac{1}{L}\int_0^t u(\tau)d\tau = 0 + \frac{1}{1}\int_0^t 2d\tau = 2t$$

$$i(1) = 2\times 1 = 2\text{ A}$$

当 $1 < t \leqslant 3\text{ s}$：　$u = 0\text{ V}$　$i(t) = i(1) = 2\text{ A}$

当 $t > 3\text{ s}$：　$u = 1\text{ V}$　$i(t) = i(3) + \frac{1}{L}\int_3^t d\tau = t - 1$

作出 $i(t)$ 波形如图 5-5（c）所示。

5.3 电容、电感的串、并联

1. 电容的串、并联

图 5-6（a）是电容 C_1 和电容 C_2 并联的电路，由于并联电压相同，所以有

$$i_1(t) = C_1 \frac{\mathrm{d}u}{\mathrm{d}t}, \quad i_2(t) = C_2 \frac{\mathrm{d}u}{\mathrm{d}t}$$

由 KCL 可得

$$i(t) = i_1(t) + i_2(t) = C_1 \frac{\mathrm{d}u}{\mathrm{d}t} + C_2 \frac{\mathrm{d}u}{\mathrm{d}t} = (C_1 + C_2) \frac{\mathrm{d}u}{\mathrm{d}t} = C \frac{\mathrm{d}u}{\mathrm{d}t}$$

式中，$C = C_1 + C_2$ 为电容 C_1 和电容 C_2 并联时的等效电容，所以图 5-6（a）可等效为图 5-6（b）。

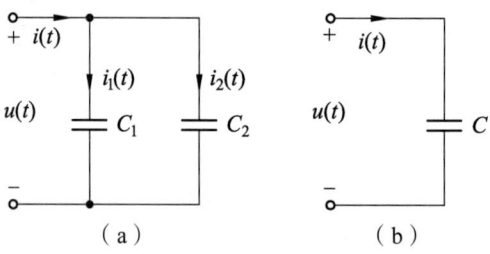

图 5-6 电容的并联

推广可得：若有 n 个电容并联，则其等效电容为

$$C = C_1 + C_2 + \cdots + C_n \tag{5-11}$$

图 5-7（a）是电容 C_1 和电容 C_2 串联的电路，由于串联电流相同，所以有

$$u_1(t) = \frac{1}{C_1} \int_{-\infty}^{t} i(\xi)\mathrm{d}\xi$$

$$u_2(t) = \frac{1}{C_2} \int_{-\infty}^{t} i(\xi)\mathrm{d}\xi$$

由 KVL 可得

$$u(t) = u_1(t) + u_2(t) = \frac{1}{C_1} \int_{-\infty}^{t} i(\xi)\mathrm{d}\xi + \frac{1}{C_2} \int_{-\infty}^{t} i(\xi)\mathrm{d}\xi$$

$$= \left(\frac{1}{C_1} + \frac{1}{C_2}\right) \int_{-\infty}^{t} i(\xi)\mathrm{d}\xi = \frac{1}{C} \int_{-\infty}^{t} i(\xi)\mathrm{d}\xi$$

式中，$\frac{1}{C} = \frac{1}{C_1} + \frac{1}{C_2}$ 为电容 C_1 和电容 C_2 串联时的等效电容的倒数，所以图 5-7（a）可等效为图 5-7（b）。

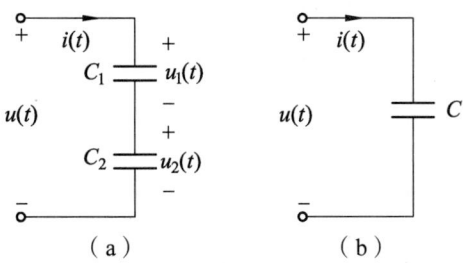

图 5-7 电容的串联

推广可得：若有 n 个电容串联，则其等效电容的倒数为

$$\frac{1}{C} = \frac{1}{C_1} + \frac{1}{C_2} + \cdots + \frac{1}{C_n} \qquad (5\text{-}12)$$

由式（5-11）和式（5-12）可知，其等效公式相似于电导的等效计算公式，所以，当计算电容的串并联时，可套用等效电导的公式，只要将相应的 G 换为 C 即可。通常，在分析中常感到式（5-12）使用起来不方便，经常使用两个电容串联的公式为

$$C = \frac{C_1 C_2}{C_1 + C_2}$$

2. 电感的串、并联

图 5-8（a）是电感 L_1 和电感 L_2 串联的电路，由于串联电流相同，所以

$$u_1(t) = L_1 \frac{di}{dt} \quad u_2(t) = L_2 \frac{di}{dt}$$

由 KVL 可得

$$u(t) = u_1(t) + u_2(t) = L_1 \frac{di}{dt} + L_2 \frac{di}{dt} = (L_1 + L_2)\frac{di}{dt} = L\frac{di}{dt}$$

式中，$L = L_1 + L_2$ 为电感 L_1 和电感 L_2 串联时的等效电感，所以图 5-8（a）可等效为图 5-8（b）。

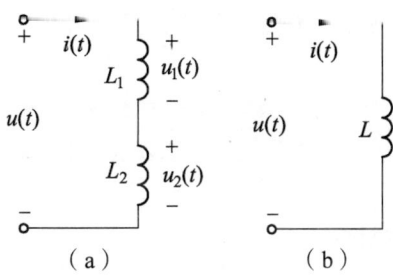

图 5-8 电感的串联

因此，推广可得：若有 n 个电感串联，则其等效电感为

$$L = L_1 + L_2 + \cdots + L_n \qquad (5\text{-}13)$$

电路分析基础

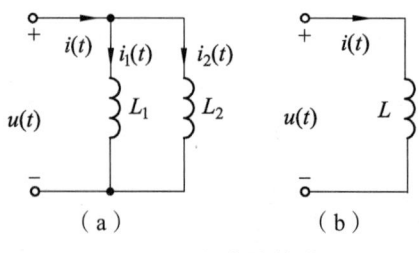

图 5-9 电感的并联

图 5-9（a）是电感 L_1 和电感 L_2 并联的电路，由于并联电压相同，所以有

$$i_1(t) = \frac{1}{L_1} \int_{-\infty}^{t} u(\xi) \mathrm{d}\xi$$

$$i_2(t) = \frac{1}{L_2} \int_{-\infty}^{t} u(\xi) \mathrm{d}\xi$$

由 KCL 可得

$$\begin{aligned} i(t) &= i_1(t) + i_2(t) \\ &= \frac{1}{L_1} \int_{-\infty}^{t} u(\xi) \mathrm{d}\xi + \frac{1}{L_2} \int_{-\infty}^{t} u(\xi) \mathrm{d}\xi = \left(\frac{1}{L_1} + \frac{1}{L_2}\right) \int_{-\infty}^{t} u(\xi) \mathrm{d}\xi \\ &= \frac{1}{L} \int_{-\infty}^{t} u(\xi) \mathrm{d}\xi \end{aligned}$$

式中，$\frac{1}{L} = \frac{1}{L_1} + \frac{1}{L_2}$ 为电感 L_1 和电感 L_2 串联时的等效电感的倒数，所以图 5-9（a）可等效为图 5-9（b）。

因此可得：若两个电感并联，则其等效电感为

$$L = \frac{L_1 L_2}{L_1 + L_2} \tag{5-14}$$

由式（5-13）、式（5-14）可见，其等效公式相似于电阻的等效计算公式，所以，当计算电感的串并联时，可套用等效电阻的公式，只要将相应的 R 换为 L 即可。

5.4 实践与应用

5.4.1 汽车点火电路

汽车的汽油发动机的启动需要通过点火装置点燃气缸中的燃料空气混合体来完成，该点火装置称为点火火花塞，其结构是一对具有气隙间隔的电极。当在两个电极间施加高压（通常几千伏）时，空气气隙电离产生火花点燃发动机。汽车电池电压只有 12 V，如何才能产生几伏的瞬时高压呢？

考虑到电感的电压与电流的变化率成正比,即 $u = L \cdot \dfrac{di}{dt}$,可知:若在极短时间内使电感电流发生较大变化,如阶跃性跳变,则电感两端将会产生瞬时的高压脉冲。利用电感产生高压电弧的汽车点火电路如图 5-10 所示,在处于点火闲置状态时,开关 S 是闭合的,直流稳态下电感相当于短路,电流 I 为常数 I_0($I_0 = U/R$),电感电压 $u = L \cdot \dfrac{di}{dt} = 0$,如图 5-11 所示;点火时开关 S 突然断开,电感电流瞬间由 I0 变为零,产生阶跃变化;而电感电压 $u = L \cdot \dfrac{di}{dt} \approx$ 无穷大,形成一个很高的电压脉冲,如图 5-11 所示,从而使空气隙中产生电离火花或电弧,实现点火。

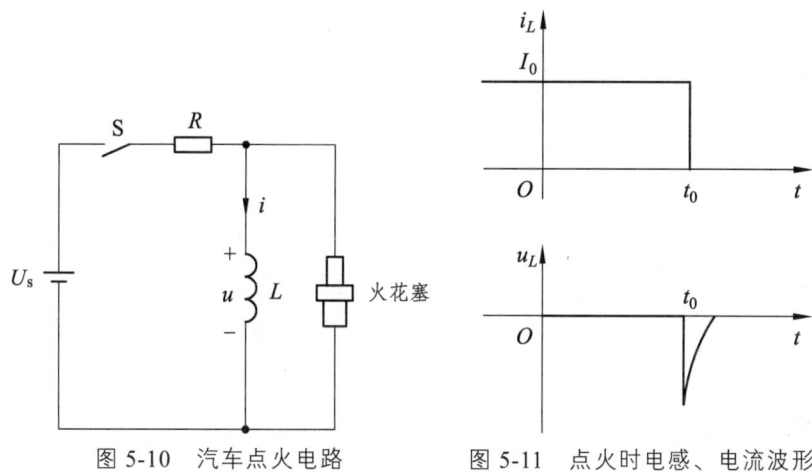

图 5-10　汽车点火电路　　图 5-11　点火时电感、电流波形

5.4.2　电容触摸屏

任何两个导电的物体之间都存在着感应电容,一个按键即一个焊盘与大地也可构成一个感应电容,在周围环境不变的情况下,该感应电容值是固定不变的微小值。当有人体手指靠近触摸按键时,人体手指与大地构成的感应电容并联焊盘与大地构成的感应电容。

目前的手机触摸屏大多是电容式触摸屏。电容式触摸屏是一块四层复合玻璃屏,玻璃屏的内表面和夹层各涂有一层导电物质,最外层是一薄层玻璃保护层,夹层作为工作面,四个角上引出四个电极,内层作为屏蔽层以保证良好的工作环境。当手指触摸屏幕时,人体和触摸屏就形成了一个电容,对于高频电流来说,电容具有"通高频"的作用,于是手指从手的接触点吸走一部分电荷,从而导致有电流分别从触摸屏四角上的电极中流出,并且流经这四个电极的电流与手指到四角的距离成正比,控制器通过对这四个电流比例的精确计算,得出触摸点的位置信息(见图 5-12)。

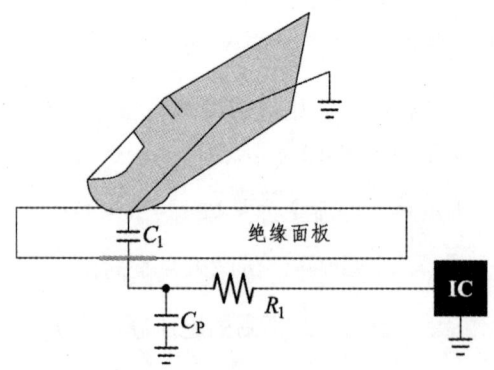

图 5-12 电容式触摸按键原理

习 题

5-1 电容元件与电感元件中电压、电流参考方向如图所示,且知 $u_C(0)=0$,$i_L(0)=0$,
(1) 写出电压用电流表示的约束方程;
(2) 写出电流用电压表示的约束方程。

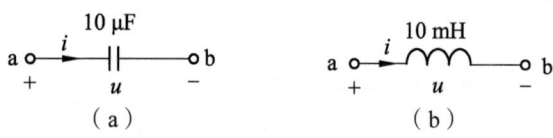

题 5-1 图

5-2 如题图(a)所示电路,电压源随时间如图(b)所示三角波方式变化,求电容电流和功率。

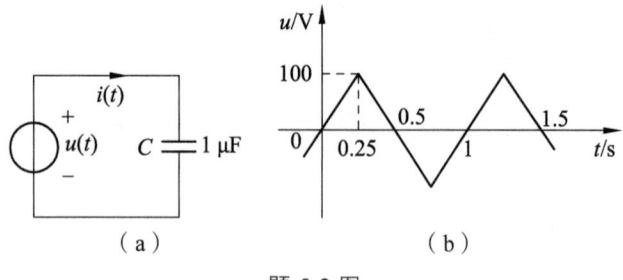

题 5-2 图

5-3 电路如题图(a)所示,图(b)绘出了电流源 i_s 的波形,试求 u_L 并画出波形图。

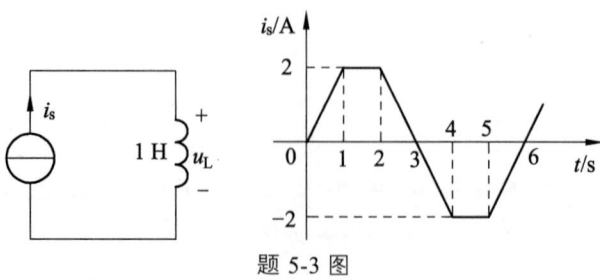

题 5-3 图

5–4 电路如图所示，求等效电容 C_{ab}。

5–5 电路如图所示，求等效电感 L_{ab}。

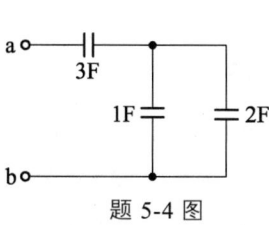
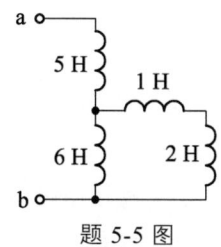

题 5-4 图   题 5-5 图

参考答案

第 6 章 正弦稳态电路的分析

导 读

正弦稳态电路分析是电路理论中的重要组成部分，它主要研究在正弦交流电源激励下，电路中电压、电流等物理量的稳态响应特性。本章节将引导读者深入理解正弦稳态电路的基本原理、分析方法以及应用实例，为后续的电路分析和设计奠定坚实基础。本章主要内容有：正弦量、复数、相量法的基础，电路定律的相量形式。引入阻抗、导纳、瞬时功率、有功功率、无功功率、视在功率和功率因数等概念，讨论正弦稳态电路中响应随频率变化的规律和特点，即电路的谐振现象和电路的频率响应。

6.1 正弦电压和电流

6.1.1 周期电压和电流

在直流电路中，电压和电流的大小、方向都不随时间改变。而随时间变化的电压和电流称为时变的电压和电流。如果每隔一定的时间 T，电压或电流的波形重复出现，则称周期性的电压或周期性的电流。周期的电压和电流是时间的周期函数，常被称为周期信号，若将其记为 $f(t)$，则其数学表达式为

$$f(t) = f(t + kT) \tag{6-1}$$

式中，k 为任何整数，T 为周期信号完成一个循环所需的时间，称为周期，单位为秒（s）。

单位时间内完成一周的次数称为频率，用 f 表示，其单位为赫兹（Hz）。周期与频率的关系为

$$f = \frac{1}{T} \tag{6-2}$$

我国电力网所供给的交流电的频率是 50 Hz，其周期为 0.02 s。

周期信号不仅大小随时间变化，而且其方向也可随时间变化。周期信号在任意时刻的数值称为瞬时值，用小写字母表示，例如，电压的瞬时值记为 $u(t)$，电流记为 $i(t)$ 或简写为 u 或 i。

6.1.2 正弦电压、电流和正弦信号的三要素

一个周期内平均值等于零的周期电压或电流称为交变电压或电流。按正弦规律作周

第6章 正弦稳态电路的分析

期性变化的交变电压或电流称正弦交变电压或电流。通常人们所说的交流电就是指正弦交流电。

由于不同瞬间正弦交流电不仅大小不同，而且方向也在变化，因此，我们仍规定正弦交流电的参考方向与其实际方向相同时取正，否则取负。

把正弦变化的电压源或电流源以及它们对电路的影响作为重点研究对象，主要有以下几点原因：首先，发电、传输、供电以及耗电基本上都发生在正弦稳态的条件下；其次，了解正弦电路是分析非正弦电路的前提；第三，正弦稳态分析可以简化电力系统的设计。因此，设计者可以根据希望的正弦稳态响应列出各种技术指标，并设计出满足条件的电路或系统。如果设计满足要求，对于非正弦输入信号，电路也能产生满意的响应。

正弦电压源（独立电压源和非独立电压源）或正弦电流源（独立电流源和非独立电流源）在电路中能够产生随时间按正弦规律变化的电压及电流信号。

一个按正弦规律变化的函数既可以用正弦函数表示，也可以用余弦函数表示。本章中，正弦量均采用余弦函数，因此，正弦变化的电流可以表示为

$$i(t) = I_m \cos(\omega t + \theta) \tag{6-3}$$

式（6-3）中的 I_m、ω、θ 称为正弦量的三要素。

电流 $i(t)$ 随时间变化的曲线（$\theta > 0$），如图 6-1 所示。

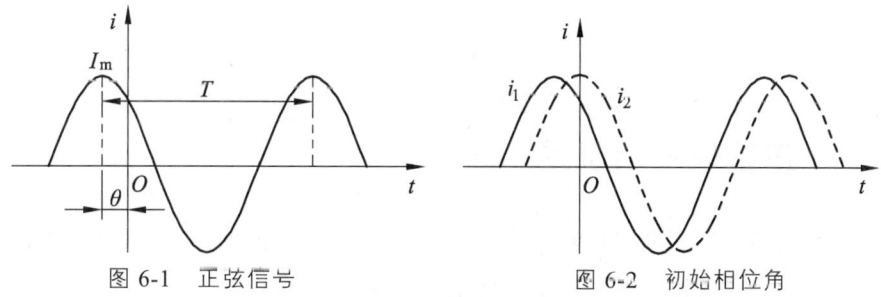

图 6-1 正弦信号　　　　图 6-2 初始相位角

式（6-3）中，参数 I_m 表示正弦信号的振幅值。它是最大的瞬时值，又称为最大值或极大值。振幅值恒为正值，通常用大写的英文字母带小写的下标 m 表示。如正弦电流的振幅值用 I_m，正弦电压的振幅值用 U_m。

当 $\cos(\omega t + \theta) = 1$ 时有 $i_{max} = I_m$，这也是正弦量的正最大值。

当 $\cos(\omega t + \theta) = -1$ 时，将有最小值 $i_{min} = -I_m$，$i_{max} - i_{min} = 2I_m$ 称为正弦量的峰-峰值。

（$\omega t + \theta$）称为正弦信号的相位角，又称作瞬时相位、相位或相角。它是决定正弦信号变化进程的角度，用"弧度"或"度"来度量。它与时间 t 呈线性关系。t 增大一个周期 T，相位角增大 2π 弧度或 $360°$。

θ 称为初相角，简称初相，是 $t=0$ 时的相位角。$t=0$ 是一个人为的时间起点而并非信号产生的时刻。时间起点确定后，初相 θ 随之确定。

ω 表示正弦信号的角频率。它代表了相位变化的速率，相当于一种角速度。ω 与频率 f 和周期 T 有以下关系：

$$\omega = 2\pi f = \frac{2\pi}{T}$$

单位为弧度/秒（rad/s）。

角频率 ω、周期 T、频率 f 反映的都是正弦量变化的快慢，ω 越大，即 T 越小、f 越大，正弦量周期变化所需的时间越短，变化越快；ω 越小，即 T 越大、f 越小，正弦量周期变化所需的时间越长，变化越慢；直流量可以看成 $\omega=0$ 的正弦量。

初相 θ 一般规定在 $-\pi \sim \pi$ 范围内，即 $|\theta| \leq \pi$，如果正弦量的正最大值在时间起点 $t=0$ 之前，则 θ 为正值；如果正弦量的最大值发生在 $t=0$ 之后，则 θ 为负值。如图 6-2 所示，正弦电流 i_1 其初相 θ 大于 0，正弦电流 i_2 其初相 θ 等于 0。

一个正弦信号，只要振幅 I_m、初相 θ 和角频率 ω（或频率 f，或周 T）确定，该信号就被完全确定下来。因此，通常将振幅、初相和角频率称为正弦信号的三要素。

正弦电压表示为

$$u(t) = U_m \cos(\omega t + \theta_u) \tag{6-4}$$

U_m、θ_u 和角频率 ω 为电压信号的三要素。

6.1.3 正弦信号相位差

任意两个同频率的正弦量的相位之差称为相位差，用 φ 表示，它是区别同频率正弦量的重要标志之一。假设两个同频率正弦电流分别为

$$i_1(t) = I_{1m} \cos(\omega t + \theta_1)$$

$$i_2(t) = I_{2m} \cos(\omega t + \theta_2)$$

它们的相位之差为

$$\varphi = (\omega t + \theta_1) - (\omega t + \theta_2) = \theta_1 - \theta_2 \tag{6-5}$$

两个同频率的正弦信号的相位差等于它们的初相之差，它们之间的关系可以分为图 6-3 所示的几种情况。

第 6 章 正弦稳态电路的分析

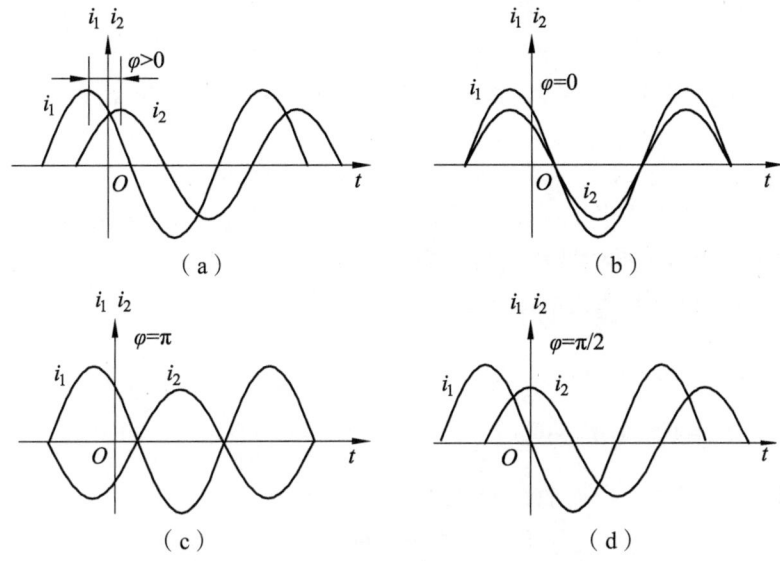

（a） （b） （c） （d）

图 6-3 正弦信号相位差的几种情况

如果相位差 $\varphi > 0$，我们称正弦电流 $i_1(t)$ 超前 $i_2(t)$，或称 $i_2(t)$ 滞后 $i_1(t)$。假设 $\theta_1 > 0$，$\theta_2 < 0$，则如图 6-3（a）所示。

如果相位差 $\varphi = 0$，即正弦电流 $i_1(t)$ 与 $i_2(t)$ 的初相相等，称 $i_1(t)$ 与 $i_2(t)$ 同相，如图 6-3（b）所示。这时 $i_1(t)$ 与 $i_2(t)$ 同时达到正的最大值，也同时达到零。

如果 $\varphi = \pm\pi$，我们称 $i_1(t)$ 与 $i_2(t)$ 反相，如图 6-3（c）所示。如果 $\varphi = \pm\pi/2$，我们称 $i_1(t)$ 与 $i_2(t)$ 正交，如图 6-3（d）所示。

例 6-1 已知正弦电压 $u(t)$ 的波形如图 6-4 所示，角频率 $\omega = 10^3$ rad/s。试写出 $u(t)$ 的表达式，并求 $u(t)$ 达到第一个正的最大值的时间 t_1。

解： 由图可知，$u(t)$ 的振幅为 50 V，于是

$$u(t) = 50\cos(10^3 t + \theta) \text{ V}$$

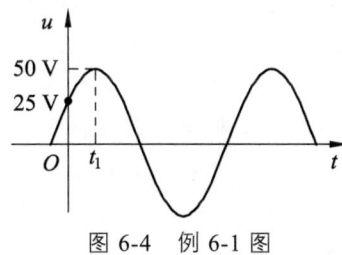

图 6-4 例 6-1 图

当 $t = 0$ 时，电压为 25 V。用 $t = 0$ 代入上式，得

$$u(0) = 50\cos\theta = 25$$

故 $\cos\theta = 1/2$

由于 $u(t)$ 正的最大值发生在时间起点之后，故初相角为负值，有

$$\theta = -\pi/3$$

因此，电压 $u(t)$ 的表达式为

$$u(t) = 50\cos(10^3 t - \pi/3) \text{ V}$$

$\omega t_1 = \pi/3$ 时，电压达到正最大值，得

$$t_1 = \theta/\omega = \pi/3 \times 10^3 = 1.047 \text{ ms}$$

例 6-2 设有两频率相同的正弦电流

$$i_1(t) = 5\cos(\omega t + 60°) \text{ A}$$

$$i_2(t) = 10\sin(\omega t + 40°) \text{ A}$$

问哪一个电流滞后，滞后的角度是多少？

解： 首先把 $i_2(t)$ 改写成用余弦函数表示，即

$$i_2(t) = 10\sin(\omega t + 40°) = 10\cos(\omega t - 50°) \text{ A}$$

故 $\quad \varphi = \theta_1 - \theta_2 = 60° - (-50°) = 110°$

电流 i_2 滞后电流 i_1，滞后的角度为 $110°$。

通过上例可见，在计算两正弦量的相位差时，必须注意计算要在同频率、同函数、同符号的条件下进行，否则，不能得到正确的答案。

6.1.4 正弦信号有效值

在电路分析中我们不仅需要了解正弦信号在各瞬时的数值，而且还常常需要研究它们的平均效果。因此，我们规定一个新的、用以衡量正弦信号大小的物理量，即所谓有效值。有效值不仅适用于正弦信号，而且也适合于任何波形的周期电流和周期电压。

考虑到无论交流电流还是直流电流，当它们通过电阻时电阻都要消耗功率，以此为依据，对于同一个电阻分别通过直流电流和交流电流，若电阻消耗的功率在两种情况下相同，就平均功率来说，可以认为交流电流等效于直流电流。

正弦量的有效值定义为：如果直流电流 I 和交流电流 i 通过相同的电阻 R，在相同的时间 T 内，电阻所消耗的能量相等，则称该直流电流的值 I 为交流电流 i 的有效值。有效值用相应的大写字母表示。交流电流的有效值与交流电流的关系可通过电阻消耗的功率求得。当直流电流 I 通过电阻 R 时，在时间 T 内所消耗的能量为

$$W_= = I^2 RT$$

当正弦电流 i 通过相同的电阻 R 时，在假设一周期电流为 $i(t)$，其有效值定义为时间 T 内所消耗的能量为

$$W_\sim = \int_0^T i^2 R\,\mathrm{d}t$$

根据有效值定义，有

$$W_= = W_\sim$$

即

$$I^2 RT = \int_0^T i^2 R\,\mathrm{d}t$$

由此可得正弦电流的有效值为

$$I = \sqrt{\frac{1}{T}\int_0^T i^2(t)\,\mathrm{d}t} \tag{6-6}$$

上式表示：周期量的有效值等于其瞬时值的平方在一个周期内积分的平均值再取平方根，因此有效值又称为均方根（RMS）值。

设电流为

$$i(t) = I_m \cos(\omega t + \theta) \quad \text{A}$$

则 $i(t)$ 的有效值为

$$I = \sqrt{\frac{1}{T}\int_0^T I_m^2 \cos^2(\omega t + \theta)\,\mathrm{d}t}$$

由于 $\cos^2(\omega t + \theta) = \dfrac{1 + \cos[2(\omega t + \theta)]}{2}$，代入上式后得

$$I = \frac{I_m}{\sqrt{2}} = 0.707 I_m \tag{6-7}$$

正弦电流的有效值仅仅取决于 i 的最大值。

同理，可得正弦电压的有效值为

$$U = \frac{U_m}{\sqrt{2}} = 0.707 U_m$$

由此可见，有效值可以代替振幅作为正弦量的一个要素。

已知频率、相位角和幅值（或者有效值），就可以完整地描述一个正弦信号。

例 6-3　幅值为 20 A 的正弦电流，周期为 1 ms，$t = 0$ 时电流的值为 10 A。求电流的频率、角频率；$i(t)$ 的表达式（其中 ω 用度表示），电流的有效值。

解：由题意知，$T = 1$ ms，因此，$f = 1/T = 1\,000$ Hz。

$$\omega = 2\pi f = 2\,000\pi \text{ rad/s}$$

由于 $i(t) = I_m\cos(\omega t + \theta) = 20\cos(2\,000\pi t + \theta)$，且 $i(0) = 10$ A，所以

$$10 = 20\cos\theta,\quad \theta = 60°$$

电流 $i(t)$ 的表达式为
$$i(t) = 20\cos(2000\pi t + 60°) \text{ A}$$

正弦电流的有效值为 $\dfrac{I_m}{\sqrt{2}}$，所以本题的有效值为 14.14 A。

必须指出，大部分交流测量仪表指示的电流、电压读数都是有效值。例如，日常生活中我们所说的 220 V，指的就是有效值。

6.2 正弦量的相量表示法

将正弦信号用复数表示后进行电路分析的方法称为相量法。用称为相量的复数代表正弦量，将描述正弦稳态电路的微分（积分）方程变换成复数代数方程，从而简化了电路的分析和计算。

正弦量的相量表示法

6.2.1 复　数

复数是正弦交流分析中经常使用的一个非常重要的数学工具，它可以使正弦交流电的分析得到简化，因此有必要对其作简要的回顾。

复数的表示方法：

代数型：$\dot{A} = a + jb$，如 $\dot{A} = 3 + j4$；

指数型：$\dot{A} = A\mathrm{e}^{j\theta}$，如 $\dot{A} = 5\mathrm{e}^{j53.1°}$；

三角型：$\dot{A} = A\cos\theta + jA\sin\theta$；

极坐标型：$\dot{A} = A\angle\theta$，如 $\dot{A} = 5\angle 53.1°$。

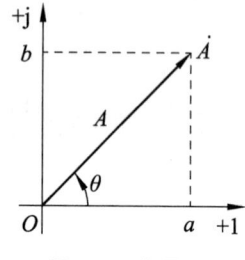

图 6-5　向量图

把复数 $\dot{A}$ 表示在复平面上，如图 6-5 所示。

由图可得各量之间的关系为

$$\begin{aligned} a &= A\cos\theta \\ b &= A\sin\theta \end{aligned} \qquad (6\text{-}8)$$

和

$$\begin{aligned} A &= \sqrt{a^2 + b^2} \\ \theta &= \arctan\frac{b}{a} \end{aligned} \qquad (6\text{-}9)$$

需要说明的是，在数学中用 i 表示 $\sqrt{-1}$，但在电路分析中，i 已被用来表示电流，因此，在电路分析中，用符号 j 来表示 $\sqrt{-1}$。

2. 复数的加、减运算

设有两复数分别为

$$\dot{A}_1 = a_1 + jb_1 = A_1\angle\theta_1 \qquad \dot{A}_2 = a_2 + jb_2 = A_2\angle\theta_2$$

则
$$\dot{A} = \dot{A}_1 \pm \dot{A}_2 = (a_1 + jb_1) \pm (a_2 + jb_2) = (a_1 \pm a_2) + j(b_1 \pm b_2)$$

复数相加（减）时，实部与实部相加（减），虚部与虚部相加（减）。

加减法运算可以用平行四边行法在复平面上用向量的相加和相减求得，如图 6-6 所示。

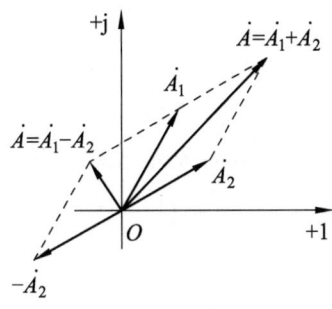

图 6-6 复数的加减运算

复数的乘、除运算：

$$\dot{A} = \dot{A}_1 \times \dot{A}_2 = A_1\angle\theta_1 \times A_2\angle\theta_2 = A_1 e^{j\theta_1} \times A_2 e^{j\theta_2}$$
$$= A_1 A_2 e^{j(\theta_1+\theta_2)} = A_1 A_2 \angle\theta_1 + \theta_2$$

复数相乘时，两复数的模值相乘，幅角相加。

$$\dot{A} = \frac{\dot{A}_1}{\dot{A}_2} = \frac{A_1\angle\theta_1}{A_2\angle\theta_2} = \frac{A_1 e^{j\theta_1}}{A_2 e^{j\theta_2}} = \frac{A_1}{A_2} e^{j(\theta_1-\theta_2)} = \frac{A_1}{A_2} \angle\theta_1 - \theta_2$$

复数相除时，两复数的模值相除，幅角相减。

例 6-4 已知 $\dot{A} = 6 + j8$，$\dot{B} = -4 + j3$，求 $\dot{A} + \dot{B}$、$\dot{A} - \dot{B}$、$\dot{A} \times \dot{B}$、$\dfrac{\dot{A}}{\dot{B}}$

解
$$\dot{A} + \dot{B} = (6 + j8) + (-4 + j3) = 2 + j11 = 11.18\angle 79.7°$$

$$\dot{A} - \dot{B} = (6 + j8) - (-4 + j3) = 10 + j5 = 5\sqrt{5}\angle 26.6°$$

$$\dot{A} \times \dot{B} = (6 + j8)(-4 + j3) = 10\angle 53.1° \times 5\angle 143.1° = 50\angle -163.8°$$

$$\frac{\dot{A}}{\dot{B}} = \frac{(6+j8)}{(-4+j3)} = \frac{10\angle 53.1°}{5\angle 143.1°} = 2\angle -90°$$

6.2.2 正弦电压、正弦电流的相量表示

正弦量本身是没有方向的标量，为了方便计算而引入相量这种工具，相量表现出了

正弦量的有效值和相位；相量说到底就是个复数。

在分析电路的正弦稳态响应时，经常遇到正弦信号的代数运算和微分、积分运算。利用三角函数关系进行正弦信号的这些运算，将显得十分繁复。为此，我们特借用相量（复数）表示正弦信号，从而使正弦稳态电路的分析和计算得到简化。

设复指数函数为 $Ie^{j(\omega t+\theta)}$，由欧拉公式

$$e^{j\theta} = \cos\theta + j\sin\theta$$

得 $Ie^{j(\omega t+\theta)} = I\cos(\omega t+\theta) + jI\sin(\omega t+\theta)$

我们知道，正弦电流为 $i(t)=I\cos(\omega t+\theta)$，比较上两式可得

$$\begin{aligned}i(t) &= I\cos(\omega t+\theta) = \mathrm{Re}\left[Ie^{j(\omega t+\theta)}\right]\\ &= \mathrm{Re}\left[Ie^{j\theta}\times e^{j\omega t}\right]\\ &= \mathrm{Re}\left[\dot{I}e^{j\omega t}\right]\end{aligned} \quad (6\text{-}10)$$

式中，Re[] 表示取实部的符号。

可以注意到 $Ie^{j\theta}$ 为一复常数，是一个包含给定正弦量的有效值以及初相角的复数，称这个复数为给定正弦量的相量，即

$$\dot{I} = Ie^{j\theta} \quad \text{A} \quad (6\text{-}11)$$

为了把这样一个能表示正弦信号的复数与一般的复数相区别，把它叫作相量，并在符号上方加一点以示区别。$\dot{I}$ 称为电流相量，用有向线段把它表示在复平面上，称为相量图，如图 6-7 所示。

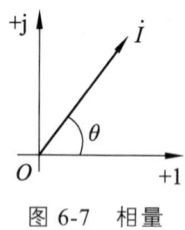

图 6-7 相量

把 $\dot{I}=Ie^{j\theta}$ 来表示正弦函数 $I\cos(\omega t+\theta)$，定义为相量变换。通过相量计算，得出电压电流的相量，需要把相量转化为正弦函数来表示真实的电压电流，这个过程称为反相量变换。

相量变换法在电路分析中非常有用，因为它将求取电路正弦稳压响应的幅值和相位角的计算过程简化为求代数学中的复数的过程。

由于指数函数 $e^{j\theta}$ 经常出现，所以文献中常用一个简化的符号来表示：

$$1\angle\theta = 1\times e^{j\theta} \tag{6-12}$$

式（6-12）中的 $e^{j\theta}$ 称为旋转因子，该复值函数的模为 1，角度为 θ。相量 $\sqrt{2}\dot{I}$ 乘以 $e^{j\omega t}$，即 $\sqrt{2}\dot{I}e^{j\omega t} = \sqrt{2}Ie^{j(\omega t+\theta)}$，称为旋转相量。在复平面上，旋转相量在实轴上的投影正好是正弦电流，如图 6-8 所示。

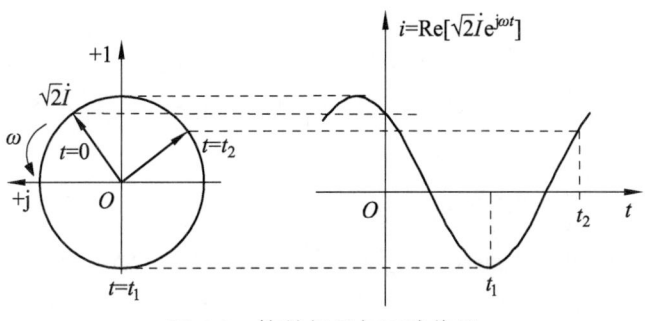

图 6-8 旋转相量与正弦信号

当 $t=0$ 时，旋转相量等于 $\sqrt{2}\dot{I}$，在图中处于 $t=0$ 的位置，它在实轴上的投影为 $\sqrt{2}I\cos\theta$，对应正弦电流 $i(t)$ 在 $t=0$ 时的值；当 $t=t_1$ 时，旋转相量的模不变，辐角为 $(\omega t_1+\theta)$，它在实轴上的投影为 $\sqrt{2}I\cos(\omega t_1+\theta)$，对应正弦电流 $i(t)$ 在 $t=t_1$ 时的值；对于任一时刻 t，旋转相量与实轴正方向的夹角为 $(\omega t+\theta)$，它在实轴上的投影正好是正弦电压 $i(t)=\sqrt{2}I\cos(\omega t+\theta)$ 在该瞬间的值。如果我们把这个旋转相量在实轴上的投影按照时间 t 逐点描绘出来，就得到一条余弦曲线，如图 6-8 中所示。上述几何意义用公式表示就是，取旋转相量的实部便得到正弦电流，即

$$i(t) = \mathrm{Re}\left[\sqrt{2}\dot{I}e^{j\omega t}\right]$$

旋转相量的角速度 ω 就是正弦信号的角频率。

同样地，正弦电压可表示为

$$u(t) = \sqrt{2}U\cos(\omega t+\theta_u) = \sqrt{2}U\,\mathrm{Re}[e^{j\omega t}e^{j\theta_u}]$$
$$= \mathrm{Re}[\sqrt{2}\dot{U}e^{j\omega t}]$$
$$\dot{U} = Ue^{j\theta_u} = U\angle\theta_u \ \mathrm{A} \tag{6-13}$$

式中，称为电压相量。

相量也可以用峰值来定义

$$\left.\begin{array}{l}\dot{I}_m = I_m e^{j\theta_i} = I_m\angle\theta_i \\ \dot{U}_m = U_m e^{j\theta_u} = U_m\angle\theta_u\end{array}\right\} \tag{6-14}$$

式中，$\dot{I}_m$ 和 $\dot{U}_m$ 分别称为电流和电压的峰值相量，相应地，$\dot{I}$ 和 $\dot{U}$ 分别称为电流和电压的

有效值相量，它们的关系为

$$\left.\begin{array}{l}\dot{I}=\dfrac{1}{\sqrt{2}}\dot{I}_{\mathrm{m}}\\ \dot{U}=\dfrac{1}{\sqrt{2}}\dot{U}_{\mathrm{m}}\end{array}\right\} \qquad (6\text{-}15)$$

今后，只要知道了正弦信号，可以直接写出它们的相量。反之，若已知正弦信号的相量，也可直接写出它所代表的正弦信号。例如，已知 $u(t) = 8\cos(\omega t - 30°)$ V，其电压相量为

$$\dot{U}_{\mathrm{m}} = 8\mathrm{e}^{-j30°} = 8\angle -30° \text{ V}$$

若已知角频率 $\omega = 10^3$ rad/s 的正弦电流的相量为 $\dot{I} = 10\angle 45°$ A，那么该电流的表示式为

$$i(t) = 10\sqrt{2}\cos(10^3 t + 45°) \text{ A}$$

需要说明两点：一是用相量表示正弦信号，并不是说相量就等于正弦信号，两者不能直接相等；二是相量与物理学中的向量是两个不同的概念。相量是用来表示时域的正弦信号，而向量表示空间内具有大小和方向的物理量，如力、电场强度等。

例 6-5 用有效值相量表示下列正弦量，并用相量图比较它们的相位。

$$u_1(t) = -4\sqrt{2}\cos(30t + 60°) \text{ V}$$

$$u_2(t) = 6\sqrt{2}\cos(30t - 60°) \text{ V}$$

解： 先写出它们对应的有效值相量

$$u_1(t) = 4\sqrt{2}\cos(30t + 60° - 180°) = 4\sqrt{2}\cos(30t - 120°) \text{ V}$$

$$u_2(t) = 6\sqrt{2}\cos(30t - 60°) \text{ V}$$

则　　$\dot{U}_1 = 4\angle -120°$ V

$\dot{U}_2 = 6\angle -60°$ V

$\varphi = -120° - (-60°) = -60°$

画出相量图如图 6-9 所示，$u_1(t)$ 滞后 $u_2(t)$ 相位 60°。

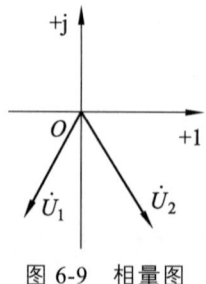

图 6-9　相量图

例 6-6 已知正弦量的频率为 ω，相量表示如下：

$$\dot{I}_{m1} = 3 + j4 \text{ A} \qquad \dot{I}_2 = 4 - j2 \text{ A}$$

$$\dot{U}_{m1} = -8 + j6 \text{ V} \qquad \dot{U}_2 = -16 - j12 \text{ V}$$

写出它们对应的正弦量。

解：
$\dot{I}_{m1} = 3 + j4 = 5\angle 53.1° \text{ A} \qquad i_1(t) = 5\cos(\omega t + 53.1°) \text{ A}$

$\dot{I}_2 = 4 - j2 = 2\sqrt{5} \angle -26.6° \text{ A} \qquad i_2(t) = 2\sqrt{10}\cos(\omega t - 26.6°) \text{ A}$

$\dot{U}_{m1} = -8 + j6 = 10\angle 143.1° \text{ V} \qquad u_1(t) = 10\cos(\omega t + 143.1°) \text{ V}$

$\dot{U}_2 = -16 - j12 = 20\angle -143.1° \text{ V} \qquad u_2(t) = 20\sqrt{2}\cos(\omega t - 143.1°) \text{ V}$

在本例中，注意最大值与有效值相量的区别。

6.2.3 相量的运算

在分析电路的正弦稳态响应时，经常遇到正弦信号的代数运算和微分、积分运算。我们借用复数表示正弦信号，从而使正弦稳态电路的分析和计算得到简化。

设有同频率正弦信号 $u(t)$、$u_1(t)$ 和 $u_2(t)$，它们对应的相量分别为 $\dot{U}$、$\dot{U}_1$ 和 $\dot{U}_2$，可以证明正弦信号的时域运算与其相量运算有如下对应关系

$$ku(t) \leftrightarrow k\dot{U} \tag{6-16}$$

$$u = u_1(t) \pm u_2(t) \leftrightarrow \dot{U} = \dot{U}_1 \pm \dot{U}_2 \tag{6-17}$$

$$\frac{du(t)}{dt} \leftrightarrow j\omega \dot{U} \tag{6-18}$$

$$\int u(t)dt \leftrightarrow \frac{\dot{U}}{j\omega} \tag{6-19}$$

式（6-16）的对应关系是很显然的。式（6-17）可以写出下面的表达式来证明。

$$\begin{aligned} u_1(t) \pm u_2(t) &= \text{Re}(\sqrt{2}\dot{U}_1 e^{j\omega t}) \pm \text{Re}(\sqrt{2}\dot{U}_2 e^{j\omega t}) \\ &= \text{Re}[\sqrt{2}\dot{U}_1 e^{j\omega t} \pm \sqrt{2}\dot{U}_2 e^{j\omega t}] \\ &= \text{Re}[\sqrt{2}(\dot{U}_1 \pm \dot{U}_2)e^{j\omega t}] \end{aligned}$$

所以有 $\quad u_1(t) \pm u_2(t) \leftrightarrow \dot{U}_1 \pm \dot{U}_2$

式（6-18）可以写出

$$\frac{du}{dt} = \frac{d}{dt}[\text{Re}(\sqrt{2}\dot{U}e^{j\omega t})] = \text{Re}\left[\frac{d}{dt}(\sqrt{2}\dot{U}e^{j\omega t})\right] = \text{Re}[\sqrt{2}(j\omega\dot{U})e^{j\omega t}]$$

所以有 $\dfrac{\mathrm{d}u(t)}{\mathrm{d}t} \leftrightarrow \mathrm{j}\omega \dot{U}$

类似地，式（6-19）可以写出

$$\int u \mathrm{d}t = \int \mathrm{Re}\left[\sqrt{2}\dot{U}\mathrm{e}^{\mathrm{j}\omega t}\mathrm{d}t\right] = \mathrm{Re}\left[\int \sqrt{2}\dot{U}\mathrm{e}^{\mathrm{j}\omega t}\mathrm{d}t\right] = \mathrm{Re}\left[\sqrt{2}\dfrac{\dot{U}}{\mathrm{j}\omega}\mathrm{e}^{\mathrm{j}\omega t}\right]$$

所以有 $\int u(t)\mathrm{d}t \leftrightarrow \dfrac{\dot{U}}{\mathrm{j}\omega}$

注意，这里的运算对应关系只对正弦信号稳态响应成立，不需要考虑积分初始值。上面的四种关系表明，由两类约束引起的电路中正弦稳态变量的加、减、比例和微积分运算都可以映射成为对应相量的复数运算。

例 6-7 已知 $i_1(t) = 6\cos(\omega t + 30°)$ A，$i_2(t) = 4\cos(\omega t + 60°)$ A，求 $i_1(t) + i_2(t)$。

解 利用相量求解，先写出对应的峰值相量，求出相量和。

$$\dot{I}_{m1} = 6\angle 30° = 6(\cos 30° + \mathrm{j}\sin 30°) = (5.2 + \mathrm{j}3) \text{ A}$$

$$\dot{I}_{m2} = 4\angle 60° = (2 + \mathrm{j}3.5) \text{ A}$$

$$\dot{I}_{m1} + \dot{I}_{m2} = (7.2 + \mathrm{j}6.5) = 9.67\angle 41.9° \text{ A}$$

对应的正弦信号

$$i_1(t) + i_2(t) = 9.67\cos(\omega t + 41.9°) \text{ A}$$

例 6-8 已知 $i_1(t) = 10\sqrt{2}\cos(314t + 60°)$ A，$i_2(t) = 22\sqrt{2}\sin(314t - 60°)$ A，求：（1）$i_1(t) + i_2(t)$；（2）$\dfrac{\mathrm{d}i_1}{\mathrm{d}t}$；（3）$\int i_2 \mathrm{d}t$。

解： 首先将不是用余弦函数表达的数学式转换为余弦函数的形式，即

$$i_2(t) = 22\sqrt{2}\sin(314t - 60°) = 22\sqrt{2}\cos(314t - 150°) \text{ A}$$

然后采用相量计算。

（1）$\dot{I}_1 = 10\angle 60°$ A，$\dot{I}_2 = 22\angle -150°$ A，则

$$\dot{I} = \dot{I}_1 + \dot{I}_2 = 10\angle 60° + 22\angle -150°$$
$$= 5 + \mathrm{j}8.66 + (-19.05 - \mathrm{j}11)$$
$$= -14.05 - \mathrm{j}2.34 = 14.24\angle -170.54° \text{ (A)}$$

所以 $i(t) = 14.24\sqrt{2}\cos(314t - 170.54°)$ （A）

（2）$\mathrm{j}\omega \dot{I}_1 = \mathrm{j}314 \times 10\angle 60° = 3140\angle 150°$

$$\dfrac{\mathrm{d}i_1}{\mathrm{d}t} = 3140\sqrt{2}\cos(314t + 150°)$$

（3）$\dfrac{\dot{I}_2}{j\omega} = \dfrac{22\angle -150°}{j314} = 0.07\angle -240° = 0.07\angle 120°$

$\int i_2 \mathrm{d}t = 0.07\sqrt{2}\cos(314t+120°)$

6.3 电路的相量模型

6.3.1 KCL 和 KVL 的相量表示

同一正弦稳态电路中的各支路电流和各支路电压的频率都与电源频率相同，可以采用相量法把 KCL 和 KVL 转换成相量形式。

已知 KCL 为

$$i_1 + i_2 + \dots + i_k + \dots = 0 \text{ 或 } \sum i = 0$$

电路的相量模型

由于所有电流均为同频率正弦量，所以其相量形式为

$$\dot{I}_1 + \dot{I}_2 + \cdots + \dot{I}_k + \dots = 0$$

或写为一般形式

$$\sum \dot{I} = 0 \tag{6-20}$$

式（6-20）称为 KCL 的相量形式。用类似的方法可以得到 KVL 的相量形式：

$$\sum \dot{U} = 0 \tag{6-21}$$

例 6-9 图 6-10 所示为所示电路中的一个结点，已知：$i_1(t) = \sqrt{2}\cos 314t\ \mathrm{A}$，$i_2(t) = \sqrt{2}\sin 314t\ \mathrm{A}$，求 i_3。

解： $i_1(t) = \sqrt{2}\cos 314t\ \mathrm{A}$　　$\dot{I}_1 = 1\angle 0°\ \mathrm{A}$

$i_2(t) = \sqrt{2}\sin 314t = \sqrt{2}\cos(314t - 90°)\ \mathrm{A}$

$\dot{I}_2 = 1\angle -90°\ \mathrm{A}$

图 6-10　例 6-9 图

根据 KCL 的相量形式可得

$\dot{I}_3 = \dot{I}_2 - \dot{I}_1 = 1\angle -90° - 1\angle 90° = -1 - j = \sqrt{2}\angle -135°\ \mathrm{A}$

得　　$i_3(t) = 2\cos(314t - 135°)\ \mathrm{A}$

例 6-10 已知：$u_{ab}(t) = -10\cos(\omega t + 60°)\ \mathrm{V}$，$u_{bc}(t) = 8\sin(\omega t + 120°)\ \mathrm{V}$，求 u_{ac}。

解： $u_{ab}(t) = -10\cos(\omega t + 60°) = 10\cos(\omega t - 120°)\ \mathrm{V}$　　$\dot{U}_{abm} = 10\angle -120°\ \mathrm{V}$

$$u_{bc}(t) = 8\sin(\omega t + 120°) = 8\cos(\omega t + 30°)\text{V} \quad \dot{U}_{bcm} = 8\angle 30°\text{V}$$

$$\begin{aligned}\dot{U}_{acm} &= \dot{U}_{abm} + \dot{U}_{bcm} = 10\angle -120° + 8\angle 30° \\ &= (-5 - j6.66) + (6.93 + j4) = 1.93 - j4.66 \\ &= 5.04\angle -67.5°\text{V}\end{aligned}$$

所以 $u_{ac}(t) = 5.04\cos(\omega t - 67.5°)\text{V}$

6.3.2 基本元件的相量模型

1. 电阻元件

假设电阻 R 两端的电压与电流采用关联参考方向如图 6-12（a）所示，其瞬时表达式分别为

$$u(t) = \sqrt{2}U\cos(\omega t + \theta_u)$$

$$i(t) = \sqrt{2}I\cos(\omega t + \theta_i)$$

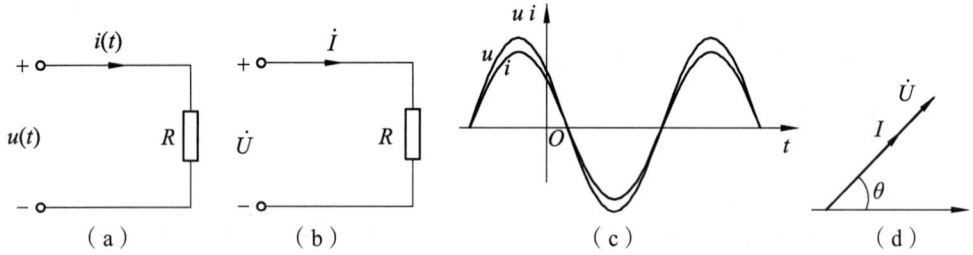

图 6-11　例 6-10 图

图 6-12　电阻元件的相量电路模型和电压、电流波形及相位关系

在任何瞬间，电压和电流之间满足欧姆定律

$$u = Ri$$

将电阻上的正弦电压和电流表示为

$$u(t) = Ri = \sqrt{2}RI\cos(\omega t + \theta_i)$$

由于 R 为实数，对于正值电阻，其两端电压与电流有效值与相位关系为

$$U = RI \quad 或 \quad U_m = RI_m$$

$$\theta_u = \theta_i$$

电阻两端的电压 u 和电流 i 为同频率的正弦量，在关联参考方向下，电阻两端电压与电流同相位。上式它们的相量关系为

$$\left.\begin{aligned}\dot{U}_m &= R\dot{I}_m \\ \dot{U} &= R\dot{I}\end{aligned}\right\} \tag{6-22}$$

上式为电阻元件电压电流的相量形式。式（6-22）和欧姆定律相似。电阻上的电压电

流的相量关系包含着两个内容：

电压有效值和电流有效值之间符合欧姆定律，即 $U = RI$ 或 $U_m = RI_m$。

电压与电流同相，即 $\theta_u = \theta_i$。

根据式（6-22），画出电阻元件的相量电路模型如图 6-12（b）所示。由于图中电流、电压均用相量表示，故称为相量模型。图 6-12（c）为电压、电流波形，图 6-12（d）为电压、电流相位关系。

2. 电感元件

设电感 L，其电压、电流采用关联参考方向，如图 6-13（a）所示，当通过电感的电流为

$$i(t) = \sqrt{2}I\cos(\omega t + \theta_i)$$

则电感两端的电压

$$\begin{aligned}u(t) &= L\frac{\mathrm{d}i}{\mathrm{d}t} = -\sqrt{2}\omega LI\sin(\omega t + \theta_i)\\ &= \sqrt{2}\omega LI\cos(\omega t + \theta_i + 90°)\\ &= \sqrt{2}U\cos(\omega t + \theta_u)\end{aligned} \quad (6\text{-}23)$$

由上式可得

$$\left.\begin{aligned}U &= \omega LI\\ \theta_u &= \theta_i + 90°\end{aligned}\right\} \quad (6\text{-}24)$$

上式中 U 和 θ_u 分别为电感电压的有效值和初相位。式（6-23）和（6-24）表明，电感电压与电感电流是同频率的正弦量，但电压的相位超前电流 90°，且

$$\frac{U}{I} = \omega L = X_L \quad (6\text{-}25)$$

式中 $X_L = \omega L = 2\pi f L$ 具有电阻的量纲，称为感抗。当 L 的单位为 H，ω 的单位为 rad/s 时，X_L 的单位为 Ω。

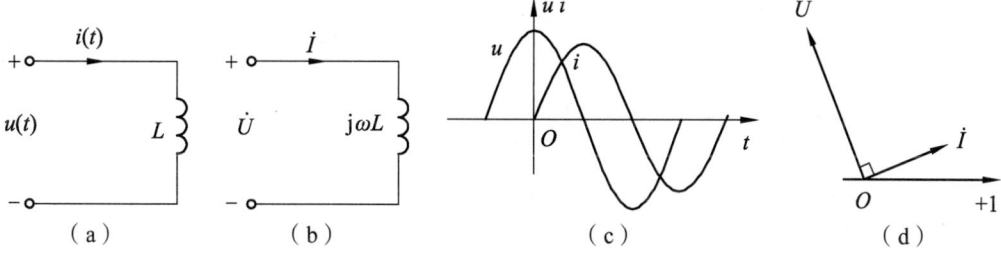

图 6-13　电感元件的相量电路模型及电压、电流波形和相位关系

电感元件电压电流相量关系为

$$\left.\begin{array}{l}\dot{U}_m = j\omega L\dot{I}_m = jX_L\dot{I}_m \\ \dot{U} = j\omega L\dot{I} = jX_L\dot{I}\end{array}\right\} \quad (6\text{-}26)$$

在关联参考方向下，电感两端电压超前电流 $\pi/2$。电感元件相量电路模型如图 6-12（b）所示。6-12（c）、6-12（d）为电压、电流波形图及电压、电流相位关系。

由式（6-25）可知，对于一定的电感 L，当频率越高时，其所呈现的感抗越大；反之越小。在直流情况下，可以看作频率 $f=0$，其感抗 $X_L=0$，电感相当于短路。X_L 随角频率 ω 变化的曲线如图 6-14 所示，称为 X_L 的频率特性曲线。

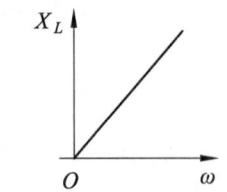

图 6-14 电感 X_L 频率特性曲线

3. 电容元件

设有一电容 C，其电压和电流采用关联参考方向，如图 6-15（a）所示。当电容两端的电压为

$$u(t) = \sqrt{2}U\cos(\omega t + \theta_u)$$

通过电容两端的电流为

$$\begin{aligned}i(t) &= C\frac{\mathrm{d}u}{\mathrm{d}t} = -\sqrt{2}\omega CU\sin(\omega t + \theta_u) \\ &= \sqrt{2}\omega CU\cos(\omega t + \theta_u + 90°) \\ &= \sqrt{2}I\cos(\omega t + \theta_i)\end{aligned} \quad (6\text{-}27)$$

由上式可得

$$\left.\begin{array}{l}I = \omega CU \\ \theta_i = \theta_u + 90°\end{array}\right\} \quad (6\text{-}28)$$

上式中 I 和 θ_i 分别为电容电流的有效值和初相位。式（6-27）和（6-28）表明，电容电流与电容电压是同频率的正弦量，而且电流的相位超前电压 $90°$。

且

$$\frac{U}{I} = \frac{1}{\omega C} = X_C \quad (6\text{-}29)$$

式中，X_C 具有电阻的量纲，称为容抗。当 C 的单位为 F（法拉），ω 的单位为 rad/s 时，X_C 的单位为 Ω（欧姆）。

电容元件电压电流相量关系为

$$\left.\begin{array}{l}\dot{I}_m = j\omega C\dot{U}_m \\ \dot{I} = j\omega C\dot{U}\end{array}\right\} \quad (6\text{-}30)$$

第 6 章 正弦稳态电路的分析

或

$$\left.\begin{array}{l}\dot{U}_m = \dfrac{1}{j\omega C}\dot{I}_m = -jX_C\dot{I}_m \\ \dot{U} = \dfrac{1}{j\omega C}\dot{I} = -jX_C\dot{I}\end{array}\right\} \quad (6\text{-}31)$$

式（6-31）是电容元件电压电流关系的相量形式，具有和欧姆定律相似的形式。

在关联参考方向下，电容两端电压滞后电流 π/2。电容元件相量电路模型如图 6-15（b）所示。（6-31）(c)、(6-31)(d) 为电压、电流波形图及电压、电流相位关系。

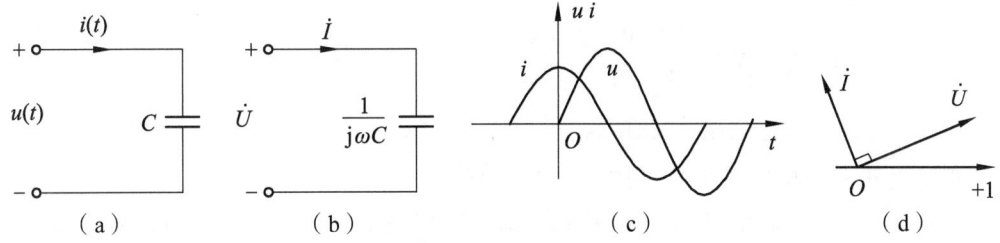

图 6-15　电容元件的相量电路模型及电压、电流波形和相位关系

由式（6-29）可知，与电感的情况相反，对于一定的电容 C，当频率越高时，其所呈现的容抗越小；反之越大。在直流情况下，频率 $f = 0$，容抗 $X_C \to \infty$，电容相当于开路。容抗 X_C 随角频率 ω 变化的曲线如图 6-16 所示，称为 X_C 的频率特性曲线。

例 6-11　电路如图 6-17（a）所示，已知 $R = 5\ \Omega$，$L = 5\ \mu H$，$u_s(t) = 10\cos 10^6 t\ \text{V}$，求电流 $i(t)$，并画出相量图。

图 6-16　X_C 频率特性曲线

解：激励 $u_s(t)$ 的相量为

$$\dot{U}_{sm} = 10\angle 0°\ \text{V}$$

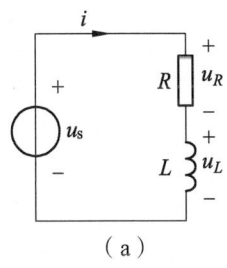 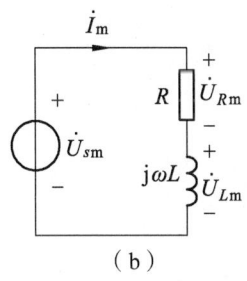 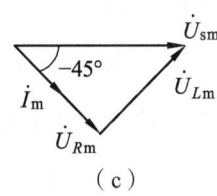

图 6-17　例 6-11 图

由 KVL，得

$$\dot{U}_{Rm} + \dot{U}_{Lm} = \dot{U}_{sm}$$

由于是 RL 串联电路，通过 R 和 L 为同一电流 i，故

$$\dot{U}_{Rm} = R\dot{I}_m$$

$$\dot{U}_{Lm} = jX_L\dot{I}_m$$

式中，$X_L = \omega L = 10^6 \times 5 \times 10^{-6} = 5\ \Omega$

将 $\dot{U}_{Rm}$，$\dot{U}_{Lm}$ 代入 KVL 方程，得

$$(R + jX_L)\dot{I}_m = \dot{U}_{sm}$$

由上式解得

$$\dot{I}_m = \frac{\dot{U}_{sm}}{R + jX_L} = \frac{10\angle 0°}{5 + j5} = \frac{10\angle 0°}{7.07\angle 45°} = 1.41\angle -45°\ （A）$$

故得 $i(t) = 1.41\cos(10^6 t - 45°)$ A

相量电路图及相量图如图 6-17（b）（c）所示。

例 6-12 RC 并联电路如图 6-18(a)所示。已知 $R = 3\ \Omega$，$C = 0.125$ F，$u_s(t) = 12\sqrt{2}\cos 2t$ V，求电流 $i(t)$。

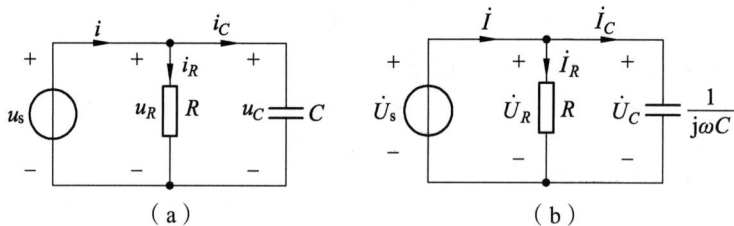

图 6-18 例 6-12 图

解： 电路相量图如图（b）所示。

激励 $u_s(t)$ 的有效值相量为

$$\dot{U}_s = 12\angle 0°\ \text{V}$$

由 KCL，得

$$\dot{I}_R + \dot{I}_C = \dot{I}$$

根据元件电压电流的相量形式，得

$$\dot{I}_R = \frac{\dot{U}_R}{R} = \frac{12\angle 0°}{3} = 4\angle 0°\ （A）$$

$$\dot{I}_C = \frac{\dot{U}_s}{\frac{1}{j\omega C}} = \frac{12}{-j4} = j3\ （A）$$

式中容抗为 $X_C = \dfrac{1}{\omega C} = \dfrac{1}{2 \times 0.125} = 4\ (\Omega)$

于是得

$$\dot{I} = 4 + j3 = 5\angle 36.9°\ (\text{A})$$

电流 $i(t)$ 为

$$i(t) = 5\sqrt{2}\cos(2t + 36.9°)\ (\text{A})$$

例 6-13 RLC 并联电路如图 6-19（a）所示。已知电流表 A_1 的读数为 3 A，A_2 的读数为 8 A，A_3 的读数为 4 A，求（1）电流表 A 的读数。（2）若维持电压源电压大小不变，把电源的角频率提高一倍，再求电流表 A 的读数。

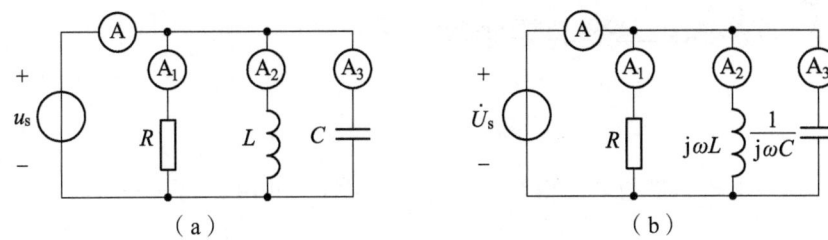

图 6-19 例 6-13 图

解：（1）电路相量图如图 6-19（b）所示。

各电流表的读数为所在支路正弦电流的有效值。假设激励 $u_s(t)$ 的有效值相量为

$$\dot{U}_s = U_s \angle 0°\ \text{V}$$

则各支路电流相量分别为：$\dot{I}_1 = 3\angle 0°\ \text{A}$，$\dot{I}_2 = 8\angle -90° = -j8\ \text{A}$，$\dot{I}_3 = 4\angle 90° = j4\ \text{A}$

由 KCL，得

$$\dot{I} = \dot{I}_1 + \dot{I}_2 + \dot{I}_3 = 3 - j4 = 5\angle -53.1°\ \text{A}$$

电流表 A 的读数为 5 A。

（2）电阻元件电流只与其两端电压的大小有关而与频率无关。而电感元件和电容元件的电流不仅与其两端电压大小有关而且还与频率有关，因此，当电源电压的大小不变而频率发生变化时，电阻的电流维持不变，电感的电流减小一半，电容的电流则增大一倍，即

$$\dot{I}_1 = 3\angle 0°\ \text{A},\ \dot{I}_2 = 4\angle -90° = -j4\ \text{A},\ \dot{I}_3 = 8\angle 90° = j8\ \text{A}$$

$$\dot{I} = \dot{I}_1 + \dot{I}_2 + \dot{I}_3 = 3 + j4 = 5\angle 53.1°\ \text{A}$$

电流表 A 的读数为 5 A。

6.3.3 阻抗和导纳

在正弦稳态电路的分析中，为了使分析方法与电阻电路取得一致，常常借助于电阻、容抗、感抗引入阻抗和导纳的概念。

1. 阻 抗

设有一无源二端电路，在正弦稳态状态下，端口电压、电流将是同频率的正弦量，如图 6-20（a）所示。

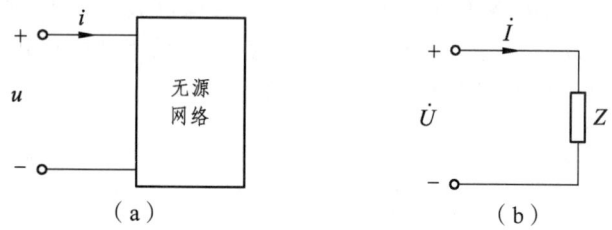

图 6-20 阻抗定义

我们把端口电压相量与电流相量之比定义为阻抗，并用 Z 表示，即

$$\left. \begin{array}{l} Z = \dfrac{\dot{U}_m}{\dot{I}_m} \\ Z = \dfrac{\dot{U}}{\dot{I}} \end{array} \right\} \quad (6\text{-}32)$$

其电路模型如图 6-20（b）所示，式（6-32）可改写为

$$\left. \begin{array}{l} \dot{U}_m = Z\dot{I}_m \\ \dot{U} = Z\dot{I} \end{array} \right\} \quad (6\text{-}33)$$

上式与电阻电路中的欧姆定律相似，称为欧姆定律的相量形式。显然，阻抗的量纲为欧姆。阻抗不代表正弦量，不能称为相量，它是计算量，故字母 Z 上不加圆点。

如果无源二端电路分别为单个元件 R、L 和 C，则它们相应的阻抗分别为

$$Z_R = R$$

$$Z_L = j\omega L$$

$$Z_C = \dfrac{1}{j\omega C}$$

当频率一定时，阻抗 Z 是一个复常数，它可表示为代数型或指数型，即

$$Z = R + jX = |Z|e^{j\varphi_Z} = |Z|\angle\varphi_Z \quad (6\text{-}34)$$

其实部 R 为阻抗的电阻部分，其虚部 X 为阻抗的电抗部分；$|Z|$ 称为阻抗的模，φ_Z 称

为阻抗角。它们之间的关系为

$$\left.\begin{array}{l}|Z|=\sqrt{R^2+X^2}\\ \varphi_Z=\tan^{-1}\dfrac{X}{R}\end{array}\right\}\qquad(6\text{-}35)$$

$$\left.\begin{array}{l}R=|Z|\cos\varphi_Z\\ X=|Z|\sin\varphi_Z\end{array}\right\}\qquad(6\text{-}36)$$

同时，由式（6-32）得

$$Z=\frac{\dot{U}}{\dot{I}}=\frac{Ue^{j\varphi_u}}{Ie^{j\varphi_i}}=\frac{U}{I}e^{j(\varphi_u-\varphi_i)}=|Z|e^{j\varphi_Z}$$

根据复数相等的定义，由上式可得

$$\left.\begin{array}{l}|Z|=\dfrac{U}{I}=\dfrac{U_{\mathrm{m}}}{I_{\mathrm{m}}}\\ \varphi_Z=\varphi_U-\varphi_I\end{array}\right\}\qquad(6\text{-}37)$$

由此可见，阻抗模等于电压与电流的振幅（有效值）之比，在外加电压大小一定时，阻抗模越大，电流越小，其表示支路对交流电流呈现的阻碍作用。阻抗角 φ_Z 等于电压超前电流的相位角。若 $\varphi_Z>0$，表示电压超前电流，这时支路呈现电感性简称感性；若 $\varphi_Z<0$ 表示电压滞后电流，这时支路呈现电容性简称容性。$\varphi_Z=0$，电压电流同相位，电路呈现电阻性。

为了加深对阻抗的理解，我们讨论图 6-21（a）所示的 RLC 串联电路。

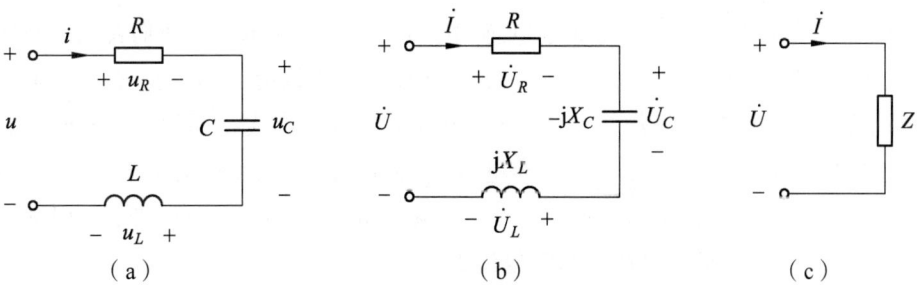

图 6-21 RLC 串联电路及其相量电路模型

利用相量法分析正弦稳态电路，电路中的电流、电压用相量（有效值相量）表示，R、L、C 元件用阻抗表示。这样，把原电路改画成图 6-21（b）所示电路，该电路称为原电路的相量电路模型。

设电路中的电流为

$$i(t)=\sqrt{2}I\cos(\omega t+\varphi_i)$$

其有效值相量为

$$\dot{I} = I\angle \varphi_i \text{ A}$$

由图 6-21（b）的相量电路模型，根据 KVL 可得

$$\dot{U} = \dot{U}_R + \dot{U}_C + \dot{U}_L$$

根据 R、L、C 元件的伏安关系，有

$$\dot{U}_R = R\dot{I}$$

$$\dot{U}_L = jX_L\dot{I}$$

$$\dot{U}_C = -jX_C\dot{I}$$

式中，$X_L = \omega L$，$X_C = 1/\omega C$，将它们代入 KVL 方程得

$$\dot{U} = [R + j(X_L - X_C)]\dot{I} = Z\dot{I}$$

式中，$Z = R + j(X_L - X_C) = R + jX = |Z|e^{j\varphi_z}$。

这样，RLC 串联电路的相量电路模型可用阻抗 Z 来等效，如图 6-21（c）所示。

由于 $X = X_L - X_C = \omega L - \dfrac{1}{\omega C}$ 与频率有关，因此，在不同的频率下阻抗 Z 有 3 种不同的特性，下面分别进行讨论。

（1）当 $\omega L > \dfrac{1}{\omega C}$ 时，$X > 0$，$\varphi_z > 0$，电压 $\dot{U}$ 超前电流 $\dot{I}$。这时，阻抗呈电感性，原电路可以等效成电阻 R 与感抗为 X 的电感相串联。为了直观起见，我们首先定性地画出相量图。设电流的初相角为 0°，即 $\dot{I} = I\angle 0\text{ A}$，$\dot{I}$ 称为参考相量。请注意，在一个电路中，只允许选择一个电流或电压作为参考相量。电阻上的电压 $\dot{U}_R$ 与 $\dot{I}$ 同相。电感电压 $\dot{U}_L$ 超前电流 $\dot{I}$ 的相位为 90°，且 $U_L = X_L I$。电容电压 $\dot{U}_C$ 滞后电流 $\dot{I}$ 的相位为 90°，且 $U_C = X_C I$。由于 $X_L > X_C$，因而 $U_L > U_C$，电压 $\dot{U}$ 等于 3 个电压相量 $\dot{U}_R$、$\dot{U}_L$ 和 $\dot{U}_C$ 之和。相量如图 6-22（a）所示。由图可见，电压 $\dot{U}$ 超前电流 $\dot{I}$。

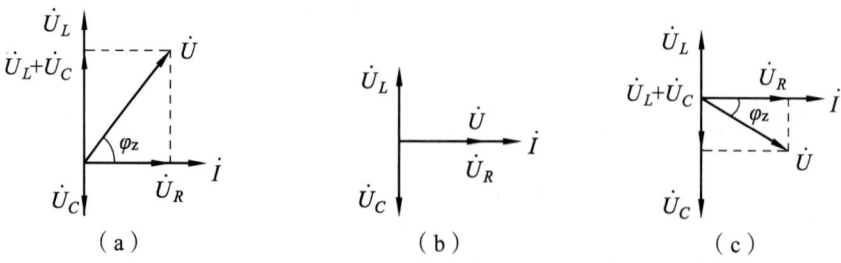

图 6-22 RLC 串联电路的相量

（2）当 $\omega L = \dfrac{1}{\omega C}$ 时，$X = 0$，$\varphi_Z = 0$，电压 $\dot{U}$ 与电流 $\dot{I}$ 同相。阻抗呈电阻性，这时阻抗等效成电阻 R。电感电压 $\dot{U}_L$ 与电容电压 $\dot{U}_C$ 大小相等，相位差 180°。相量图如图 6-22（b）所示。电压 $\dot{U}$ 等于电阻上电压 $\dot{U}_R$，且与电流 $\dot{I}$ 同相。这种情况称为 RLC 电路发生串联谐振。

（3）当 $\omega L < \dfrac{1}{\omega C}$ 时，$X < 0$，$\varphi_Z < 0$，电压 $\dot{U}$ 滞后电流 $\dot{I}$。这时阻抗呈电容性，可以等效成电阻与容抗为 X 的电容相串联。电感电压的有效值 $U_L = X_L I$ 小于电容电压的有效值 $U_C = X_C I$。相量图如图 6-22（c）所示。由图可见，此时电压 $\dot{U}$ 滞后电流 $\dot{I}$。

例 6-14 某 RLC 串联电路，其电阻 $R = 3\ \text{k}\Omega$，电感 $L = 5\ \text{mH}$，电容 $C = 1\ \text{nF}$，正弦信号源 $u_s(t) = 10\sqrt{2}\cos 10^6 t$ V，求电流和各元件上电压，并画出相量图。

解： 首先计算电路的阻抗。

感抗 $\qquad X_L = \omega L = 10^6 \times 5 \times 10^{-3} = 5\ (\text{k}\Omega)$

容抗 $\qquad X_C = \dfrac{1}{\omega C} = \dfrac{1}{10^6 \times 1 \times 10^{-9}} = 1\ (\text{k}\Omega)$

电抗 $\qquad X = X_L - X_C = 4\ (\text{k}\Omega)$

电路阻抗 $\qquad Z = R + jX = 3 + j4 = 5\angle 53.1°\ (\text{k}\Omega)$

由于电抗 $X > 0$，阻抗角 $\varphi_Z = 53.1° > 0$，所以阻抗呈电感性。

电压源的有效值相量为 $\qquad \dot{U}_s = 10\angle 0°\ \text{V}$

电流相量 $\qquad \dot{I} = \dfrac{\dot{U}_s}{Z} = \dfrac{10\angle 0°}{5\angle 53.1°} = 2\angle -53.1°\ (\text{mA})$

各电压相量为

$$\dot{U}_R = R\dot{I} = 3 \times 10^3 \times 2\angle -53.1° \times 10^{-3} = 6\angle -53.1°\ (\text{V})$$

$$\dot{U}_L = jX_L\dot{I} = j5 \times 10^3 \times 2\angle -53.1° \times 10^{-3} = 10\angle 36.9°\ (\text{V})$$

$$\dot{U}_C = -jX_C\dot{I} = -j1 \times 10^3 \times 2\angle -53.1° \times 10^{-3} = 2\angle -143.1°\ (\text{V})$$

电流、电压的表示式为

$$i(t) = 2\sqrt{2}\cos(10^6 t - 51.3°)\ (\text{mA})$$

$$u_R(t) = 6\sqrt{2}\cos(10^6 t - 51.3°)\ (\text{V})$$

$$u_L(t) = 10\sqrt{2}\cos(10^6 t + 36.9°)\ (\text{V})$$

$$u_C(t) = 2\sqrt{2}\cos(10^6 t - 141.3°)\ (\text{V})$$

其相量图如图 6-23 所示。

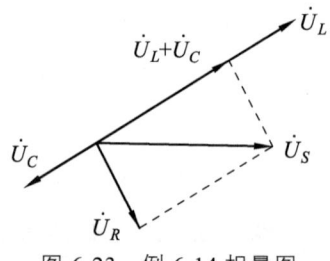

图 6-23　例 6-14 相量图

2. 导　纳

设有一无源二端电路，在正弦稳态情况下，端口电压、电流用相量表示，如图 6-24（a）所示。

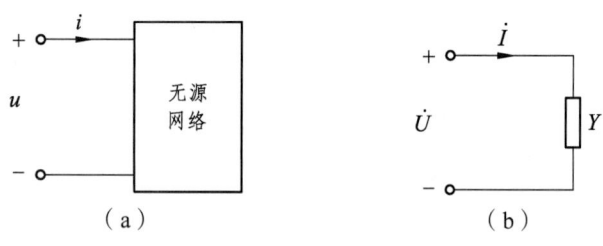

图 6-24　导纳定义

我们把端口的电流相量与电压相量之比定义为导纳，用 Y 表示，即

$$\left. \begin{array}{l} Y = \dfrac{\dot{I}_\mathrm{m}}{\dot{U}_\mathrm{m}} \\ Y = \dfrac{\dot{I}}{\dot{U}} \end{array} \right\} \quad (6\text{-}38)$$

其相量电路模型如图 6-24（b）所示。导纳 Y 的单位为西门子（S）。显然，对同一电路，导纳与阻抗互为倒数，即

$$Y = \dfrac{1}{Z} \quad (6\text{-}39)$$

当无源二端电路分别为单个元件 R，L 和 C 时，它们相应的导纳分别为

$$Y_R = \dfrac{1}{R} = G$$

$$Y_L = \dfrac{1}{\mathrm{j}\omega L} = -\mathrm{j}B_L$$

$$Y_C = \mathrm{j}\omega C = \mathrm{j}B_C$$

式中，G 为电导，$B_L = \dfrac{1}{\omega L}$ 称为感纳，$B_C = \omega C$ 称为容纳，单位均为西门子（s）。

式（6-38）可改写为

$$\left.\begin{array}{l}\dot{I}_m = Y\dot{U}_m \\ \dot{I} = Y\dot{U}\end{array}\right\} \qquad (6\text{-}40)$$

上式为欧姆定律相量形式的另一种表示式。

当频率一定时，导纳 Y 也是一复常数，可表示为

$$Y = G + jB = |Y|e^{j\varphi_Y} = |Y|\angle\varphi_Y$$

其实部 G 为导纳的电导部分，虚部 B 称为电纳；$|Y|$ 称为导纳的模，φ_Y 称为导纳角。它们之间的关系为

$$\left.\begin{array}{l}|Y| = \sqrt{G^2 + B^2} \\ \varphi_Y = \tan^{-1}\dfrac{B}{G}\end{array}\right\} \qquad (6\text{-}41)$$

$$\left.\begin{array}{l}G = |Y|\cos\varphi_Y \\ B = |Y|\sin\varphi_Y\end{array}\right\} \qquad (6\text{-}42)$$

由式（6-38）可知，导纳模等于电流与电压的振幅（有效值）之比，它也等于阻抗模的倒数；导纳角等于电流与电压的相位差，它也等于负的阻抗角。若 $\varphi_Y > 0$，表示电流 $\dot{I}$ 超前电压 $\dot{U}$，导纳呈电容性。若 $\varphi_Y < 0$，电流 $\dot{I}$ 滞后电压 $\dot{U}$，导纳呈电感性。若 $\varphi_Y = 0$，则 $B = 0$，$Y = G$，导纳等效成电导，电流 $\dot{I}$ 与电压 $\dot{U}$ 同相。

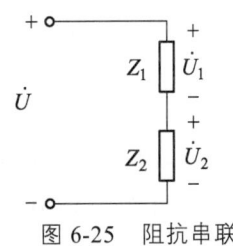

图 6-25 阻抗串联

3. 阻抗和导纳的串、并联

引入了相量、阻抗和导纳的概念以后，正弦稳态电路的分析方法就与电阻电路类似了。因此，我们只列写结论，证明的方法与电阻电路相似，不再重复。

若有两个阻抗相串联，电路如图 6-25 所示，其等效阻抗为

$$Z = Z_1 + Z_2 = (R_1 + R_2) + j(X_1 + X_2) \qquad (6\text{-}43)$$

分压公式为

$$\left.\begin{array}{l}\dot{U}_1 = \dfrac{Z_1}{Z_1 + Z_2}\dot{U} \\ \dot{U}_2 = \dfrac{Z_2}{Z_1 + Z_2}\dot{U}\end{array}\right\} \qquad (6\text{-}44)$$

若有两个导纳相并联，如图 6-26 所示，它的等效导纳为

$$Y = Y_1 + Y_2 = (G_1+G_2) + \mathrm{j}(B_1+B_2) \tag{6-45}$$

分流公式为

$$\left.\begin{aligned}\dot{I}_1 &= \frac{Y_1}{Y_1+Y_2}\dot{I}\\ \dot{I}_2 &= \frac{Y_2}{Y_1+Y_2}\dot{I}\end{aligned}\right\} \tag{6-46}$$

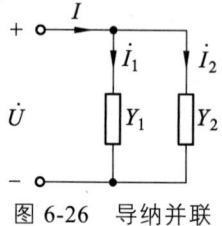

图 6-26 导纳并联

若两个阻抗 Z_1 和 Z_2 并联，其等效阻抗为

$$Z = \frac{Z_1 Z_2}{Z_1+Z_2} \tag{6-47}$$

分流公式为

$$\left.\begin{aligned}\dot{I}_1 &= \frac{Z_2}{Z_1+Z_2}\dot{I}\\ \dot{I}_2 &= \frac{Z_1}{Z_1+Z_2}\dot{I}\end{aligned}\right\} \tag{6-48}$$

同一电路，如图 6-27（a）所示，既可以用阻抗 Z 等效，如图 6-27（b）所示，它由电阻 R 和电抗 X 串联组成；也可以用导纳 Y 等效，如图 6-27（c）所示，它由电导 G 和电纳 B 并联组成。

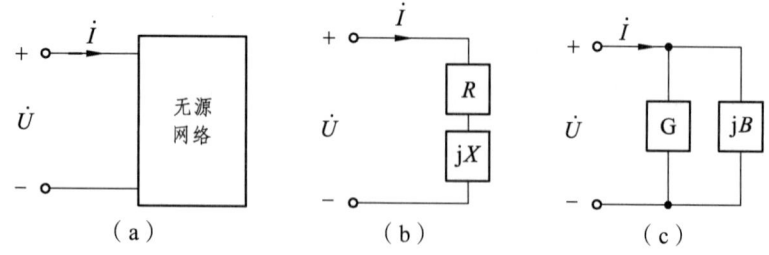

图 6-27 导纳、阻抗转换电路

需要指出，若将阻抗转换为导纳，由式（6-39）得

$$Y = \frac{1}{Z} = \frac{1}{R+\mathrm{j}X} = \frac{R}{R^2+X^2} + \mathrm{j}\frac{-X}{R^2+X^2} = G + \mathrm{j}B$$

即
$$G = \frac{R}{R_2 + X_2}$$
$$B = \frac{-X}{R_2 + X_2}$$
（6-49）

同样地，若将导纳转换为阻抗，有

$$Z = \frac{1}{Y} = \frac{1}{G + jB} = \frac{G}{G^2 + B^2} + j\frac{-B}{G^2 + B^2} = R + jX$$

即
$$R = \frac{G}{G_2 + B_2}$$
$$X = \frac{-B}{G_2 + B_2}$$
（6-50）

由式（6-49）和（6-50）可知，一般情况下，阻抗中电阻的倒数不等于导纳中的电导；阻抗中电抗的倒数不等于导纳中的电纳，反之亦然。

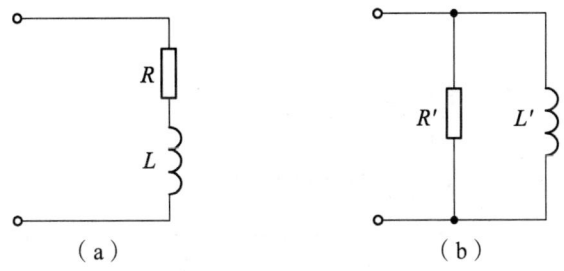

图 6-28 例 6-15 图

例 6-15 RL 串联电路如图 6-28（a）所示，已知电阻 $R = 80\ \Omega$，电感 $L = 0.06$ mH。若要求在 $\omega = 10^6$ rad/s 时，把它等效成 $R'L'$ 并联电路，如图 6-28（b）所示。试求 R' 和 L' 的大小。

解 首先计算 RL 串联电路的阻抗

$$X_L = \omega L = 10^6 \times 0.06 \times 10^{-3} = 60\ \Omega$$

$$Z = R + jX_L = 80 + j60 = 100\angle 36.9°\ \Omega$$

该电路的导纳为

$$Y = \frac{1}{Z} = \frac{1}{100\angle 36.9°} = 0.01\angle -36.9° = (0.008 - j0.006)\ \text{S}$$

即　　$G' = 0.008$ S　　$B'_L = 0.006$ S

故　　$R' = \dfrac{1}{G'} = 125\ \Omega$　　$L' = \dfrac{1}{\omega B'_L} = 167\ \mu\text{H}$

例 6-16 电路如图 6-29（a）所示，已知电阻 $R = 3\ \Omega$，电感 $L = 4\ \text{mH}$，电容 $C = 125\ \mu\text{F}$。试求当 $\omega_1 = 1\ 000\ \text{rad/s}$ 及 $\omega_2 = 2\ 000\ \text{rad/s}$ 时电路的等效相量模型。

解： 相量电路图如图 6-33（b）所示。

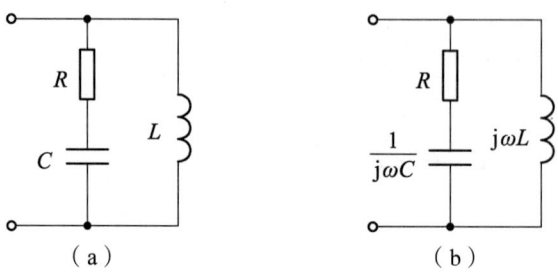

图 6-29 例 6-16 图

$$Z(j\omega) = \frac{\left(R + \dfrac{1}{j\omega C}\right)j\omega L}{R + \dfrac{1}{j\omega C} + j\omega L}$$

当 $\omega_1 = 1\ 000\ \text{rad/s}$ 时

$$Z(j\omega_1) = \frac{(3-j8)j4}{3-j8+j4} = \frac{32+j12}{3-j4}$$
$$= 6.84\angle 73.7° = 1.92 + j6.57\ \Omega$$

由上式可得，该电路在 $\omega_1 = 1\ 000\ \text{rad/s}$ 时串联形式的等效相量模型，如图 6-30（a）所示。由于阻抗的虚部大于零，所以电抗为感抗，与此对应的电路模型如图 6-30（b）所示。

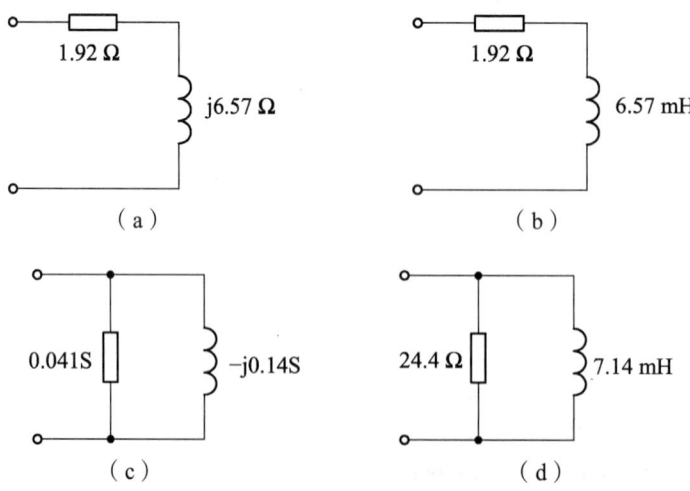

图 6-30 电路在 $\omega_1 = 1\ 000\ \text{rad/s}$ 时等效相量模型及等效电路

当 $\omega_1 = 1000$ rad/s 时等效导纳为

$$Y(j\omega_1) = \frac{1}{Z(j\omega_1)} = \frac{1}{6.84\angle 73.7°}$$
$$= 0.146\angle -73.7° = 0.041 - j0.14 \text{ S}$$

由此可得，该电路在 $\omega_1 = 1\,000$ rad/s 时并联形式的等效相量模型，如图 6-30（c）所示，与此对应的电路模型如图 6-30（d）所示。

当 $\omega_2 = 2\,000$ rad/s 时

$$Z(j\omega_2) = \frac{(3-j4)j8}{3-j4+j8} = \frac{32+j24}{3+j4}$$
$$= 8\angle -16.2° = 7.68 - j2.23 \text{ Ω}$$

由于阻抗的虚部小于零，所以电抗为容抗，该电路在 $\omega_2 = 2\,000$ rad/s 时串联形式的等效相量模型，如图 6-31（a）所示。

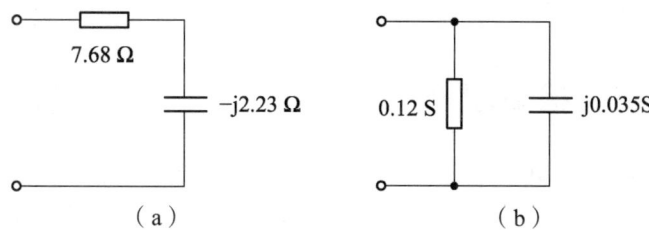

图 6-31　电路在 $\omega_2 = 2\,000$ rad/s 时等效相量模型及等效电路

当 $\omega_2 = 2\,000$ rad/s 时等效导纳为

$$Y(j\omega_2) = \frac{1}{Z(j\omega_2)} = \frac{1}{8\angle -16.2°}$$
$$= 0.125\angle 16.2° = 0.12 + j0.035 \text{ S}$$

该电路在 $\Omega_2 = 2000$ rad/s 时并联形式的等效相量模型，如图 6-31（b）所示。

例 6-17　某一正弦稳态电路的相量电路模型如图 6-32 所示，已知 $R_1 = 2.16$ Ω，$R_2 = 6$ Ω，$X_L = 10.88$ Ω，电容 $X_C = 8$ Ω，$U_s = 100$ V。试求各支路电流相量。

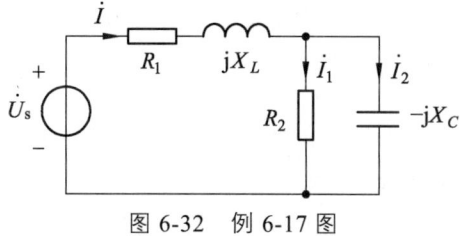

图 6-32　例 6-17 图

解：该电路从电源两端看进去的输入阻抗为

$$Z = (R_1 + jX_L) + \frac{-jX_C R_2}{-jX_C + R_2}$$

$$= (2.16 + j10.88) + \frac{-j8 \times 6}{-j8 + 6}$$

$$= 6 + j8 = 10\angle 53.1° \ \Omega$$

根据欧姆定律的相量形式，电流为

$$\dot{I} = \frac{\dot{U}_s}{Z} = \frac{100\angle 0°}{10\angle 53.1°} = 10\angle -53.1° \ \text{A}$$

利用分流公式可得

$$\dot{I}_1 = \frac{-jX_C}{-jX_C + R_2}\dot{I} = \frac{-j8}{6-j8}\times 10\angle -53.1° = -j8 \ \text{A}$$

$$\dot{I}_2 = \frac{R_2}{-jX_C + R_2}\dot{I} = \frac{6}{6-j8}\times 10\angle -53.1° = 6 \ \text{A}$$

6.3.4 电路的相量图

在分析阻抗（导纳）串、并联电路时，可以利用相关的电压和电流相量在复平面上组成的电路的相量图。相量图可以直观地显示各相关量之间的关系，并用来辅助电路的分析计算。在相量图上，除了按比例反映各相量的模（有效值）以外，最重要的是相对地确定各相量在图上的位置，然后根据相量图的几何关系来求解电路。

例 6-18 电路如图 6-33 所示，已知 $U_R = 80$ V，$U_L = 30$ V，$U_C = 90$ V，求 U_s。

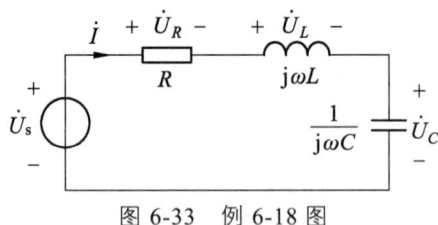

图 6-33 例 6-18 图

解：用相量图求解。串联电路选取电流作为参考相量，即

$$\dot{I} = I\angle 0° \ \text{A}$$

则电阻电压 $\dot{U}_R$ 与电流 $\dot{I}$ 同相位，电感电压 $\dot{U}_L$ 超前电流 $\dot{I}$ 90°，电容电压 $\dot{U}_C$ 滞后电流 $\dot{I}$ 90°。

根据 KVL，$\dot{U}_s = \dot{U}_R + \dot{U}_L + \dot{U}_C$，即可画出电压电流相量关系如图 6-34 所示。

$$U_s = \sqrt{U_R^2 + (U_C - U_L)^2} = \sqrt{80^2 + (90-30)^2} = 100 \ \text{V}$$

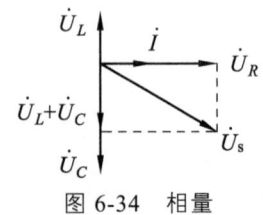

图 6-34 相量

例 6-19 电路如图 6-35（a）所示，已知 $I = 2.2$ A，$I_1 = 1.6$ A，$I_2 = 1$ A，$\dot{U} = U\angle 0°$，求 $\dot{I}_1$、R_1、$j\omega L$。

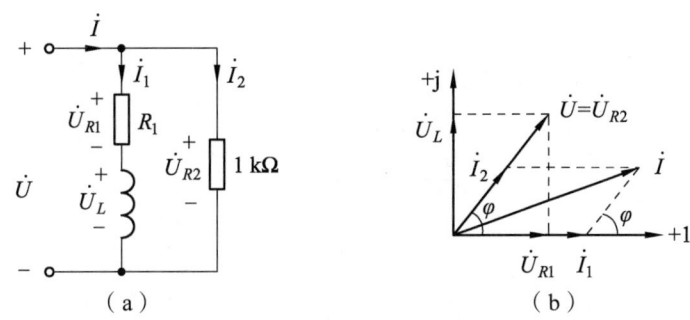

图 6-35　例 6-19 图

解：用相量图求解。

（1）选参考相量。因为电路既有串联又有并联，为方便分析，先选取 $\dot{I}_1$ 为参考相量。

（2）定性地划出相量图。由于电阻电压与电流同相位，电感电压超前电流 90°，所以 $\dot{U}_{R1}$ 与 $\dot{I}_1$ 同相，$\dot{U}_L$ 超前 $\dot{I}_1$ 的角度为 90°，再根据 KVL，由相量的几何关系可画出端口电压相量 $\dot{U}$。1 kΩ电阻两端电压相量 $\dot{U}_{R2}$ 和端口电压相量 $\dot{U}$ 相同，因此，$\dot{I}_2$ 和 $\dot{U}$ 同相，最后根据 KCL，由相量的几何关系可画出端口电流 $\dot{I}$。定性画出的相量如图 6-35（b）所示。

由于实际上 $\dot{U} = U\angle 0°$，而 $\dot{I}_2$ 和 $\dot{U}$ 同相，所以 $\dot{I}_2 = 1\angle 0°$ A。

（3）由相量图的几何关系，根据余弦定理可得

$$I^2 = I_1^2 + I_2^2 - 2I_1I_2\cos(180° - \varphi)$$

由上式可解得

$$\varphi = 66.4°$$

$$\dot{I}_1 = 1.6\angle -66.4° \text{ A}$$

又 $\dot{U} = R_2\dot{I}_2$

$$R_1 + j\omega L = \frac{\dot{U}}{\dot{I}_1} = \frac{R_2\dot{I}_2}{\dot{I}_1} = \frac{1000}{1.6\angle -66.4°} = 625\angle 66.4° = 250 + j572 \text{ (Ω)}$$

$$R_1 = 250 \text{ Ω} \qquad j\omega L = j572 \text{ Ω}$$

6.4　正弦稳态电路计算

前面讨论了 KCL、KVL 和欧姆定律的相量形式。在分析正弦稳态电路时，若电流、电压用相量表示，R、L、C 元件用阻抗或导纳表示，即电路用相量模型表示，那么分析

直流电路的网孔法、结点法、电源等效变换等都适用于分析电路的相量模型。下面通过例题说明这些计算方法。

1. 网孔法

例 6-20 电路的相量模型如图 6-36 所示，求电流 $\dot{I}_1$ 和 $\dot{I}_2$。

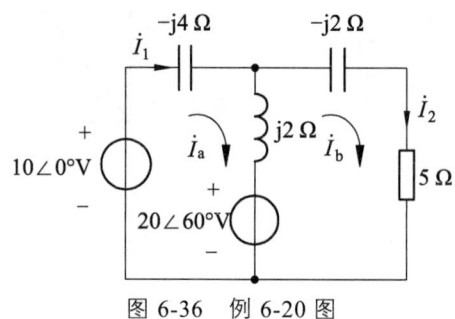

图 6-36　例 6-20 图

解：设网孔电流 $\dot{I}_a$ 和 $\dot{I}_b$ 如图 6-36 所示。

网孔 1　　$(-j4+j2)\dot{I}_a - j2\dot{I}_b = 10 - 20\angle 60°$

网孔 2　　$-j2\dot{I}_a + (5+j2-j2)\dot{I}_b = 20\angle 60°$

整理得　　$-j2\dot{I}_a - j2\dot{I}_b = 10 - 20\angle 60°$　　　　　　　　　　　　　（1）

$-j2\dot{I}_a + 5\dot{I}_b = 20\angle 60°$　　　　　　　　　　　　　　　　　　（2）

由式（1）减去式（2），得

$(-5-j2)\dot{I}_b = 10 - 40\angle 60°$

解得　　$\dot{I}_b = \dfrac{10 - 40\angle 60°}{-5-j2} = 6.69\angle 52.1°$（A）

将 $\dot{I}_b$ 代入式（2），得

$\dot{I}_a = \dfrac{20\angle 60° - 5\times 6.69\angle 52.1°}{-j2} = 6.95\angle -49.28°$（A）

故　　$\dot{I}_1 = \dot{I}_a = 6.95\angle -49.28°$（A）

$\dot{I}_2 = \dot{I}_b = 6.69\angle 52.1°$（A）

2. 结点法

例 6-21 电路的相量模型如图 6-37 所示，求结点电压相量。

解：由图可知　　$\dot{U}_1 = \dot{U}_s = 3\angle 0°$ V

因此，只需列写结点②和结点③的方程，即

第6章 正弦稳态电路的分析

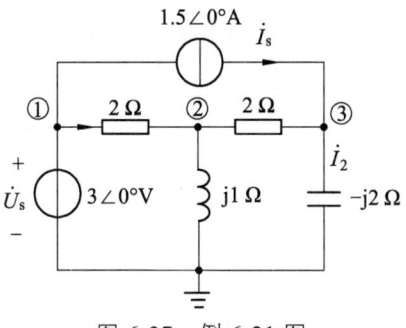

图 6-37 例 6-21 图

结点② $\quad -\dfrac{1}{2}\dot{U}_1 + \left(\dfrac{1}{2} + \dfrac{1}{j1} + \dfrac{1}{2}\right)\dot{U}_2 - \dfrac{1}{2}\dot{U}_3 = 0$

结点③ $\quad -\dfrac{1}{2}\dot{U}_2 + \left(\dfrac{1}{2} + \dfrac{1}{-j2}\right)\dot{U}_3 = 1.5\angle 0°$

将 $\dot{U}_1 = \dot{U}_s = 3\angle 0°\,\text{V}$，代入上式，并稍加整理得

$$2(1-j1)\dot{U}_2 - \dot{U}_3 = 3$$

$$-2\dot{U}_2 + (1+j1)\dot{U}_3 = 3$$

故联立求解得

$$\dot{U}_2 = 2 + j1 = 2.24\angle 26.6°\ (\text{V})$$

$$\dot{U}_3 = 3 - j2 = 3.6\angle -33.7°\ (\text{V})$$

3. 戴维宁等效电路

例 6-22 电路的相量模型如图 6-38（a）所示，求电路的戴维宁等效电路。

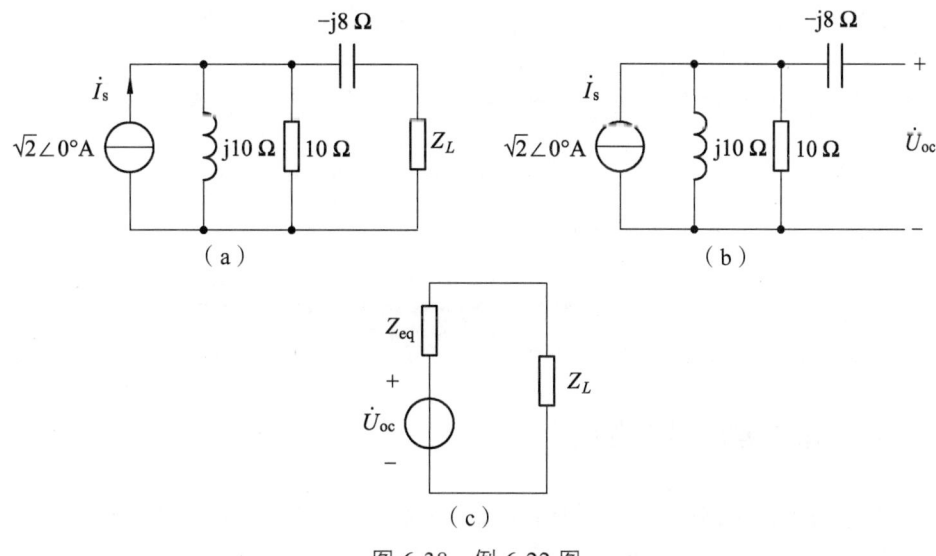

图 6-38 例 6-22 图

解：将负载 Z_L 断开，电路如图 6-38（b）所示。电阻与电感并联的阻抗为

$$Z_{RL} = \frac{10 \times j10}{10 + j10} = 5\sqrt{2} \angle 45° = 5 + j5 \ \Omega$$

等效阻抗

$$Z_{eq} = Z_{RL} - j8 = 5 - j3 \ \Omega$$

开路电压

$$\dot{U}_{oc} = Z_{RL} \dot{I}_s = 5\sqrt{2} \angle 45° \times \sqrt{2} \angle 0° = 10 \angle 45° \ V$$

画出戴维宁等效电路如图 6-38（c）所示。

例 6-23 电路的相量模型如图 6-39 所示，$R = 3 \ \Omega$，$X_L = 3 \ \Omega$，$X_C = 4 \ \Omega$，电容电压的有效值 $U_C = 20 \ V$，求电流有效值 I。

解 设电容电压 $\dot{U}_C$ 为参考相量，即 $\dot{U}_C = 20 \angle 0° \ V$

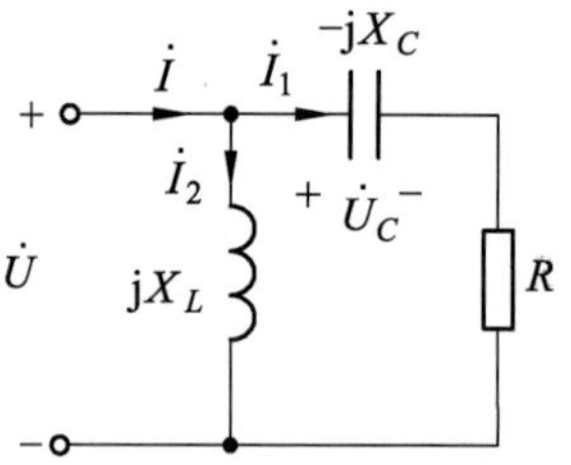

图 6-39 例 6-23 图

电压相量 $\dot{I}_1$ 为

$$\dot{I}_1 = \frac{\dot{U}_C}{-jX_C} = \frac{20}{-j4} = -j5 \ A$$

令

$$Z_1 = R - jX_C = 3 - j4 = 5 \angle -53.1° \ \Omega$$

电压相量 $\dot{U}$ 为

$$\dot{U} = Z_1 \dot{I}_1 = 25 \angle 36.9° \ V$$

电感支路的电流相量为

$$\dot{I}_2 = \frac{\dot{U}}{jX_L} = 6.25 \angle -53.1° = 3.75 - j5 \ A$$

由 KCL 得

$$\dot{I} = \dot{I}_1 + \dot{I}_2 = j5 + 3.75 - j5 = 3.75 \angle 0° \ A$$

故

$$I = 3.75 \ A$$

6.5 正弦稳态电路的功率

6.5.1 元件的平均功率

在正弦稳态下，电路中的功率如何变化？这是人们常常关心的问题。一个元件或二端电路的瞬时功率我们可以用 $p = ui$ 计算出来，但是在工程实际应用中，希望能计算或测

量正弦交流电路功率，找到电路性质与某些功率相关参数的关系。本节从基本元件 R、L、C 入手，建立平均功率的概念。

1. 电阻 R 的平均功率

在交流电路中，电流和电压都是随时间而变化的，所以功率也是随时间变化的。电阻 R 在任意瞬时吸收的功率称为瞬时功率，电路如图 6-40（a）所示。

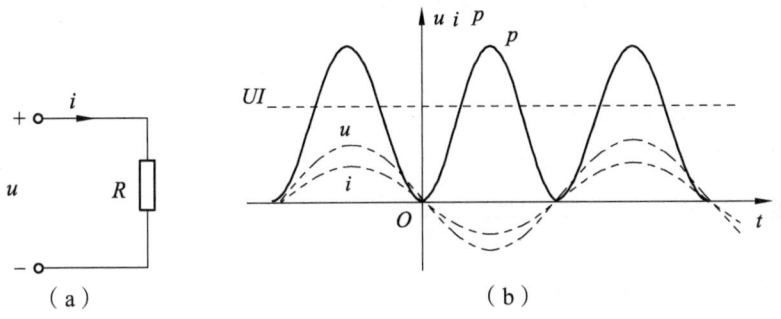

图 6-40 电阻元件 $p(t)$ 波形

电阻 R 两端的电压与通过的电流采用关联参考方向。设电压 $u(t)$ 为

$$u(t) = \sqrt{2}U\cos(\omega t + \theta)$$

则

$$i(t) = \frac{u(t)}{R} = \sqrt{2}I\cos(\omega t + \theta)$$

根据定义，电阻 R 的瞬时功率为

$$\begin{aligned}p(t) &= u(t)i(t) = 2UI\cos^2(\omega t + \theta) \\ &= UI[1+\cos 2(\omega t + \theta)] \\ &= UI + UI\cos 2(\omega t + \theta)\end{aligned} \quad (6\text{-}51)$$

上式的第一项为常数项；第二项是角频率为 2ω 的正弦量，也就是说，电流或电压变化一个周期，瞬时功率已经变化了两个周期。u、i 和 p 的波形如图 6-40（b）所示。

由于电阻元件的电压与电流同相，当 u 增加时，i 也增加，$p(t)=ui$ 也随之增加。当 $u<0$，$i<0$，而 $p(t)=ui>0$。因此，虽然瞬时功率随时间是变化的，但始终满足 $p(t) \geq 0$，即电阻始终是消耗功率的。

瞬时功率在一周期内的平均值，称为平均功率，又叫作有功功率，用 P 表示，电阻的平均功率为

$$P = \frac{1}{T}\int_0^T p(t)\mathrm{d}t \quad (6\text{-}52)$$

把式（6-51）代入上式，得电阻的平均功率为

$$P = UI = \frac{U^2}{R} = RI^2 \tag{6-53}$$

或 $P = UI = GU^2$

通常，我们所说的功率都是指平均功率。例如，60 W 灯泡是指灯泡的平均功率为 60 W。

例 6-24 施加于 10Ω 电阻两端的电压为 $u = 10\cos(100\pi t + 30°)$ V，求电阻吸收的平均功率。

解： $U = \dfrac{U_m}{\sqrt{2}} = \dfrac{10}{\sqrt{2}} = 5\sqrt{2}$ V

由式（6-53）可得 $P = \dfrac{U^2}{R} = \dfrac{(5\sqrt{2})^2}{10} = 5$ W

2. 电感 L 的平均功率

如图 6-41（a）所示，设电感 L 在任意时刻两端的电压与通过的电流采用关联参考方向，且电压 $u(t)$ 为

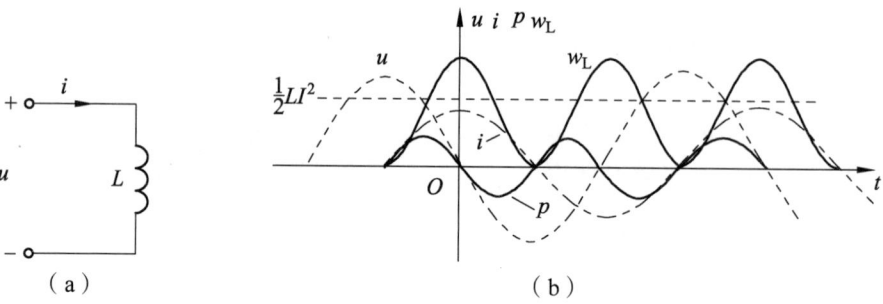

图 6-41　电感元件 $p(t)$ 波形

$$u(t) = \sqrt{2}U\cos(\omega t + \theta_u)$$

电感电流滞后电压 90°，即

$$i(t) = \sqrt{2}I\cos(\omega t + \theta_u - 90°) = \sqrt{2}I\sin(\omega t + \theta_u)$$

根据定义，电感 L 的瞬时功率为

$$\begin{aligned}p(t) &= u(t)i(t) = 2UI\cos(\omega t + \theta_u)\sin(\omega t + \theta_u) \\ &= UI\sin 2(\omega t + \theta_u)\end{aligned} \tag{6-54}$$

上式表明，电感瞬时功率是角频率为 2ω 的正弦量，也就是说，电流或电压变化一个周期，瞬时功率已经变化了两个周期。u、i、$p(t)$ 和 $w_L(t)$ 的波形如图 6-41（b）所示。由图中 $p(t)$ 波形可知，电感是不消耗能量的，它只是与外电路或电源进行能量

交换，故电感平均功率等于零。把式（6-54）的电感功率瞬时表达式代入式（6-52）得

$$P = \frac{1}{T}\int_0^T p(t)\mathrm{d}t = 0 \qquad (6\text{-}55)$$

电感在任意时刻的储能为

$$w_L(t) = \frac{1}{2}Li^2 = LI^2\sin^2(\omega t + \theta_u)$$

利用三角公式 $\sin^2 x = \frac{1}{2}(1-\cos 2x)$，上式可改写为

$$w_L(t) = \frac{1}{2}LI^2 - \frac{1}{2}LI^2\cos 2(\omega t + \theta_u) \qquad (6\text{-}56)$$

电感的平均储能为

$$W_{Lav} = \frac{1}{T}\int_0^T w_L(t)\mathrm{d}t = \frac{1}{2}LI^2 \qquad (6\text{-}57)$$

3. 电容 C 的平均功率

如图 6-42（a）所示，设电容 C 在任意时刻两端的电压与通过的电流采用关联参考方向，且电压 $u(t)$ 为

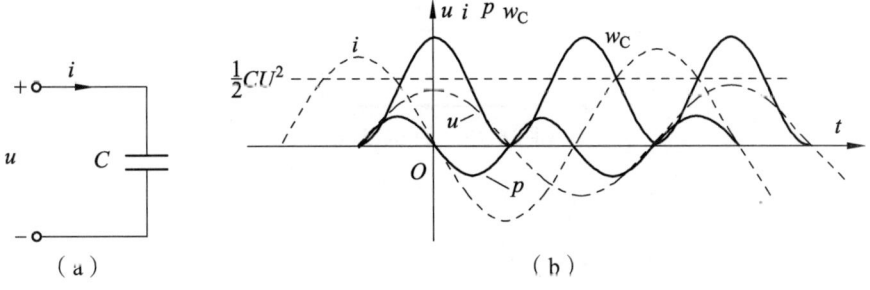

图 6-42　电容元件 $p(t)$ 波形

$$u(t) = \sqrt{2}U\cos(\omega t + \theta_u)$$

电容电流超前电压 90°，即

$$i(t) = \sqrt{2}I\cos(\omega t + \theta_u + 90°) = -\sqrt{2}I\sin(\omega t + \theta_u)$$

根据定义，电容 C 的瞬时功率为

$$p(t) = u(t)i(t) = -2UI\cos(\omega t + \theta_u)\sin(\omega t + \theta_u) = -UI\sin 2(\omega t + \theta_u) \qquad (6\text{-}58)$$

电路分析基础

上式表明，电容瞬时功率是角频率为 2ω 的正弦量，电流或电压变化一个周期，瞬时功率则变化两个周期。u、i、$p(t)$ 和 $w_C(t)$ 的波形如图 6-42（b）所示。由图中 p 波形可知，电容是不消耗能量的，它只是与外电路或电源进行能量交换，故电容平均功率等于零。把式（6-58）的电容功率瞬时表达式代入式（6-52）得

$$P = \frac{1}{T}\int_0^T p(t)\mathrm{d}t = 0 \tag{6-59}$$

电容在任意时刻的储能为

$$w_C(t) = \frac{1}{2}Cu^2 = CU^2\cos^2(\omega t + \theta_u) = \frac{1}{2}CU^2 + \frac{1}{2}CU^2\cos 2(\omega t + \theta_u) \tag{6-60}$$

电容的平均储能为

$$W_{Cav} = \frac{1}{T}\int_0^T w_C(t)dt = \frac{1}{2}CU^2 \tag{6-61}$$

例 6-25 电路的相量电路模型如图 6-43 所示。电感 $L = 1$ H，电容 $C = 0.02$ F，正弦信号源且 $i_C(t) = \sqrt{2}\cos(5t + 90°)$ A，电路消耗的功率 $P = 10$ W，求电阻 R 和电压 u_L。

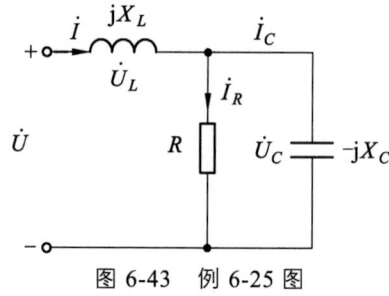

图 6-43 例 6-25 图

解 首先计算 X_L 和 X_C

$$X_L = \omega L = 5 \times 1 = 5\ \Omega$$

$$X_C = \frac{1}{\omega C} = \frac{1}{5 \times 0.02} = 10\ \Omega$$

其中 $\dot{I}_C = 1\angle 90°$ A，由图可知 $\dot{U}_C = -jX_C\dot{I}_C = -j10 \times j1 = 10\angle 0°$ （V）

电阻消耗的功率

$$P = RI_R^2 = \frac{U_C^2}{R}$$

$$R = \frac{U_C^2}{P} = \frac{100}{10} = 10\ （\Omega）$$

通过电阻的电流相量为

$$\dot{I}_R = \frac{\dot{U}_C}{R} = \frac{10\angle 0°}{10} = 1\angle 0°\ (\text{A})$$

根据 KCL 得

$$\dot{I} = \dot{I}_R + \dot{I}_C = 1 + \text{j}1 = \sqrt{2}\angle 45°\ (\text{A})$$

电感电压相量为

$$\dot{U}_L = \text{j}X_L\dot{I} = \text{j}5\times\sqrt{2}\angle 45° = 5\sqrt{2}\angle 135°\ (\text{V})$$

故得 $u_L(t) = 10\cos(5t + 135°)$ （V）

例 6-26 电路如图 6-44 所示，已知 $u_s(t) = 10\sqrt{2}\cos 5t$ V，求电阻 R_1、R_2 消耗的功率和电感 L、电容 C 的平均储能。

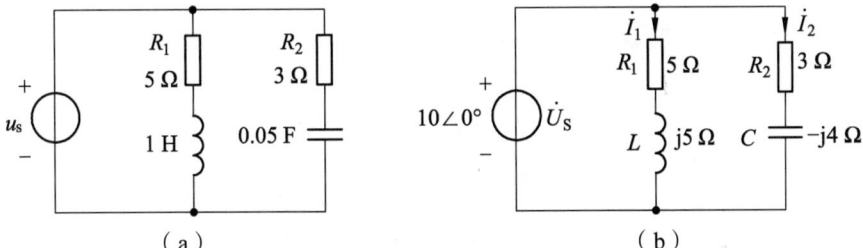

图 6-44 例 6-26 图

解：首先作出图 6-44（a）电路的相量电路模型，如图 6-44（b）所示。

$$\dot{I}_1 = \frac{\dot{U}_s}{R_1 + \text{j}X_L} = \frac{10\angle 0°}{5 + \text{j}5} = \sqrt{2}\angle -45°\ (\text{A})$$

$$\dot{I}_2 = \frac{\dot{U}_s}{R_2 - \text{j}X_C} = \frac{10\angle 0°}{3 - \text{j}4} = 2\angle 53.1°\ (\text{A})$$

$$\dot{U}_C = -\text{j}X_C\dot{I}_2 = -\text{j}4\times 2\angle 53.1° = 8\angle -36.9°\ (\text{V})$$

电阻上的功率为

$$P_1 = R_1 I_1^2 = \left(\sqrt{2}\right)^2 \times 5 = 10\ (\text{W})$$

$$P_2 = R_2 I_2^2 = 2^2 \times 3 = 12\ (\text{W})$$

电容与电感的平均储能为

$$W_{Cav} = \frac{1}{2}CU_C^2 = \frac{1}{2}\times 0.05\times 8^2 = 1.6\ (\text{J})$$

$$W_{Lav} = \frac{1}{2}LI_1^2 = \frac{1}{2}\times 1\times 2 = 1\ (\text{J})$$

6.5.2 二端电路的平均功率

图 6-45（a）所示为二端电路 N，其端口电压 u（t）与端口电流 i（t）采用关联参考方向。现在讨论在正弦稳态情况下，二端电路 N 的功率。设端口电压为

$$u(t) = \sqrt{2}U\cos(\omega t + \theta_u)$$

电流 i 是相同频率的正弦量，为

$$i(t) = \sqrt{2}I\cos(\omega t + \theta_i)$$

则二端电路的瞬时功率为

$$p(t) = u(t)i(t) = 2UI\cos(\omega t + \theta_u)\cos(\omega t + \theta_i)$$
$$= UI\cos(\theta_u - \theta_i) + UI\cos(2\omega t + \theta_u + \theta_i) \tag{6-62}$$

画出 u、i 和 p（t）的波形如图 6-45（b）所示。

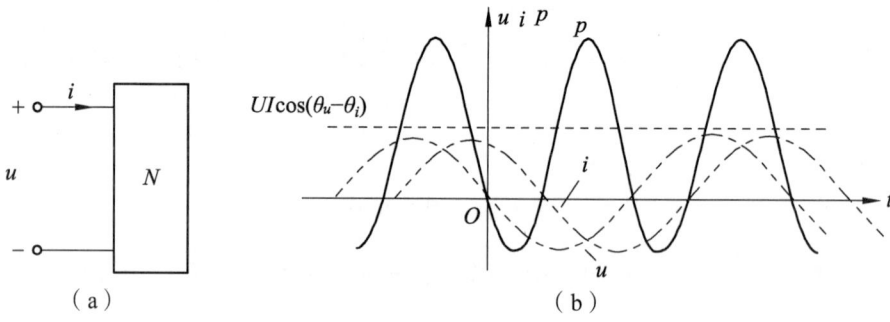

图 6-45 二端电路的 p(t) 波形

从图中可以看出，当 u > 0，i > 0 或 u < 0，i < 0 时，p(t) > 0，在此期间二端电路吸收功率；当 u > 0，i < 0 或 u < 0，i > 0 时，p(t) < 0，在此期间二端电路发出功率。

二端电路的平均功率为

$$P = \frac{1}{T}\int_0^T p(t)\mathrm{d}t = UI\cos(\theta_u - \theta_i) \tag{6-63}$$

由上式可知，在正弦稳态情况下，平均功率不仅与电压、电流的有效值有关，而且与电压、电流的相位差 $(\theta_u - \theta_i)$ 的余弦有关。

如果电路 N 中不含独立源，在正弦稳态情况下，无源二端电路 N 可以等效成阻抗 Z，如图 6-46 所示。此时，电压与电流的相位差等于阻抗角，即

$$\varphi_Z = (\theta_u - \theta_i)$$

式（6-63）可以改写成

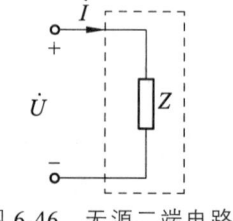

图 6-46 无源二端电路

$$P = UI\cos\varphi_Z \quad (6\text{-}64)$$

式中，$\cos\varphi_Z$ 称为功率因数，用 λ 表示，故阻抗角 φ_Z 也称为功率因数角。

$$\lambda = \cos\varphi_Z$$

当电路 N 为电阻时，$\varphi_Z = 0$，$\cos\varphi_Z = 1$，$P = UI$；当电路 N 为电感或电容时，$\varphi_Z = \pm 90°$，$\cos\varphi_Z = 0$，$P = 0$。因此，前面讨论的 R、L、C 元件的功率可以看成是阻抗功率的特殊情况。

我们把 UI 称为视在功率，用 S 表示，即

$$S = UI \quad (6\text{-}65)$$

视在功率的单位为伏·安（V·A）。

有了平均功率，为什么还要再定义一个视在功率呢？任何电器设备出厂时，都规定了额定电压和额定电流，即电器设备正常工作时的电压和电流，因而视在功率也有一个额定值。对于电阻性电器设备，例如灯泡、电烙铁等，功率因数等于 1，视在功率与平均功率在数值上相等。因此额定功率以平均功率的形式给出，如 60 W 灯泡，25 W 电烙铁等。但对于发电机、变压器这类电器设备，其功率因数 $\cos\varphi_Z$ 取决于负载，因此，只能给出其额定的视在功率，而不能给出平均功率的额定值。例如，某发电机输出的额定视在功率 $S = 5\,000$ VA。若负载为纯电阻，$\cos\varphi_Z = 1$，那么发电机能输出的功率为 5 000 W；若负载为电动机，假设 $\cos\varphi_Z = 0.85$，那么发电机只能输出 $5\,000 \times 0.85 = 4250$ W 功率。因此，从充分利用设备的观点看，应当尽量提高功率因数。

6.5.3 无功功率

二端电路 N 的无功功率定义为

$$Q = UI\sin(\theta_u - \theta_i) \quad (6\text{-}66)$$

其单位为乏（var）。

设二端电路的端口电压与电流的相量图如图 6-47 所示。电流相量 $\dot{I}$ 分解为两个分量：一个与电压相量 $\dot{U}$ 同相的分量 $\dot{I}_x$，另一个与 $\dot{U}$ 正交的分量 $\dot{I}_y$。它们的值分别为

$$I_x = I\cos(\theta_u - \theta_i)$$

$$I_y = I\sin(\theta_u - \theta_i)$$

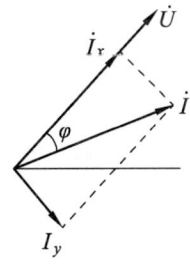

图 6-47　电压、电流相量（$\varphi = \theta_u - \theta_i$）

二端电路的有功功率看作是由电流 $\dot{I}_x$ 与电压 $\dot{U}$ 所产生的，即

$$P = UI_x = UI\cos(\theta_u - \theta_i) = UI\cos\varphi$$

无功功率看作是由电流 $\dot{I}_y$ 与电压 $\dot{U}$ 产生的，即

$$Q = UI_y = UI\sin(\theta_u - \theta_i) = UI\sin\varphi$$

也就是说，电压相量 $\dot{U}$ 与电流相量的正交分量 $\dot{I}_y$ 的乘积不表示能量的损耗，它仅表示二端电路与外电路或电源进行能量交换的幅度。

当二端电路不含独立源时，$\varphi_Z = \theta_u - \theta_i$，式（6-66）可写为

$$Q = UI\sin\varphi_Z \tag{6-67}$$

当电路 N 是纯电阻时，$\varphi_Z = 0$，$Q_R = 0$；当电路 N 是电感时，$\varphi_Z = 90°$，$Q_R = UI$；当电路 N 是电容时，$\varphi_Z = -90°$，$Q_R = -UI$。

当电路 N 是阻抗 $Z = R + jX$ 时，其平均功率 P 为

$$P = UI\cos\varphi_Z = |Z|I^2\cos\varphi_Z = RI^2$$

即二端电路的平均功率等于该二端电路等效阻抗的电阻分量所消耗的功率。

其无功功率 Q 为

$$Q = UI\sin\varphi_Z = |Z|I^2\sin\varphi_Z = XI^2$$

即二端电路的无功功率等于该二端电路等效阻抗的电抗分量的无功功率。

二端电路的平均功率 P、无功功率 Q、视在功率 S 之间的关系为

$$P = UI\cos\varphi_Z = S\cos\varphi_Z$$
$$Q = UI\sin\varphi_Z = S\sin\varphi_Z$$
$$S = \sqrt{P^2 + Q^2}$$

P、Q、S 三者之间的关系可用功率三角形来描述，如图 6-48 所示。

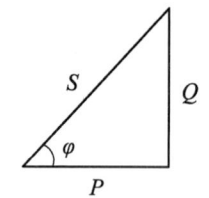

图 6-48　功率三角形

二端电路的平均功率和无功功率还可以用功率守恒来计算。即

$$P = U_s I\cos\varphi_Z = \sum_{k=1}^{m} P_k \tag{6-68}$$

式中，P_k 为第 k 个元件的平均功率，由于动态元件的平均功率为零，因此，对二端电路 N 来说，其平均功率为

$$P = U_s I\cos\varphi_z = \sum_{k=1}^{m} P_{Rk} \tag{6-69}$$

例 6-27 电路如图 6-49（a）所示，已知 $\dot{U}_s = 15\angle 0°$ V，求该二端电路的平均功率 P、无功功率 Q、视在功率 S、功率因数 λ。

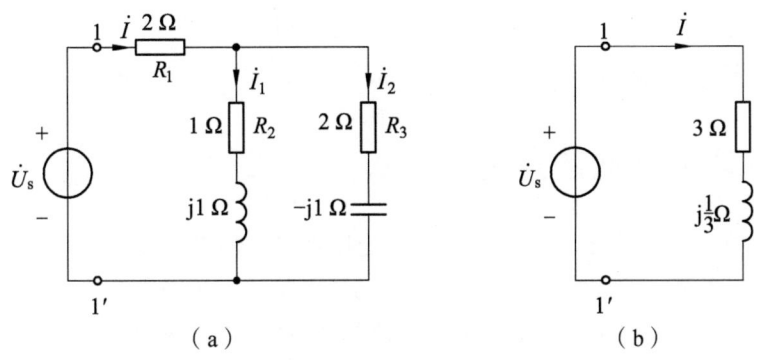

图 6-49　例 6-27 图

解： 先求该二端电路的等效阻抗

$$Z = 2 + \frac{(1+j1)(2-j1)}{1+j1+2-j1} = 3 + j\frac{1}{3} = 3.02\angle 6.34° \ (\Omega)$$

由等效阻抗可得电路的等效相量电路模型如图 6-49（b）所示。

$$\dot{I} = \frac{\dot{U}_s}{Z} = \frac{15\angle 0°}{3.01\angle 6.34°} = 4.97\angle -6.34° \ (A)$$

方法一　由端口电压和电流来计算功率：

$P = U_s I \cos\varphi_Z = 15 \times 4.97 \times \cos 6.34° = 74.1$（W）

$Q = U_s I \sin\varphi_Z = 15 \times 4.97 \times \sin 6.34° = 8.23$（var）

$S = U_s I = 15 \times 4.97 = 74.6$（V·A）

$\lambda = \cos\varphi_Z = \cos 6.34° = 0.994$（滞后）

方法二　由等效电路来计算：

$P = RI^2 = 3 \times 4.97^2 = 74.1$（W）

$Q = XI^2 = \frac{1}{3} 4.97^2 = 8.23$（var）

$S = \sqrt{P^2 + Q^2} = \sqrt{74.1^2 + 8.23^2} = 74.6$（V·A）

$\lambda = \cos\varphi_Z = \cos 6.34° = 0.994$（滞后）

方法三　由功率守恒来计算：

$$\dot{I}_1 = \frac{2-j}{2-j+1+j} \dot{I} = 3.7\angle -32.9° \ (A)$$

$$\dot{I}_2 = \frac{1+\text{j}}{2-\text{j}+1+\text{j}}\dot{I} = 2.34\angle 38.7°\ (\text{A})$$

$$P = P_{R1} + P_{R2} + P_{R3} = R_1 I^2 + R_2 I_1^2 + R_3 I_2^2 = 74.1\ (\text{W})$$

$$Q = Q_L + Q_C = X_L I_1^2 - X_C I_2^2 = 1\times 3.7^2 - 1\times 2.34^2 = 8.23\ (\text{var})$$

6.5.4 功率因数的提高

一台设备在额定容量的情况下，对负载能提供多大的平均功率，取决于负载的功率因数λ的大小。例如，一台容量为 75 kV·A 的发电机，若负载的功率因数为$\lambda=1$，则$P=S=75$ kW。若$\lambda=0.7$，则$P=0.7S=52.5$ kW。可见，负载的功率因数太低，电源设备的容量不能充分利用，有一部分则被无功功率所占而参与能量交换，因此，应设法提高与电源相接的负载的功率因数。

另外，在实际电路中往往负载的平均功率和电源电压是一定的，在这种情况下功率因数越低，则在输电线中的电流$I=P/U\cos\varphi$越大，消耗在输电线上的功率损耗$P=RI^2$也就越大。可见提高功率因数，还可以提高传输效率，有很大的经济意义。

实际大多数用电设备为感性负载，提高功率因数的基本原理可用图 6-50 表示。其基本思想是：在保证负载获得的平均功率不变的情况下，在负载两端并联电容来减小与电源相接的等效二端电路 N 的阻抗角。

由图 6-50 可看出，并联电容后，对电感性负载来说所加的电压没有发生变化，因此其电流、平均功率、无功功率与并联电容之前完全相同，但对电源来说电感性负载和所并电容共同构成了其等效负载，如图虚线框所示。由于电容元件的无功功率为负值，而电感性负载的无功功率为正值，因此，电源等效负载的无功功率为它们的差值，无功功率减小，即功率因数提高。此时，只有两种储能的差值于电源发生能量交换，如果两种储能完全相同，则 N 网络不与电源发生发生能量交换。

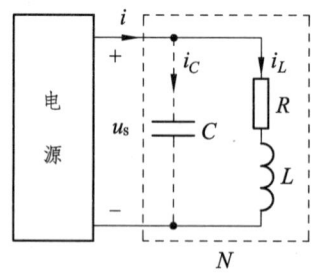

图 6-50 提高功率因数的基本原理

例 6-28 电路如图 6-51（a）所示，已知电动机平均功率$P=10$ kW、功率因数$\lambda=0.6$（滞后），电源电压为 220 V、50 Hz 正弦电压。

（1）求此时电源提供电流的有效值 I 和无功功率 Q。

（2）为使$\lambda=1$，负载两端需要并联多大的电容？

（3）为使 $\lambda = 0.9$（滞后），负载两端需要并联多大的电容？求此时电源提供的电流和无功功率。

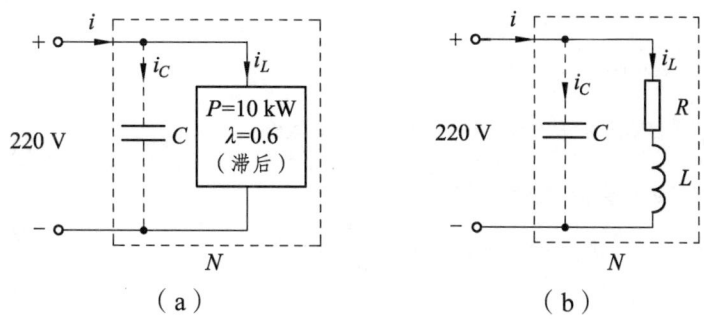

图 6-51　例 6-28 图

解： 等效电路如图 6-51（b）所示。

（1）由 $P = UI\cos\varphi$ 可得

$$I = \frac{P}{U\cos\varphi} = \frac{10 \times 10^3}{220 \times 0.6} = 75.8 \text{（A）}$$

$$Q = UI\sin\varphi = 220 \times 75.8 \times \sqrt{1 - 0.6^2} = 13.3 \text{（kvar）}$$

（2）负载两端并联电容，使之成为电源等效负载的一个部分，此时 $\dot{I}_L$ 不变，负载的 P、Q_L 不变，但因电源等效负载的功率因数 $\lambda = 1$，电源不再提供无功功率，电感吸收无功功率，电容发出无功功率，两者相等。即

$$Q = Q_L + Q_C = 0$$

因此有

$$Q_C = -Q_L = -13.3 \text{（kvar）}$$

又　　　$Q_C = -\omega C U^2$

$$C = -\frac{Q_C}{\omega U^2} = \frac{13.3 \times 10^3}{2\pi \times 50 \times 220^2} = 875 \text{（μF）}$$

此时，电路中电源电压和各电流相量之间的关系如图 6-52（a）所示。

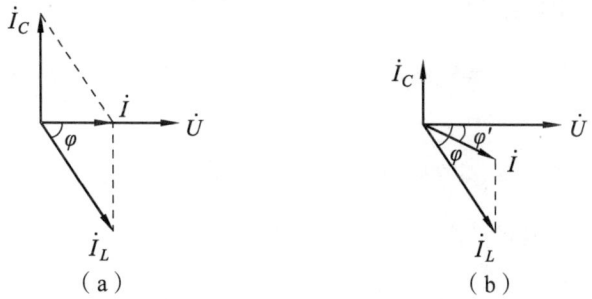

图 6-52　例 6-28 相量图

（3）负载两端并联电容，使功率因数提高到 $\lambda = 0.9$（滞后），此时，两种能量部分在虚线框内的等效负载中进行交换，而他们的差值和电源发生能量交换。

$$I = \frac{P}{U\cos\varphi'} = \frac{10 \times 10^3}{220 \times 0.9} = 50.5 \text{（A）}$$

$$Q = UI\sin\varphi' = 220 \times 50.5 \times \sqrt{1-0.9^2} = 4.84 \text{（kvar）}$$

$$Q = Q_L + Q_C = 4.84 \text{（kvar）}$$

所以有 $Q_C = Q - Q_L = 4840 - 13300 = -8460$（var）

又 $Q_C = -\omega C U^2$

$$C = -\frac{Q_C}{\omega U^2} = \frac{8460}{2\pi \times 50 \times 220^2} = 556.7 \text{（μF）}$$

此时，电路中电源电压和各电流相量之间的关系如图 6-52（b）所示。

比较（2）和（3）的结果可以看出，电路的功率因数由 0.9 提高到 1 所需要增加的电容值是很大的，在实际应用中，考虑各种因素，功率因数通常提高到 0.9 左右。

6.5.5 复功率

工程上为了计算方便，把有功功率作为实部，无功功率作为虚部，组成复功率，用 $\tilde{S}$ 表示，即

$$\tilde{S} = P + jQ \tag{6-70}$$

把 P 和 Q 代入上式，得

$$\begin{aligned}\tilde{S} &= UI\cos(\theta_u - \theta_i) + jUI\sin(\theta_u - \theta_i) \\ &= UI[\cos(\theta_u - \theta_i) + j\sin(\theta_u - \theta_i)] \\ &= Se^{j(\theta_u - \theta_i)}\end{aligned} \tag{6-71}$$

若二端电路 N 不含独立源，$\varphi_Z = \theta_u - \theta_i$，则

$$\tilde{S} = P + jQ = Se^{j\varphi_Z} \tag{6-72}$$

下面讨论复功率 $\tilde{S}$ 与电压相量 $\dot{U}$、电流相量 $\dot{I}$ 之间的关系。

由式（6-71）得

$$\tilde{S} = UIe^{j(\theta_u - \theta_i)} = Ue^{j\theta_u} Ie^{-j\theta_i} \tag{6-73}$$

由于电流相量的共轭相量为

$$\dot{I}^* = Ie^{-j\theta_i}$$

故式（6-73）可表示为

$$\tilde{S} = \dot{U}\dot{I}^* \tag{6-74}$$

因此，若已知电压相量 $\dot{U}$、电流相量的共轭 $\dot{I}^*$，利用式（6-74）可以求得复功率 $\tilde{S}$，其实部为有功功率 P，虚部为无功功率 Q。

6.5.6　正弦稳态电路最大功率传输

图 6-53（a）所示电路为含源一端口 N_s 向负载 Z_L 传输功率，当传输的功率较小（如通信、电子电路中），而不必计较传输效率时，常常要研究使负载获得最大功率（平均功率）的条件。

在本书的第四章中介绍了电阻电路的最大功率传输定理；在本章中分析在正弦稳态情况下，负载阻抗满足什么条件才能从给定电源获得最大功率。

电路化简如图 6-53（b）所示，图中 $\dot{U}_s$ 为电压源相量，其内阻抗 $Z_r = R_r + jX_r$，负载阻抗 $Z_L = R_L + jX_L$。下面讨论在电源和内阻给定条件下，负载 Z_L 获得最大功率的条件。

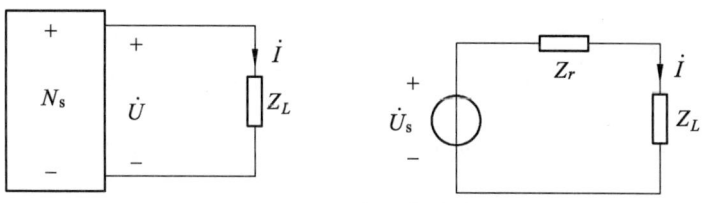

图 6-53　最大功率传输

由图可知，电路中的电流为

$$\dot{I} = \frac{\dot{U}_s}{Z_r + Z_L} = \frac{\dot{U}_s}{(R_r + R_L) + j(X_r + X_L)}$$

电流的有效值为

$$I = \frac{U_s}{\sqrt{(R_r + R_L)^2 + (X_r + X_L)^2}}$$

负载吸收功率

$$P_L = I^2 R_L = \frac{U_s^2 R_L}{(R_r + R_L)^2 + (X_r + X_L)^2}$$

由上式可知，若 R_L 保持不变，只改变 X_L，当 $X_r + X_L = 0$ 时，P_L 可以获得最大值。这时

$$P_L = I^2 R_L = \frac{U_s^2 R_L}{(R_r + R_L)^2}$$

再改变 R_L，使 P_L 获得最大值。为此，可求出 P_L 对 R_L 的导数，并使之为零，即

$$\frac{dP_L}{dR_L} = U_s^2 \frac{(R_r + R_L)^2 - 2R_L(R_r + R_L)}{(R_r + R_L)^4} = 0$$

由上式的

$$(R_r + R_L)^2 - 2R_L(R_r + R_L) = 0$$

解得 $\quad R_L = R_r$

因此，当负载电阻 R_L 和电抗 X_L 均可变时，负载吸收最大功率的条件为

$$\left.\begin{array}{l} X_L = -X_L \\ R_L = R_r \end{array}\right\} \tag{6-75}$$

即 $\quad Z_L = Z_r^*$ $\tag{6-76}$

上式表明，当负载阻抗等于电源内阻抗的共轭复数时，负载能获得最大功率，称为最大功率匹配或共轭匹配。此时最大功率为

$$P_{L\max} = \frac{U_s^2}{4R_r} \tag{6-77}$$

例 6-29 图 6-54（a）电路为正弦稳态电路，求 Z_L 为何值时能得到最大功率，并求最大功率 $P_{\max}$。

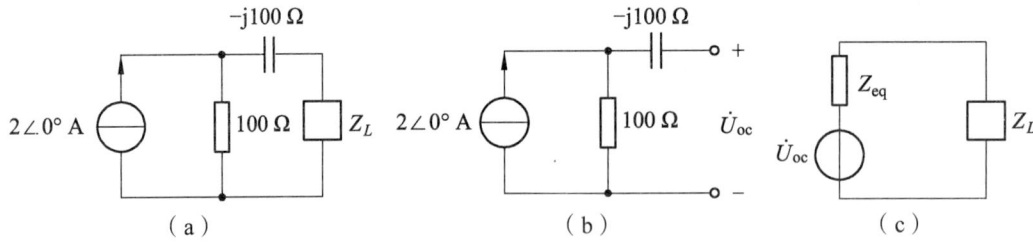

图 6-54 例 6-29 图

解：先求出负载左端电路的戴维宁等效电路。电路如图（b）所示。

$$\dot{U}_{oc} = 100 \times 2\angle 0° = 200\angle 0°\ (V)$$

$$Z_{eq} = 100 - j100 = 100\sqrt{2}\ \angle -45°(\Omega)$$

当 $Z_L = Z_{eq}^* = 100 + j100\Omega$ 时，负载获得最大功率 $P_{\max}$，即

$$P_{\max} = \frac{U_{oc}^2}{4R_{eq}} = 100\ (W)$$

6.6 电路的频率响应

在正弦稳态电路中,响应随频率变化的特性,称为频率响应或频率特性。频率响应一般用网络函数来描述。网络函数表示线性电网络的激励与响应关系的一种函数,也称为系统函数、转移函数、传递函数。

6.6.1 网络函数

由于电路和系统中存在电感和电容,当电路中激励源的频率变化时,电路中的感抗、容抗将跟随频率变化,从而导致电路的工作状态亦跟随频率变化。当频率的变化超出一定范围时,电路将偏离正常的工作范围,并可能导致电路失效,甚至使电路遭到损坏。所以对电路和系统的频率特性的分析就显得格外重要。

电路和系统的工作状态随频率而变化的现象,称为电路和系统的频率特性,又称频率响应。通常是采用单输入(一个激励变量)-单输出(一个输出变量)的方式,在输入变量和输出变量之间建立函数关系,来描述电路的频率特性,这一函数关系就称为电路和系统的网络函数。

电路在单一激励源作用下产生的响应相量($\dot{R}$)与激励相量($\dot{E}$)之比定义为网络函数。网络函数是频率的函数,用 $H(j\omega)$ 表示,即

$$H(j\omega) = \frac{响应用量}{激励相量} = \frac{\dot{R}}{\dot{E}} \tag{6-78}$$

根据响应与激励是否在电路的同一端口,可以将网络函数分为两类:策动点函数和转移函数。当响应与激励在同一端口时,称为策动点函数;当响应和激励分别在不同端口时,称为转移函数。根据响应与激励是电压还是电流,策动点函数还可分为策动点阻抗(即输入阻抗)和策动点导纳(即输入导纳);转移函数又分为转移电压比、转移电流比、转移阻抗和转移导纳。

图 6-55 中,N 为无源网络的相量模型,若以 $\dot{U}_1$、$\dot{I}_1$ 作为激励,$\dot{U}_2$、$\dot{I}_2$ 作为响应,则根据网络函数的定义,可得到策动点函数和转移函数分别如下:

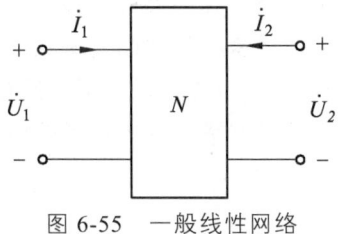

图 6-55 一般线性网络

策动点函数：$H_Z(j\omega) = \dfrac{\dot{U}_1}{\dot{I}_1}$（策动点阻抗），$H_Y(j\omega) = \dfrac{\dot{I}_1}{\dot{U}_1}$（策动点导纳）

转移函数：$H_u(j\omega) = \dfrac{\dot{U}_2}{\dot{U}_1}$（转移电压比），$H_i(j\omega) = \dfrac{\dot{I}_2}{\dot{I}_1}$（转移电流比）

$H_T(j\omega) = \dfrac{\dot{U}_2}{\dot{I}_1}$（转移阻抗），$H_T(j\omega) = \dfrac{\dot{I}_2}{\dot{U}_1}$（转移导纳）

例 6-30 电路如图 6-56 所示，试求其网络函数 $H_1(j\omega) = \dfrac{\dot{U}_R}{\dot{U}_s}$，以及 $H_2(j\omega) = \dfrac{\dot{U}_C}{\dot{U}_s}$。

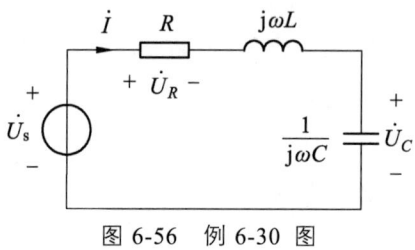

图 6-56　例 6-30 图

解 由图可写出

$$\dot{U}_R = \dfrac{R}{R + j\omega L + \dfrac{1}{j\omega C}} \dot{U}_s$$

$$\dot{U}_C = \dfrac{\dfrac{1}{j\omega C}}{R + j\omega L + \dfrac{1}{j\omega C}} \dot{U}_s$$

所以

$$H_1(j\omega) = \dfrac{\dot{U}_R}{\dot{U}_s} = \dfrac{R}{R + j\omega L + \dfrac{1}{j\omega C}} = \dfrac{j\omega RC}{1 - \omega^2 LC + j\omega RC}$$

$$H_2(j\omega) = \dfrac{\dot{U}_C}{\dot{U}_s} = \dfrac{\dfrac{1}{j\omega C}}{R + j\omega L + \dfrac{1}{j\omega C}} = \dfrac{1}{1 - \omega^2 LC + j\omega RC}$$

可以看出，网络函数取决于电路结构和元件参数，反映了电路的自身特性。而与电源幅值、初相无关。由于网络函数是激励频率的复函数，当激励的频率改变时（即使有效值和初相位保持不变），由于 $\dot{R} = H(j\omega)\dot{E}$，响应也将随频率的改变而变化，而且变化规律与 $H(j\omega)$ 的变化规律一致。因此，网络函数体现了响应与频率的关系，所以网络函数又称为频率响应。

6.6.2 频率响应

网络函数又可写为

$$H(\mathrm{j}\omega) = |H(\mathrm{j}\omega)| \angle \theta(\omega) = \frac{\dot{R}}{\dot{E}} = \frac{R\angle\varphi_R}{E\angle\varphi_E} = \frac{R}{E} \angle \varphi_R - \varphi_E$$

因此可得

$$|H(\mathrm{j}\omega)| = \frac{R}{E} \qquad \theta(\omega) = \varphi_R - \varphi_E \qquad (6\text{-}79)$$

在上式中，$|H(\mathrm{j}\omega)|$ 是 $H(\mathrm{j}\omega)$ 的模，等于响应相量的模与激励相量的模之比，称为幅频响应（或幅频特性）；$\theta(\omega)$ 是 $H(\mathrm{j}\omega)$ 的幅角，它等于响应相量的初相位与激励相量的初相位之差，称为相频响应（或相频特性）。

动态电路对不同频率的正弦激励产生不同响应的特性，在无线电技术中得到广泛的应用。例如，我们能从众多的广播电台、电视台的节目中选出想听、想看的节目；能从传输系统中选取所需要的信号，能从观测的信号中除去干扰等，都是利用了动态电路的频率特性。在输入信号中去掉一部分频率成分而保留另一部分频率成分的特性称为滤波特性。滤波有低通、高通、带通、带阻等。下面讨论 RC 低通和 RC 高通选频电路。

1. RC 低通电路

图 6-57（a）所示为 RC 低通电路，它的网络函数为

$$\begin{aligned} H(\mathrm{j}\omega) &= \frac{\dot{U}_2}{\dot{U}_1} = \frac{1/\mathrm{j}\omega C}{R+1/\mathrm{j}\omega C} = \frac{1}{1+\mathrm{j}\omega RC} \\ &= \frac{1}{\sqrt{1+(\omega RC)^2}} \angle -\arctan(\omega RC) \end{aligned} \qquad (6\text{-}80)$$

$$|H(\mathrm{j}\omega)| = \frac{1}{\sqrt{1+(\omega RC)^2}} = \frac{1}{\sqrt{1+(\omega/\omega_C)^2}} \qquad (6\text{-}81)$$

$$\varphi = \varphi_1 - \varphi_2 = -\arctan(\omega RC) = -\arctan(\omega/\omega_C) \qquad (6\text{-}82)$$

式（6-81）中 $|H(\mathrm{j}\omega)|$ 为幅频特性，式（6-82）中 φ 为相频特性，$\omega_c = \dfrac{1}{RC}$。

当 $\omega = 1/RC$ 时，$|H(\mathrm{j}\omega)|\big|_{\omega=\frac{1}{RC}} = \dfrac{1}{\sqrt{2}} = 0.707$，即 $U_2/U_1 = 0.707$。

（a）RC 低通电路

电路分析基础

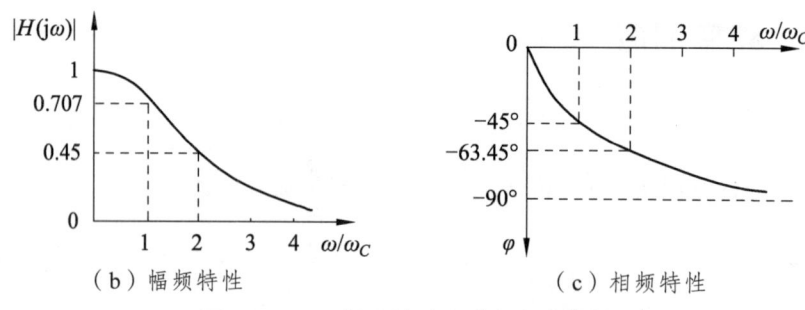

（b）幅频特性　　　　　　　　　　（c）相频特性

图 6-57　RC 低通滤波电路及频率特性

通常把 U_2 降低到 $0.707U_1$ 时的角频率 ω 称为截止角频率 ω_C，即 $\omega = \omega_C = \dfrac{1}{RC}$。图 6-57（b）、（c）分别为 RC 低通网络的幅频特性曲线和相频特性曲线。

由频率特性可知，对同样大小的输入电压来说，频率越高输出电压幅值越小，而在直流时，输出电压最大且等于输入电压。可看出：低频的正弦信号要比高频的正弦信号更容易通过这一电路，因此，图 6-57（a）所示电路为低通电路。

相频特性中，φ 总为负值，说明输出电压总是滞后输入电压，滞后的角度介于 0° 与 90° 之间，因此又称为滞后电路。

工程上把从零到 ω_C 的频率范围定义为低频滤波器的通频带，而 ω_C 称为低通滤波器的截止频率。RC 低通电路常用于电子设备的整流电路，以滤除整流后电压的交流分量。

2. RC 高通电路

图 6-58（a）所示为 RC 高通电路。它的网络函数为

$$H(j\omega) = \dfrac{\dot{U}_2}{\dot{U}_1} = \dfrac{R}{R + 1/j\omega C} = \dfrac{j\omega RC}{1 + j\omega RC}$$

$$= \dfrac{1}{\sqrt{1 + \dfrac{1}{(\omega RC)^2}}} \angle 90° - \arctan(\omega RC) \tag{6-83}$$

$$|H(j\omega)| = \dfrac{\omega/\omega_C}{\sqrt{1 + (\omega/\omega_C)^2}} \tag{6-84}$$

$$\varphi = \varphi_1 - \varphi_2 = \dfrac{\pi}{2} - \arctan(\omega/\omega_C) \tag{6-85}$$

式（6-84）中 $|H(j\omega)|$ 为幅频特性，式（6-85）中 φ 为相频特性，$\omega_C = \dfrac{1}{RC}$。

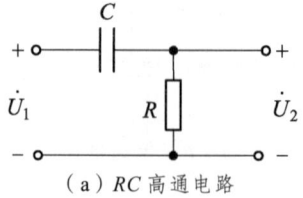

（a）RC 高通电路

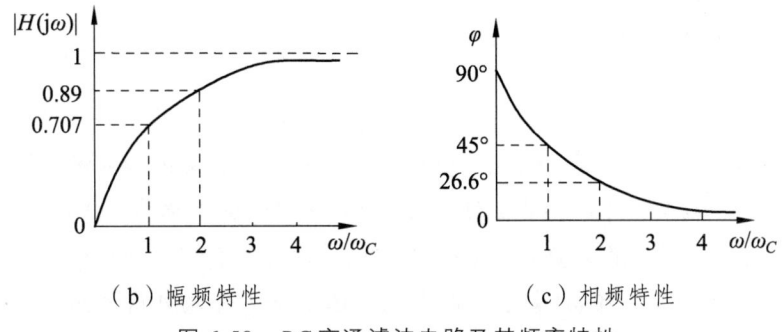

（b）幅频特性　　　　　　　　　（c）相频特性

图 6-58　RC 高通滤波电路及其频率特性

可见，$|H(\mathrm{j}\omega)|$ 随着频率的降低而减小，说明高频信号可以通过，低频信号被衰减或被抑制。因此图 6-58（a）所示电路称为高通滤波电路。网络的截止频率仍为 $\omega_C = \dfrac{1}{RC}$，因为 $\omega = \omega_C$ 时，$|H(\mathrm{j}\omega)| = 0.707$。它的幅频特性和相频特性分别如图 6-58（b）、（c）所示。

相频特性中，φ 总为正值，说明输出电压总是超前输入电压，超前的角度介于 $90°$ 与 $0°$ 之间，因此又称为超前电路。

工程上把 ω_C 作为高通滤波器的截止频率。RC 高通电路常用于电子电路中放大器的级间耦合，前一级放大器输出的信号电压，通过这一 RC 耦合电路，输送到下一级放大器。

例 6-30 中，网络函数 $H_1(\mathrm{j}\omega)$ 的幅频响应为

$$|H_1(\mathrm{j}\omega)| = \dfrac{\omega RC}{\sqrt{(1 - \omega^2 LC)^2 + (\omega RC)^2}} \tag{6-86}$$

相频响应为

$$\varphi = 90° - \arctan \dfrac{\omega RC}{1 - \omega^2 LC} \tag{6-87}$$

其幅频特性和相频特性如图 6-59（a）和 6-59（b）所示。

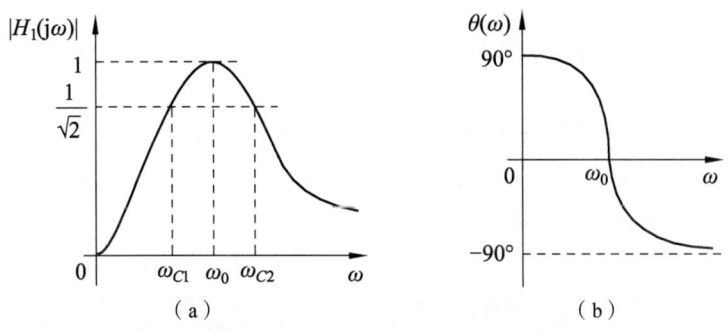

图 6-59　例 6-30 的频率响应

由式（6-86）以及幅频特性可知，当 $1 - \omega^2 LC = 0$ 时，即当

$$\omega = \omega_0 = \frac{1}{\sqrt{LC}} \qquad (6\text{-}88)$$

$|H_1(j\omega)|$ 达到最大值 1；当 ω 小于或大于 ω_0 时，$|H_1(j\omega)|$ 都将下降；当 ω 趋于零或趋于 ∞ 时，$|H_1(j\omega)|$ 都将趋于零。因此，电路呈现带通性质，常被称为带通滤波电路或带通滤波器。当 $\omega = \omega_0$ 时，$|H_1(j\omega)|$ 达到最大值 1，这时响应的幅值等于激励幅值，在 ω_0 附近，当 $|H_1(j\omega)|$ 下降为最大值的 $1/\sqrt{2}$（70.7%）时的两个频率分别称为上半功率点和下半功率点，分别用 ω_{C2} 和 ω_{C1} 表示，两者的差值定义为带通电路的通频带，简称通带或带宽，即

$$BW = \omega_{C2} - \omega_{C1} \qquad (6\text{-}89)$$

通带之外的频率范围称为阻带。

式（6-89）中通频带的单位为 rad/s。

当以赫（Hz）为单位时，通频带为

$$BW = f_{C2} - f_{C1} \qquad (6\text{-}90)$$

由式（6-86）

$$|H_1(j\omega)| = \frac{\omega RC}{\sqrt{(1-\omega^2 LC)^2 + (\omega RC)^2}} = \frac{1}{\sqrt{2}}$$

由此得到

$$\omega_{C1} = -\frac{R}{2L} + \sqrt{\left(\frac{R}{2L}\right)^2 + \frac{1}{LC}} \qquad (6\text{-}91)$$

$$\omega_{C2} = \frac{R}{2L} + \sqrt{\left(\frac{R}{2L}\right)^2 + \frac{1}{LC}} \qquad (6\text{-}92)$$

带通滤波电路的通频带为

$$BW = \omega_{C2} - \omega_{C1} = \frac{R}{L} \qquad (6\text{-}93)$$

由式（6-87）以及相频特性可知，当频率 $\omega < \omega_0$ 时，$\theta(\omega) > 0°$，说明 $\dot{U}_R$（也是 $\dot{I}$）超前于 $\dot{U}$，电路为电容性；当 $\omega > \omega_0$ 时，$\theta(\omega) < 0°$，说明 $\dot{U}_R$（$\dot{I}$）滞后于 $\dot{U}$，电路为电感性；当 $\omega = \omega_0$ 时，$\theta(\omega) = 0°$，说明 $\dot{U}_R$（$\dot{I}$）与 $\dot{U}$ 同相，电路为电阻性。

6.7 电路谐振

谐振是一种很普遍的物理现象，电路中也存在谐振现象，称为电路谐振。谐振是

一种特殊的工作状态，在电工和通信技术中得到广泛的应用，但在某些场合又应力求避免发生谐振，因此研究电路谐振不仅在理论上，而且在工程技术上都具有重要的实际意义。

6.7.1 电路谐振定义

电路谐振的原因是交流电路中元件的阻抗或导纳与频率有关，而电路对不同频率激励表现出不同的响应。电路谐振可定义如下：

当一端口网络接入交流电压 $\dot{U}$ 时，若输入电流 $\dot{I}$ 与端口电压 $\dot{U}$ 同相，则电路呈纯电阻特性，即入端阻抗 $Z = \dfrac{\dot{U}}{\dot{I}} = R + jX = R$ 且 $X = 0$，或电路导纳 $Y = \dfrac{\dot{I}}{\dot{U}} = G - jB = G$ 且 $B = 0$，这种现象称为电路谐振。下面分别讨论串联谐振和并联谐振两种情况。

6.7.2 RLC 串联谐振电路

RLC 串联电路如图 6-60 所示，其输入阻抗

$$Z = \frac{\dot{U}}{\dot{I}} = R + j\left(\omega L - \frac{1}{\omega C}\right)$$

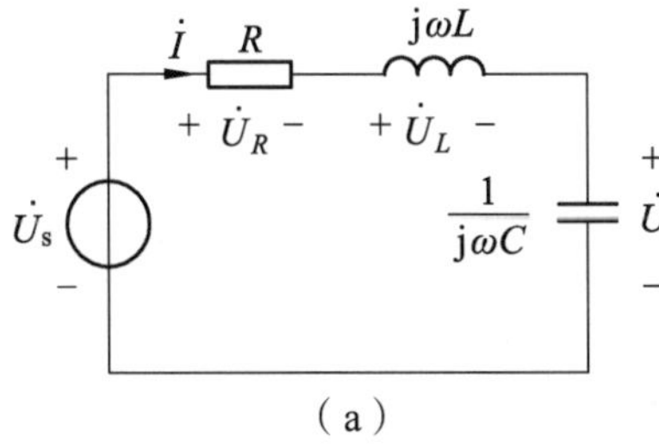

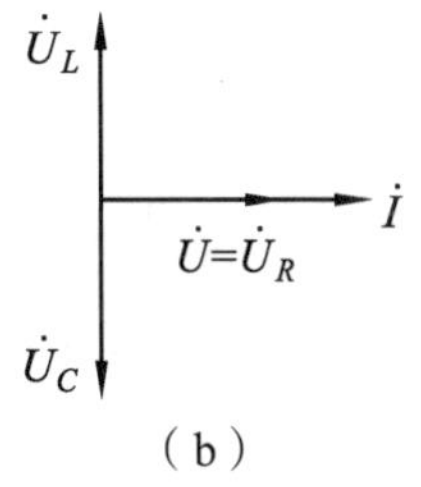

图 6-60 串联谐振电路

由谐振定义可知，当满足 $\omega L - \dfrac{1}{\omega C} = 0$ 时，电路发生串联谐振，即谐振时的角频率 ω_0 和频率 f_0 分别为

$$\omega_0 = \frac{1}{\sqrt{LC}} \tag{6-94}$$

$$f_0 = \frac{1}{2\pi\sqrt{LC}} \tag{6-95}$$

谐振频率又称为电路的固有频率，它是由电路的结构和元件参数决定的。串联谐振频率只有一个，是由串联电路中的 L、C 参数决定的，而与串联电阻 R 无关。改变电路中的 L 或 C 都能改变电路的固有频率，使电路在某一频率下发生谐振，或者避免谐振。

这种串联谐振也会在电路中某一条含 L 和 C 串联的支路中发生。

当电路处于谐振状态时，电路中将出现如下一些特殊现象。

首先，由于谐振时 $Z = R$，因此串联谐振阻抗的模值为最小值，在激励电压有效值一定时，电路中的电流 I 为最大，即

$$I = \frac{U}{|Z|} = \frac{U}{R}$$

串联谐振时，感抗和容抗相等

$$\omega_0 L = \frac{1}{\omega_0 C} = \sqrt{\frac{L}{C}} = \rho \tag{6-96}$$

式中，ρ 称为特性阻抗，是电路的一个固有参数，它只由 L 和 C 的值决定。

其次，电路谐振时，电感电压

$$\dot{U}_L = j\omega_0 L \dot{I} = j\frac{\omega_0 L}{R}\dot{U} = jQ\dot{U} \tag{6-97}$$

电容电压

$$\dot{U}_C = \frac{1}{j\omega_0 C}\dot{I} = -j\frac{1}{\omega_0 CR}\dot{U} = -jQ\dot{U} \tag{6-98}$$

式中

$$Q = \frac{\omega_0 L}{R} = \frac{1}{\omega_0 CR} = \frac{1}{R}\sqrt{\frac{L}{C}}$$

Q 定义为串联谐振电路的品质因数。

由于感抗等于容抗，所以，电感电压和电容电压大小相等，相位相反，因此

$$\dot{U}_L + \dot{U}_C = 0$$

电路总的电压为

$$\dot{U} = \dot{U}_R + \dot{U}_L + \dot{U}_C = \dot{U}_R = R\dot{I}$$

即串联谐振时，电感电压与电容电压相互抵消，激励电压等于电阻上电压。图 6-60（b）所示的相量图表示了串联谐振电路的电流和各电压关系。显然，当串联谐振时，如果感抗和容抗远大于电阻，则

$$Q = \frac{\omega_0 L}{R} = \frac{1}{\omega_0 CR} = \frac{1}{R}\sqrt{\frac{L}{C}} \gg 1$$

于是电感电压和电容电压的有效值也将远大于电阻电压亦即激励电压，且为激励电压的 Q 倍，所以串联谐振也称为电压谐振。

Q 为串联谐振电路的品质因数,它是描述谐振电路选频性能的物理量。无线电工程中利用串联谐振,使微弱的无线电信号通过谐振电路时,在电容或电感上产生高于信号许多倍的电压信号,使频率与电路固有频率相等的信号通过,其它频率的信号被抑制,达到选频的目的。电路的 Q 值越高,谐振时电容电压或电感电压越大,则此谐振电路的"品质"就越好。

另外,谐振时,电路的有功功率

$$P = UI\cos\varphi = UI \qquad (6\text{-}99)$$

电路的无功功率

$$Q = UI\sin\varphi = 0$$

这是由于阻抗角 $\varphi(\omega_0) = 0$,所以电路的功率因数 $\lambda = \cos\varphi = 1$。而电感和电容的无功功率都不为零,分别为

$$Q_L = \omega_0 L I^2$$

$$Q_C = -\frac{1}{\omega_0 C} I^2$$

表明谐振时电路不从外部吸收无功功率,但电路中的电感和电容之间进行磁场能量和电场能量的周期性交换,即电路中的磁场能量和电场能量相互转换,完全补偿。

下面简单讨论串联谐振电路的选择性和通频带。

品质因数还可以定义为谐振频率与通频带的比值,即

$$Q = \frac{\omega_0}{BW} = \frac{\omega_0}{\omega_{C2} - \omega_{C1}} = \frac{\omega_0 L}{R} = \frac{1}{\omega_0 CR} \qquad (6\text{-}100)$$

品质因数的大小反映了幅频响应曲线的陡峭程度。改变图 6-61 电路中的电阻 R 值,使电路品质因数 Q 变化而谐振频率 ω_0 并不改变,图 6-61 给出了 3 个不同 Q 值 ($Q_3 > Q_2 > Q_1$) 的幅频响应曲线。

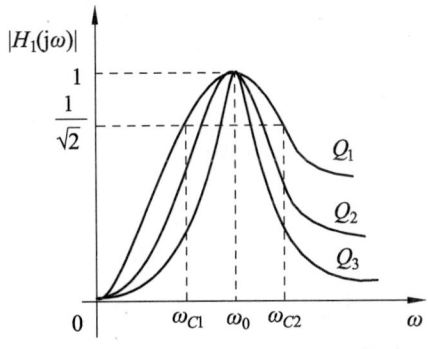

图 6-61 串联谐振电路的谐振曲线

由图 6-61 可以看出，谐振电路对频率具有选择性，Q 值越高（如 Q_3），频率响应越陡峭，电路对偏离谐振频率的信号的抑制能力越强，电路的选择性越好。反之，Q 值越低（如 Q_1），频率响应越平坦，选择性越差。所以在无线电工程中常利用谐振现象从不同频率的信号中将需要的信号选择出来。但是，衡量谐振电路的性能，不仅要求其有较高的选择信号的能力，还必须保证不失真地传送信号。由于实际信号都占有一定的频带宽度，而品质因数 Q 和通频带 BW 成反比，所以 Q 值越高，电路的通频带越窄，这样会过多地抑制被选择信号中有用的频率分量，引起信号的失真。因此，在工程实际中，应兼顾选择性和通频带这两个因素来确定合适的品质因数。

例 6-31 收音机的输入回路可等效为一个 RLC 串联电路，其中电感 $L = 0.3 \text{ mH}$，电阻 $R = 10\,\Omega$，电容 C 可在 $32 \sim 310\text{pF}$ 范围内调节，求此电路的谐振频率范围。若输入电压 $U = 2\mu\text{V}$，频率为 990 kHz，试求电路的品质因数和带宽，以及谐振时电路中的电流和电容两端的电压。

解：电容的最大值 $C_{\max}$ 决定谐振频率的下限 f_{01}，即

$$f_{01} = \frac{1}{2\pi\sqrt{LC_{\max}}} = \frac{1}{2\pi\sqrt{0.3\times10^{-3}\times310\times10^{-12}}} = 522 \text{ kHz}$$

电容的最小值 $C_{\min}$ 决定谐振频率的上限 f_{02}，即

$$f_{02} = \frac{1}{2\pi\sqrt{LC_{\min}}} = \frac{1}{2\pi\sqrt{0.3\times10^{-3}\times32\times10^{-12}}} = 1625 \text{ kHz}$$

当电路的谐振频率 $f_0 = 990 \text{ kHz}$ 时，电路的品质因数

$$Q = \frac{\omega_0 L}{R} = \frac{2\pi f_0 L}{R} = \frac{2\pi\times990\times10^3\times0.3\times10^{-3}}{10} = 186.5$$

通频带（即带宽）

$$BW = \frac{R}{L} = \frac{10}{0.3\times10^{-3}} = 3.33\times10^4 \text{ rad/s}$$

或者

$$BW = \frac{\omega_0}{Q} = \frac{2\pi\times990\times10^3}{186.5} = 3.33\times10^4 \text{ rad/s}$$

电路中的电流

$$I = \frac{U}{R} = \frac{2\times10^{-6}}{10} = 0.2 \text{ μA}$$

电容两端的电压

$$U_C = QU = 186.5 \times 2 \times 10^{-6} = 373\ \mu V$$

例 6-32 图 6-62 电路中，电源电压 $U = 10$ V，$\omega = 10^4$ rad/s，调节电容 C 使电路中电流表读数达最大值 0.1 A，这时电容上电压表读数为 600 V，求

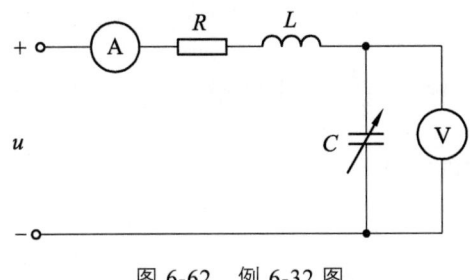

图 6-62 例 6-32 图

（1）R、L、C 之值及电路的品质因数 Q，通频带 BW。

（2）若此后电源的频率下降 10%，R、L、C 参数不变，求电流表及电压表的读数。

解：（1）调节 C，在电流表读数最大时，电路处于谐振状态，此时电源频率为谐振频率，即

$$\omega_0 = 10^4\ \text{rad/s}$$

由条件，谐振时电路电流 $I_0 = 0.1$ A，电容电压 $U_{C0} = 600$ V，$U = 10$ V。

$$U_{C0} = \frac{I_0}{\omega_0 C}$$

$$C = \frac{I_0}{\omega_0 U_{C0}} = \frac{0.1}{10^4 \times 600} = 0.017\ \mu F$$

$$U_{L0} = U_{C0} = \omega_0 L I_0$$

$$L = \frac{U_{C0}}{\omega_0 I_0} = \frac{600}{10^4 \times 0.1} = 0.6\ H$$

品质因数

$$Q = \frac{U_{C0}}{U} = \frac{600}{10} = 60$$

通频带

$$BW = \frac{\omega_0}{Q} = \frac{10^4}{60} = 166.6\ \text{rad/s}$$

（2）当 $\omega' = (1 - 10\%)\omega_0 = 0.9\omega_0 = 9 \times 10^3$ rad/s 时

$$\omega'L = 9\times10^3 \times 0.6 = 5.40\times10^3 \ \Omega$$

$$\frac{1}{\omega'C} = \frac{1}{9\times10^3 \times 0.017\times10^{-6}} = 6.54\times10^3 \ \Omega$$

此时电路的阻抗

$$Z(j\omega') = R + j(\omega'L - \frac{1}{\omega'C}) = 100 + j(5.4-6.54)\times10^3 = (100 - j1.14\times10^3) \ \Omega$$

$$|Z(j\omega')| = \sqrt{100^2 + (1.14\times10^3)^2} \approx 1.14\times10^3 \ \Omega$$

电路中电流

$$I' = \frac{U}{|Z(j\omega')|} = \frac{10}{1.14\times10^3} = 8.77\times10^{-3} \ A$$

电容电压

$$U' = I'\frac{1}{\omega'C} = 8.77\times10^{-3} \times 6.54\times10^3 = 57.36 \ V$$

即电流表和电压表的读数分别为 8.77 mA 和 57.36 V。

对比（1）、（2），由于电路 Q 值较高（$Q=60$），因此当电源频率偏离谐振频率 10%时，电路中的电流及电容电压都比起谐振时大幅度地下降了（约下降了 90%左右）。

6.7.3 *GCL* 并联谐振电路

图 6-63（a）所示为 *GCL* 并联电路，它与图 6-60（a）的 *RLC* 串联电路是对偶电路，因此利用对偶关系，可使并联谐振电路的讨论简单一些。

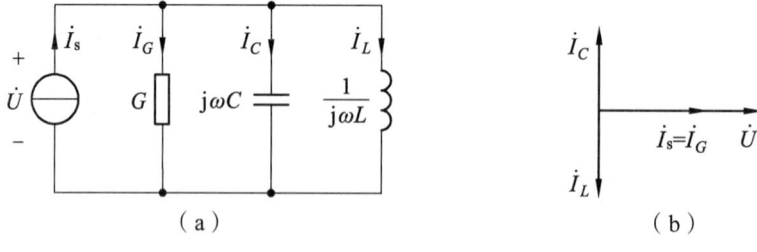

图 6-63 *GCL* 并联谐振电路

图 6-63（a）所示并联电路的总导纳为

$$Y = G + jB = G + j\left(\omega C - \frac{1}{\omega L}\right)$$

电路发生谐振时，电路呈电阻性，端口上电压与电流同相位，导纳的虚部为零，即

$$B = \omega_0 C - \frac{1}{\omega_0 L} = 0$$

因此，谐振时的角频率 ω_0 和频率 f_0 分别为

$$\omega_0 = \frac{1}{\sqrt{LC}} \tag{6-101}$$

$$f_0 = \frac{1}{2\pi\sqrt{LC}} \tag{6-102}$$

并联谐振时，输入导纳模值最小，即

$$Y(j\omega_0) = G + j\left(\omega_0 C - \frac{1}{\omega_0 L}\right) = G$$

所以谐振时端口电压的有效值为最大

$$U(\omega_0) = \frac{I_s}{Y(j\omega_0)} = \frac{I_s}{G} = RI_s$$

根据这一现象，可以判定电路是否达到并联谐振。

同串联谐振电路一样，并联谐振电路也有其品质因数 Q

$$Q = \frac{1}{\omega_0 LG} = \frac{\omega_0 C}{G} = \frac{1}{G}\sqrt{\frac{C}{L}} \tag{6-103}$$

带宽为

$$BW = \frac{\omega_0}{Q} = \frac{G}{C} = \frac{1}{RC} \tag{6-104}$$

并联谐振时，各支路电流分别为

$$\dot{I}_G = G\dot{U} = G\frac{\dot{I}_s}{Y(j\omega_0)} = G\frac{\dot{I}_s}{G} = \dot{I}_s$$

$$\dot{I}_C = j\omega_0 C\dot{U} = j\omega_0 C\frac{\dot{I}_s}{G} = jQ\dot{I}_s$$

$$\dot{I}_L = -j\frac{1}{\omega_0 L}\dot{U} = -j\frac{1}{\omega_0 L}\frac{\dot{I}_s}{G} = -jQ\dot{I}_s$$

可见，并联谐振时有 $\dot{I}_C + \dot{I}_L = 0$，因此并联谐振又称为电流谐振。激励电流等于电阻上的电流。图 6-63（b）所示的相量图表示了并联谐振电路的电压和各支路电流关系。

谐振时无功功率 $Q_L = \dfrac{1}{\omega_0 L}U^2$，$Q_C = -\omega_0 CU^2$，所以 $Q_L + Q_C = 0$，表明在谐振时，电感的磁场能量与电容的电场能量彼此相互交换。

例 6-33 在图 6-64 所示的电路中，已知 $R = 5\,\text{k}\Omega$，$L = 100\,\mu\text{H}$，$C = 400\,\text{pF}$，电流源 $I_s = 2\,\text{mA}$。当电源角频率为多少时，电路发生谐振？求谐振时各支路电流和电路两端电压。

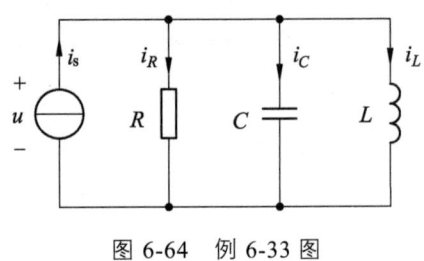

图 6-64　例 6-33 图

解： 为使电路谐振，电源的角频率应为

$$\omega = \omega_0 = \dfrac{1}{\sqrt{LC}} = \dfrac{1}{\sqrt{100\times 10^{-6} \times 400\times 10^{-12}}} = 5\times 10^6 \,\text{rad/s}$$

谐振时电路的阻抗

$$Z = R = 5\,\text{k}\Omega$$

所以电路两端的电压

$$U = RI_s = 5\times 10^3 \times 2\times 10^{-3} = 10\,\text{V}$$

各支路电流有效值分别为：

$$I_R = I_s = 2\,\text{mA}$$

$$I_L = \dfrac{U}{\omega_0 L} = \dfrac{10}{5\times 10^6 \times 100\times 10^{-6}} = 20\,\text{mA}$$

$$I_C = \omega_0 CU = 5\times 10^6 \times 400\times 10^{-6} \times 10 = 20\,\text{mA}$$

6.8　实践与应用

6.8.1　交流电由发电厂进入家庭线路图

在我国，从电厂发电，通过升压处理，再通过高压电网输送到城市，然后降压处理，

由当地供电局配送到区域，再而配送到小区配电站，最后通过火线、零线、地线三根线进入到每家每户（见图 6-65）。

发电厂：这是整个流程的起点。发电厂使用各种能源（如煤炭、天然气、核能、风能、太阳能等）来产生电能。在这个过程中，发电机将机械能转换为电能，产生交流电。

高压输电线路：发电厂产生的交流电首先通过升压变电站后把电压升高，高压输电线路进行长距离传输。高压输电可以减少在传输过程中的电能损失。

电力分配中心：在电力分配中心，高压电会被转换为中压或低压电，以便在城市的电网中进行分配。同时，电力分配中心也会负责电力的调配，确保电网的稳定运行。

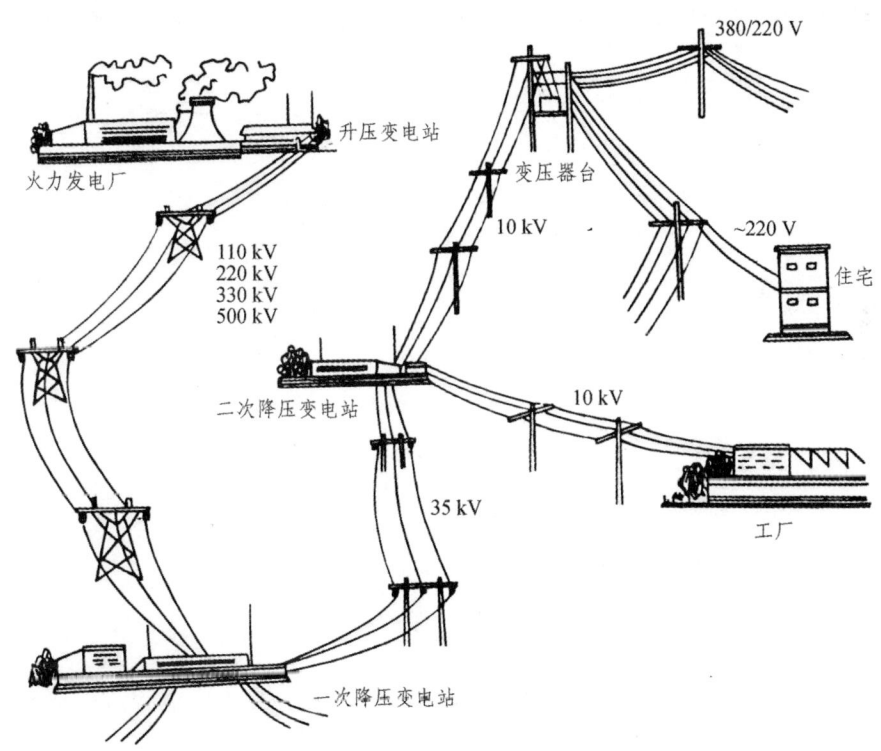

图 6-65 发电厂交流电进入家庭线路

城市电网：从中压或低压电网开始，电力通过城市的电网系统被输送到各个区域。这个网络包括了众多的电线和电缆，以及安装在路边的电线杆。

变压器：在城市电网的不同阶段，可能会有变压器来调整电压的级别。这是为了适应不同的用电设备和场景，如住宅、商业建筑、工业设施等。

家庭线路：最后，电力通过家庭或建筑物的入口处的电表，进入家庭的电路系统。在家庭线路中，电力会被分配到各个插座和电器设备，供家庭使用。

6.8.2 RLC 串联谐振电路

RLC 串联谐振电路在无线电工程中多有应用。图 6-66（a）是接收机中典型接收电路，其作用是将需要接收的信号从天线所收到的诸多不同频率的信号中挑选出来，同时对其他不需要的信号加以抑制。输入电路主要是由天线线圈 L、电感线圈 L 和可调电容器 C 组成的串联谐振电路。天线所收到的各种不同频率的信号都会在 LC 谐振电路中感应出相应的电动势 e_1、e_2、…、e_n。图 6-66（b）是输入电路的等效电路，图中的 R 是线圈 L 的电阻。改变 C，使电路在不同频率信号作用下产生串联谐振，那么 LC 回路中该频率的电流最大，在可调电容器两端的该频率的电压也就比较高。其他不同频率的信号虽然也在接收机里出现，但由于它们没有达到谐振，所以在回路中引起的电流很小。这样就起到了选择信号和抑制干扰的作用。如果 $L = 0.3$ mH，$C = 204$ pF，收听到的广播信号频率为 640 kHz。

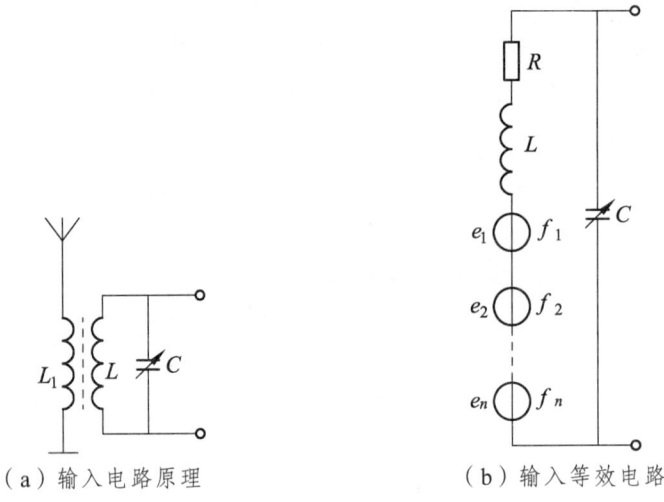

（a）输入电路原理　　　　（b）输入等效电路

图 6-66　接收机中典型输入电路

习　题

6-1　将下列复数化为极坐标形式。

（1）$F_1 = -3$；（2）$F_2 = j2$；（3）$F_3 = -1 + j1$；（4）$F_4 = 4 - j3$；（5）$F_5 = -2 - j2$。

6-2　将下列复数化为代数形式。

（1）$F_1 = 10\angle -90°$；（2）$F_2 = 1\angle -73°$；（3）$F_3 = 5\angle 180°$；（4）$F_4 = 100\angle -135°$；（5）$F_5 = 1.2\angle 52°$。

6-3　计算下列各式。

（1）$(-4 + j3)/(2.78 - j9.20)$；（2）$(-4 + j3) \times (2.78 - j9.20)$；

（3）$10\angle -73° + 5\angle -180°$；（4）$-10\angle -73° + 5\angle -180°$。

6-4 试求下列正弦量的振幅、角频率和初相角，并画出波形图。

（1）$u(t) = 10\sqrt{2}\cos(314t + 30°)$ V；

（2）$i(t) = 9\sin(2t - 45°)$ A；

（3）$i(t) = 2\sqrt{2}\cos(100t - 120°)$ A。

6-5 计算下列正弦量的相位差，并指出哪个超前哪个滞后。

（1）$u(t) = 2\cos 314t$ V；$i(t) = 3\cos\left(314t + \dfrac{\pi}{3}\right)$ A。

（2）$i_1(t) = 5\cos(10t + 30°)$ A；$i_2(t) = 3\cos(10t - 45°)$ A。

（3）$i(t) = 300\cos(314t - 60°)$ A；$u(t) = 500\sin(314t + 45°)$ V。

6-6 已知 $u(t) = 220\cos(314t - 30°)$ V，$i(t) = 14.14\cos(314t + 45°)$ A，试写出各正弦量的振幅相量和有效值相量，并作出相量图。

6-7 写出下列相量所表示的正弦信号的瞬时值表达式，假设角频率 $\omega = 100$ rad/s。

（1）$\dot{U}_m = 4 + j3$ V；（2）$\dot{U} = 11.18\angle -30°$ V；（3）$\dot{I}_m = -6 - j8$ A；（4）$\dot{I} = 12\angle -45°$ V。

6-8 已知元件 A 两端的正弦电压为 $u_A(t) = 15\cos(1000t + 45°)$ V，求流过元件 A 的正弦电流 $i(t)$，若 A 为：（1）$R = 3$ kΩ 的电阻；（2）$L = 5$ mH 的电感；（3）$C = 1\mu F$ 的电容。

6-9 已知元件 A 为电阻或电感或电容，且元件 A 两端的正弦电压和正弦电流分别如下，在确定 A 为何种元件的基础上确定其电路参数 R、L、C。

（1）$u(t) = 100\cos(5000t - 30°)$ V $i(t) = 10\cos(5000t + 60°)$ mA

（2）$u(t) = 100\cos(1000t + 60°)$ V $i(t) = 5\cos(1000t - 30°)$ A

（3）$u(t) = 300\cos(314t + 45°)$ V $i(t) = 60\cos(314t + 45°)$ A

（4）$u(t) = 250\cos(200t + 50°)$ V $i(t) = 0.5\cos(200t + 140°)$ A

6-10 电路如图所示，电流源的电流 $i_s(t) = 8\cos 1000t + 6\sin 1000t$ A，$u(t) = 40\cos 1000t$ V，求 $i_R(t)$、$i_L(t)$ 和 $i_C(t)$ 及电容参数，并绘出相量图。

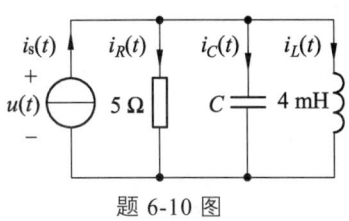

题 6-10 图

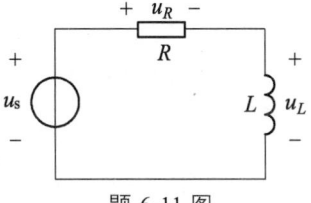

题 6-11 图

6-11 电路如图所示，已知 $R = 10$ Ω，$L = 1$ mH，电阻上的电压 $u_R(t) = \sqrt{2}\cos 10^5 t$ V，求电源电压 $u_s(t)$ 并画出电压相量图。

6-12 试求所示各电路的输入阻抗 Z 和导纳 Y。

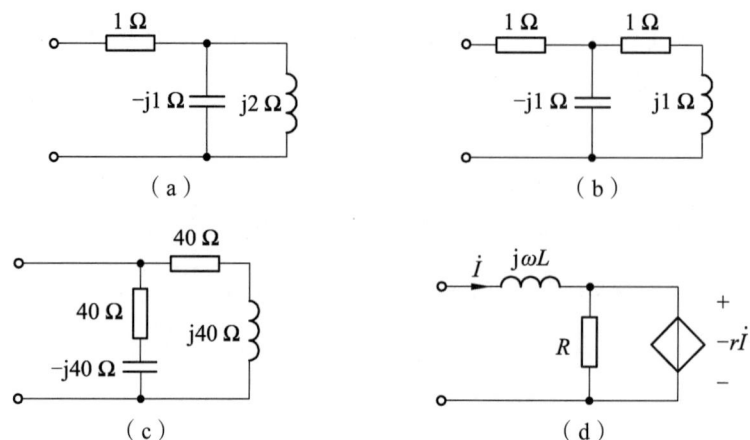

题 6-12 图

6-13 电路如图,图中 N 不包含独立源,端口电压、电流分别如下列表达式所示。试求每一种情况下的输入阻抗 Z 和导纳 Y,并给出等效电路图(包括元件的参数值)。

(1) $u(t) = 200\cos(314t)$ V $i(t) = 10\cos(314t)$ A

(2) $u(t) = 10\cos(10t + 45°)$ V $i(t) = 2\cos(10t - 90°)$ A

(3) $u(t) = 100\cos(2t + 60°)$ V $i(t) = 5\cos(2t - 30°)$ mA

(4) $u(t) = 40\cos(100t + 17°)$ V $i(t) = 8\sin(100t + 90°)$ mA

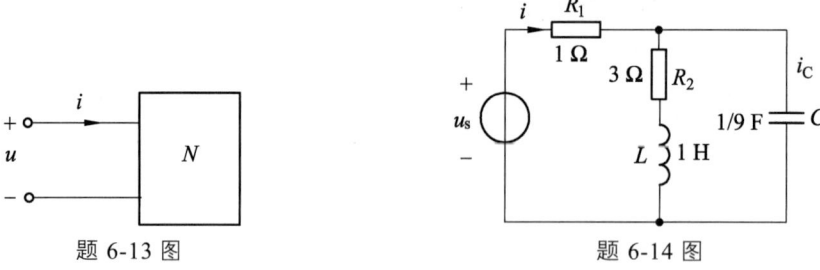

题 6-13 图 题 6-14 图

6-14 如图所示电路,已知 $u_s(t) = 5\sqrt{2}\cos(3t)$,试求 $i(t)$ 和 $i_C(t)$。

6-15 如图所示电路,已知 $R = 20\text{ k}\Omega$,$C = 5\,000$ pF。求当频率 f 为多少时,电压 $\dot{U}_2$ 与 $\dot{U}_1$ 同相。

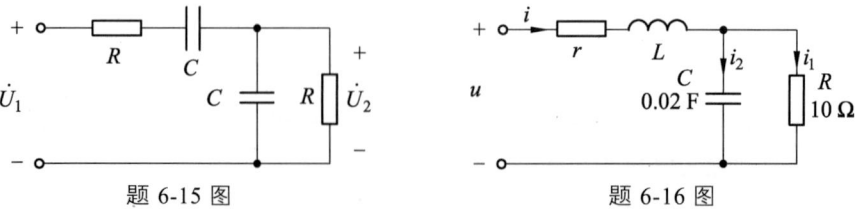

题 6-15 图 题 6-16 图

6-16 电路如图，已知 $\dot{U}=50\angle 53.1°\,\text{V}$，$\dot{I}_2=1\angle 90°\,\text{A}$，$\omega=5\,\text{rad/s}$，求 r 和 L。

6-17 已知图（a）中 $U_R=30\,\text{V}$，$U_L=60\,\text{V}$；图（b）中 $U_R=15\,\text{V}$，$U_L=80\,\text{V}$，$U_C=100\,\text{V}$。求电压 u_s 的有效值 U_s。

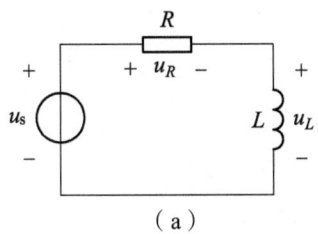 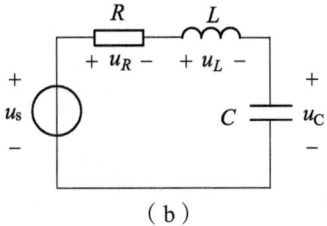

（a） （b）

题 6-17 图

6-18 在图中，已知 $I=10\,\text{A}$，$I_L=11\,\text{A}$，$I_R=6\,\text{A}$，求 I_C。

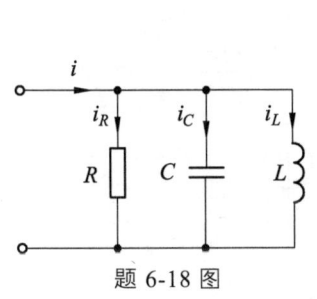 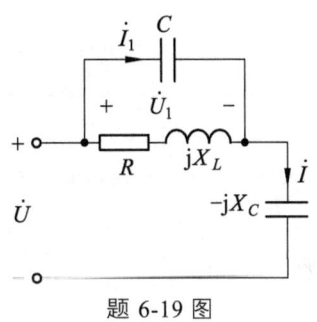

题 6-18 图 题 6-19 图

6-19 电路如图，已知 $X_C=10\,\Omega$，$R=5\,\Omega$，$X_L=5\,\Omega$，$\dot{I}_1$、$\dot{U}_1$ 的有效值分别为 $10\,\text{A}$、$100\,\text{V}$，求电压 $\dot{U}$ 电流 $\dot{I}$ 的有效值。

6-20 图示电路中，已知 $U=220\,\text{V}$，$U_{ab}=108\,\text{V}$，$U_{bc}=165\,\text{V}$，用相量图法求 $\dot{U}$ 与 $\dot{I}$ 的相位差。

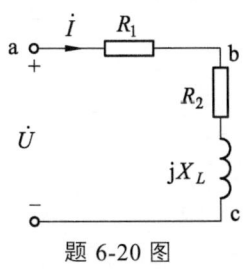 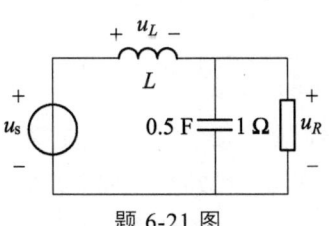

题 6-20 图 题 6-21 图

6-21 图示电路中，已知 $\omega=2\,\text{rad/s}$，用相量图法求电感电压 u_L 与电阻电压 u_R 的相位关系。

6-22 电路如图所示，已知 $R_1=3\,\Omega$，$R_2=6\,\Omega$，$L=1\,\mu\text{H}$，$C=0.5\,\mu\text{F}$，$U=10\,\text{V}$，$\omega=10^6\,\text{rad/s}$，试用相量法求 $\dot{U}_{ab}$。

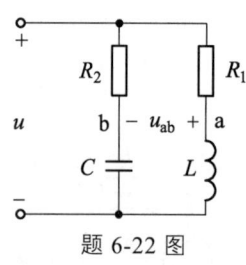

题 6-22 图

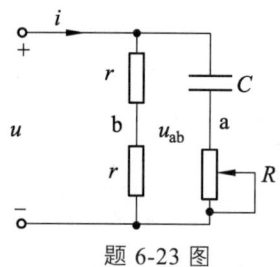

题 6-23 图

6-23 图示电路中 R 为可变，求 $\dot{U}_{ab}$ 的大小和相位变化规律。

6-24 某信号发生器可以产生 1 Hz ~ 1 MHz 的正弦信号。信号电压（有效值）可在 0.05 mV ~ 6 V 间连续可调。现测得开路输出电压为 1 V，当接入负载 900 Ω 时，输出电压降为 0.6 V，试求信号源的内阻。

6-25 图示电路中，已知 $\dot{I}_s = 3\angle 0°$ A，$\omega = 4$ rad/s，求电流 $\dot{I}$。

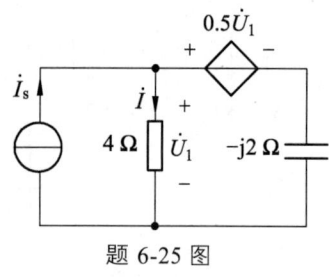

题 6-25 图

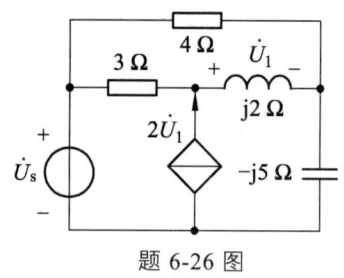

题 6-26 图

6-26 电路如图所示，列出电路的网孔电流方程。

6-27 电路如所示电路，列出电路的结点电压方程。

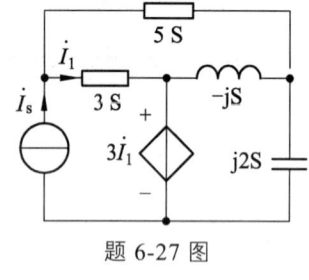

题 6-27 图

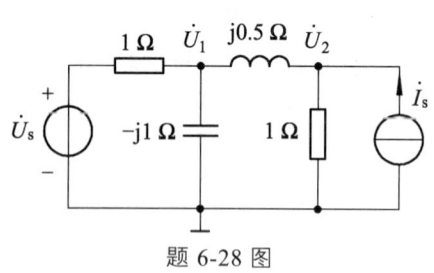

题 6-28 图

6-28 电路如图所示，用结点电压法求结点电压 $\dot{U}_1$、$\dot{U}_2$。

6-29 电路如图，已知 $\dot{U}_s = 50\angle 0°$ V，$Z_1 = (0.5 - j3.5)\Omega$，$Z_2 = -j5\Omega$，$Z_3 = 5\angle 53.1°\Omega$，求 $\dot{I}$ 及整个电路吸收的平均功率、无功功率和功率因数。

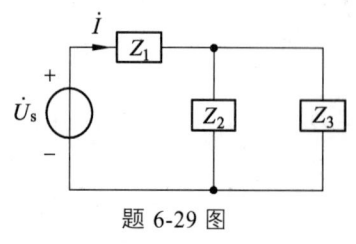

题 6-29 图

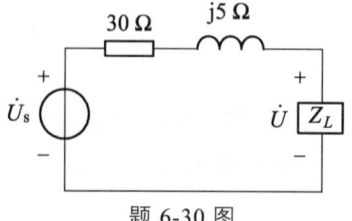

题 6-30 图

第6章 正弦稳态电路的分析

6-30 电路如图，已知负载两端电压 $\dot{U} = 240\angle 0°$ V，负载的功率因数为 0.8（容性），负载获得的功率为 2 kW，求电源电压 $\dot{U}_s$ 及负载阻抗 Z_L。

6-31 日光灯可等效为一感性负载，电路如图，已知 $U = 220$ V，$f = 50$ Hz，R 消耗的功率为 40 W，$I_L = 0.4$ A，（1）求电感 L 和 U_L；（2）为使功率因数 $\lambda = 0.8$，求 C 为何值？

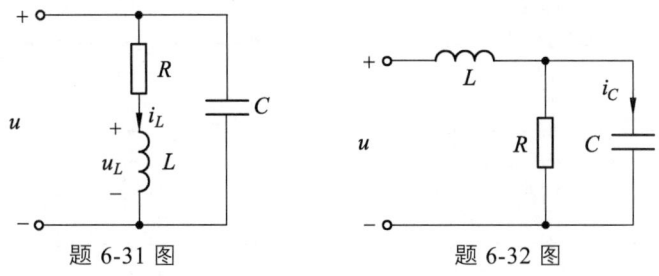

题 6-31 图   题 6-32 图

6-32 电路如图，已知电路如 $i_C(t) = \sqrt{2}\cos(5t + 90°)$ A，$L = 1$ H，$C = 0.02$ F，电路消耗的功率 $P = 10$ W，试求电路的功率因素 λ，R，$u_L(t)$。

6-33 已知电路中，$X_C = 100\ \Omega$，$\omega = 10^5$ rad/s，$R = 100\ \Omega$，R 消耗的功率 1 W，$\dot{U} = 16\angle 0°$ V，且 $\dot{U}$ 落后于 $\dot{I}$ 的相角 36.9°，试求 r 和 X_L。

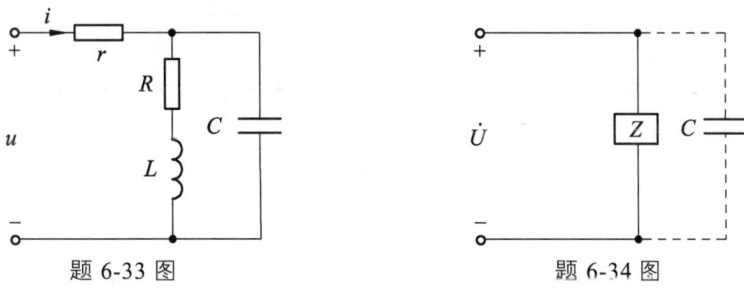

题 6-33 图   题 6-34 图

6-34 电路如图，已知 $P = 450$ W、$Q = 200$ var，$\dot{U} = 50\angle 0°$ V，电源角频率为 1 000 rad/s，求 Z，如果使得电源不提供无功功率，应并多大的电容？

6-35 已知某一负载两端所加的正弦电压 $u_s = 100\cos 100t$ V，负载的平均功率和无功功率分别为 $P = 16$W、$Q = 12$ var，如果要使功率因数提高到 1，应并多大的电容？

6-36 已知电路中，电源电压的有效值为 11.4 V，试分别求负载 Z_L 吸收的有功功率（1）$Z_L = 5\Omega$；（2）$Z_L = 11.2\Omega$；（3）$Z_L = (5 - j10)\ \Omega$，由此可以得出什么结论？

6-37 电路如图，$U = 5$ V，$\omega = 10^7$ rad/s，为使负载 Z_L 吸收的功率为最大，问取 Z_L 何值？这时负载中的电流为多少？

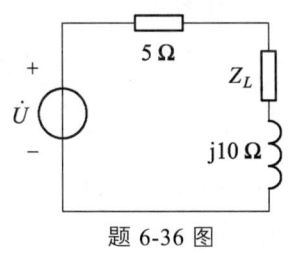 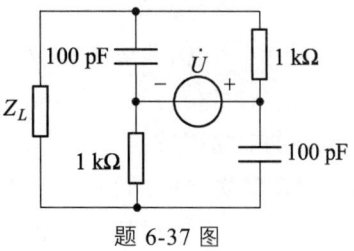

题 6-36 图   题 6-37 图

6-38 求图中各电路的网络函数 $H(j\omega) = \dfrac{\dot{U}_2}{\dot{U}_1}$。

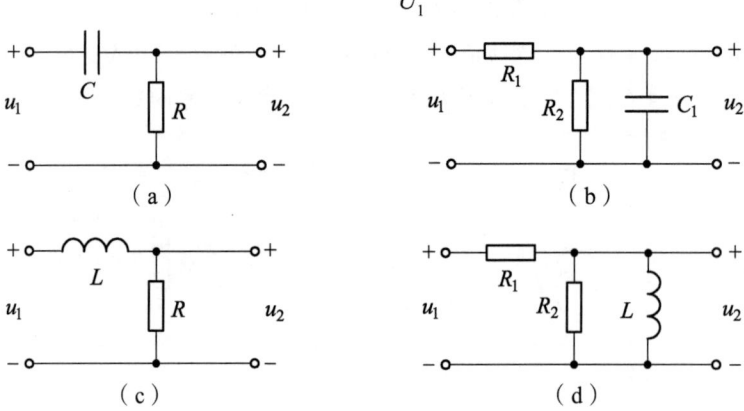

题 6-38 图

6-39 求图示各电路的网络函数 $H(j\omega) = \dfrac{\dot{U}_2}{\dot{U}_1}$。

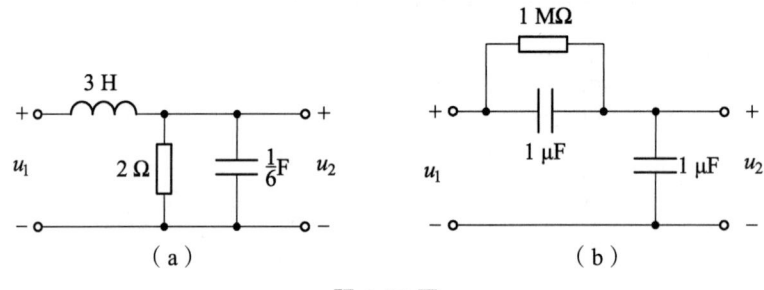

题 6-39 图

6-40 已知图示电路中，正弦信号源角频率 $\omega = 10^3\,\text{rad/s}$，试问电路是呈感性还是容性？若 C 可变，要使 u 和 i 同相，C 应为何值？

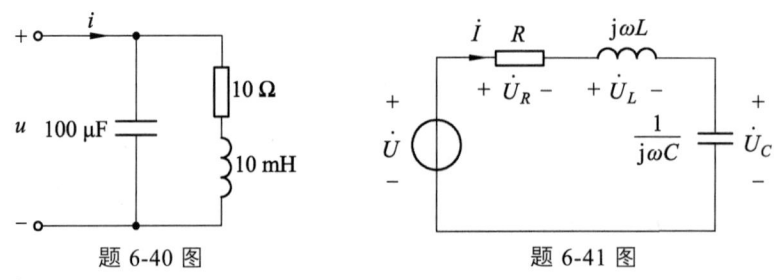

题 6-40 图　　　　　　　题 6-41 图

6-41 在图中，若电路发生谐振时 $U = 1\,\text{V}$，$f = 1\,\text{MHz}$，$I = 100\,\text{mA}$，$U_C = 100\,\text{V}$，试求：
（1）R、L、C 的值；
（2）电路的品质因数。

6-42 RLC 串联电路，已知 $L = 64\,\mu\text{H}$，$C = 100\,\text{pF}$，$R = 10\,\Omega$，电源电压 $U = 0.5\,\text{V}$，电路处于谐振状态。求谐振频率、品质因数、电路中的电流以及电感和电容上的电压。

6-43　RLC 串联电路，已知谐振频率 $f = 700\,\text{kHz}$，$C = 2\,000\,\text{pF}$，通带宽度 $BW = 10\,\text{kHz}$，试求电阻 R 及电路的品质因数 Q。

6-44　已知图示电路中，$L = 800\,\mu\text{H}$，$R = 10\,\Omega$，电流源 $I_s = 2\,\text{mA}$，其角频率 $\omega = 2.5 \times 10^6\,\text{rad/s}$。

（1）要使电路发生谐振，电容 C 应为多少？

（2）求谐振时电压有效值 U 和电流有效值 I_R、I_L、I_C。

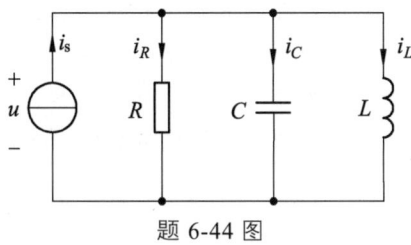

题 6-44 图

参考答案

第 7 章　含有耦合电感的电路

导　读

在工程中广泛应用的耦合电感、变压器都是利用法拉第电磁感应定律而发明的电气部件，也是阐明电磁感应现象的物理模型。本章将讨论耦合电感中的磁耦合现象、互感和耦合系数，耦合电感的同名端和耦合电感电压电流关系，以及含有耦合电感电路的分析和计算。还将介绍空心变压器和理想变压器的概念及含有变压器电路的计算，是正弦稳态分析中的重要内容。

7.1　耦合电路

7.1.1　耦合电感的电压电流关系

在前面章节里分别介绍了电路中三个基本的无源二端元件：电阻、电感和电容。本章将讨论另一类电路元件，即耦合电感元件。它属于多端元件。在实际电路中，如收音机、电视机中使用的中周线圈、振荡线圈等都是耦合电感元件。因此，作为学习电路分析的基础，熟悉这类多端元件的特性，掌握包含这类多端元件的电路问题的分析方法是非常必要的。

图 7-1 是两个靠得很近的电感线圈，线圈中的电流 i_1 和 i_2 称为施感电流，线圈的匝数分别为 N_1 和 N_2。根据两个线圈的绕向、施感电流的参考方向，按右手螺旋法则确定施感电流产生的磁通的方向和彼此交链的情况。线圈 1 中的电流 i_1，它所产生的磁通为 ϕ_{11}，方向如图 7-1 所示，交链自身线圈时产生的磁通链为 ψ_{11}，此磁通链称为自感磁通链；ϕ_{11} 中一部分或全部交链线圈 2 时产生的磁通链为 ψ_{21}，称为互感磁通链；同样，线圈 2 中的电流 i_2，也产生自感磁通链 ψ_{22} 和互感磁通链 ψ_{21}；也就是彼此耦合的情况。

其中
$$\psi_{11} = N_1\phi_{11} \quad \psi_{21} = N_2\phi_{21}$$
$$\psi_{12} = N_1\phi_{12} \quad \psi_{22} = N_2\phi_{22}$$

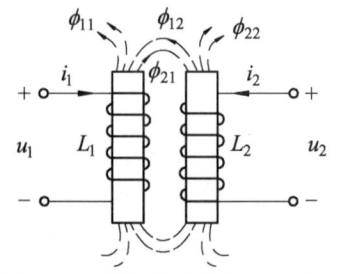

图 7-1　磁通增强的耦合电感　　图 7-2　磁通削弱的耦合电感

线圈之间通过彼此的磁场相互联系的物理现象称为磁耦合。工程上称这对耦合线圈为耦合电感元件。

当周围空间是各向同性的线性磁介质时,每一种磁通链都与产生它的施感电流成正比,即有自感磁通链

$$\psi_{11} = L_1 i_1 \qquad \psi_{22} = L_2 i_2 \tag{7-1}$$

仿照自感系数定义,我们定义互感系数

$$\left. \begin{array}{l} M_{21} = \dfrac{\psi_{21}}{i_1} \\ \\ M_{12} = \dfrac{\psi_{12}}{i_2} \end{array} \right\} \tag{7-2}$$

式(7-2)第一部分表明穿越第二个线圈的互感磁链与激发该互感磁链的第一个线圈中电流之比,称为线圈 1 对线圈 2 的互感系数。第二部分表明穿越第一个线圈互感磁链与激发该互感磁链的第二个线圈中电流之比,称为线圈 2 对线圈 1 的互感系数。可以证明

$$M_{12} = M_{21}$$

上式中 M_{12}、M_{21} 称为互感系数,简称互感。单位为 H(亨利)。当只有两个线圈(电感)有耦合时,可以略去 M 的下标,即可令,$M = M_{12} = M_{21}$。若 M 为常数,且不随时间、电流值变化、则称线性非时变互感,我们只讨论这类互感。这里应当明确,两线圈的互感系数一定小于等于两线圈自感系数的几何平均值,即

$$M \leqslant \sqrt{L_1 L_2} \tag{7-3}$$

则互感磁通链

$$\psi_{12} = M_{12} i_2 \qquad \psi_{21} = M_{21} i_1 \tag{7-4}$$

当有互感的两线圈上都有电流时,耦合电感中的磁通链等于自感磁通链和互感磁通链两部分的代数和。当自感磁通与互感磁通方向一致时,称磁通增强,如图 7-1 所示。这种情况,交链线圈 1、2 的磁链分别为

$$\left. \begin{array}{l} \psi_1 = \psi_{11} + \psi_{12} = L_1 i_1 + M i_2 \\ \psi_2 = \psi_{22} + \psi_{21} = L_2 i_2 + M i_1 \end{array} \right\} \tag{7-5}$$

上式中,ψ_{11}、ψ_{22} 分别为线圈的自感磁链,ψ_{12}、ψ_{21} 分别为两线圈的互感磁链。

设两线圈上电压电流参考方向关联,即其方向与各自感磁通的方向符合右手螺旋关系,则有

$$\left.\begin{aligned} u_1 &= \frac{d\psi_1}{dt} = L_1 \frac{di_1}{dt} + M \frac{di_2}{dt} \\ u_2 &= \frac{d\psi_2}{dt} = L_2 \frac{di_2}{dt} + M \frac{di_1}{dt} \end{aligned}\right\} \qquad (7\text{-}6)$$

如果自感磁通与互感磁通方向相反，称磁通削弱，如图 7-2 所示。这种情况，交链线圈 1、2 的磁通分别为

$$\left.\begin{aligned} \psi_1 &= \psi_{11} - \psi_{12} = L_1 i_1 - M i_2 \\ \psi_2 &= \psi_{22} - \psi_{21} = L_2 i_2 - M i_1 \end{aligned}\right\} \qquad (7\text{-}7)$$

所以

$$\left.\begin{aligned} u_1 &= \frac{d\psi_1}{dt} = L_1 \frac{di_1}{dt} - M \frac{di_2}{dt} \\ u_2 &= \frac{d\psi_2}{dt} = L_2 \frac{di_2}{dt} - M \frac{di_1}{dt} \end{aligned}\right\} \qquad (7\text{-}8)$$

由上述分析可见，具有互感的两线圈上的电压，在设其参考方向与线圈上电流参考方向关联的条件下，它等于自感压降与互感压降的代数和，磁通相助取加号；磁通相消取减号。

式（7-3）仅说明互感 M 比 $\sqrt{L_1 L_2}$ 小（最多相等），它并不能说明 M 比 $\sqrt{L_1 L_2}$ 小到什么程度，为此我们引入耦合系数 k，把互感 M 与自感 L_1、L_2 的关系写为

$$k = \frac{M}{\sqrt{L_1 L_2}} \qquad (7\text{-}9)$$

式中，系数 k 称为耦合系数，它反映了两线圈耦合松紧的程度。由式（7-9）可知 $0 \leq k \leq 1$，k 值的大小反映了两线圈耦合的强弱，若 $k=0$，说明两线圈没有耦合；若 $k=1$，说明两线圈耦合最紧，称全耦合。

两个线圈之间的耦合系数 k 的大小与线圈的结构、两线圈的相互位置以及周围磁介质等有关。

在工程上有时尽量减小互感的作用，以避免线圈之间的相互干扰，这方面除了采用屏蔽手段外，一个有效的方法就是合理布置这些线圈的相互位置，这可以大大地减小它们间的耦合作用，使实际的电气设备或系统少受或不受干扰影响，能正常的运行工作。

7.1.2 同名端

如已知线圈的绕向和电流的参考方向，互感电压的正负不难确定。但在实际中，互感线圈往往是密封的，看不见线圈及其绕向，况且在电路图中真实地绘出线圈绕向也不

方便，于是人们规定了一种标志，即同名端。由同名端与电流参考方向就可判定磁通增强或削弱。

线圈的同名端是这样规定的：当电流分别从两线圈各自的某端同时流入（或流出）时，若两者产生的磁通增强，则这两端称为两互感线圈的同名端，用标志"·"或"*"表示。

例如 7-3（a），a 端与 c 端是同名端（当然 b 端与 d 端也是同名端），b 端与 c 端（或 a 端与 d 端）则称非同名端（或称异名端）。这样规定后，如果两电流不是同时从两互感线圈同名端流入（或流出），则它们各自产生的磁通削弱。有了同名端的规定后，像图 7-3（a）所示的互感线圈在电路模型图中可以用图 7-3（b）所示模型表示。在图 7-3（b）中，若设电流 i_1，i_2 分别从 a 端、c 端流入，就认为磁通增强。如果再设线圈上电压、电流参考方向关联，那么两线圈上电压分别为

$$u_1 = L_1 \frac{di_1}{dt} + M \frac{di_2}{dt}$$
$$u_2 = L_2 \frac{di_2}{dt} + M \frac{di_1}{dt}$$

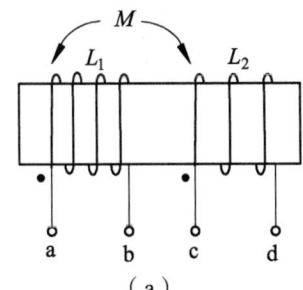
（a）

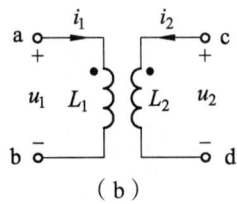
（b）

图 7-3 互感线圈的同名端

如果像图 7-4 所设 i_1 仍是从 a 端流入，i_2 不是从 c 端流入，而是从 c 端流出，就认为（判定）磁通削弱。

由图 7-4 可见，两互感线圈上电压与其上电流参考方向关联，所以

$$u_1 = L_1 \frac{di_1}{dt} - M \frac{di_2}{dt}$$
$$u_2 = L_2 \frac{di_2}{dt} - M \frac{di_1}{dt}$$

对于已标出同名端的互感线圈模型[图 7-3（b）、图 7-4]，可根据所设互感线圈上电压、电流参考方向写出互感线圈上电压、电流关系。

上面已讲述了关于互感线圈同名端的含义，那么，如果给定一对不知绕向的互感线

圈，如何判断出它们的同名端呢？这可采用一些实验手段来加以判定。图 7-5 是测试互感线圈同名端的一种实验线路，把其中一个线圈通过开关 S 接到一个直流电源上，把一个直流电压表接到另一线圈上。当开关迅速闭合时，就有随时间增长的电流 i_1 从电源正极流入线圈端钮 1，这时 $di(t)/dt$ 大于零，如果电压表指针正向偏转，这说明端钮 2 为实际高电位端（直流电压表的正极接端钮 2），由此可以判定端钮 1 和端钮 2 是同名端；如果电压表指针反向偏转，这说明端钮 2′ 为实际高电位端，这种情况就判定端钮 1 与端钮 2′ 是同名端。

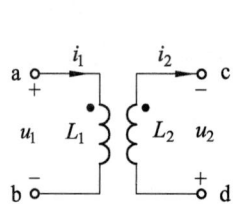

图 7-4　磁通相消情况互感线圈模型

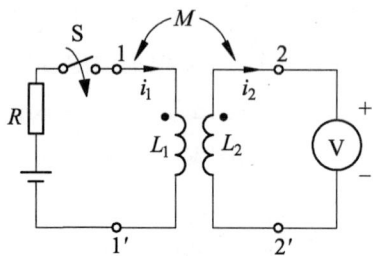

图 7-5　互感线圈同名端测定

例 7-1　图 7-3（b）中，$i_1 = 10$ A，$i_2 = 5\cos 10t$ A，$L_1 = 2$ H，$L_2 = 3$ H，$M = 1$ H，求耦合电感的端电压 u_1、u_2。

解：由图 7-3（b）和式（7-6）得：

$$u_1 = L_1 \frac{di_1}{dt} + M \frac{di_2}{dt} = -50\sin 10t \text{ V}$$

$$u_2 = M \frac{di_1}{dt} + L_2 \frac{di_2}{dt} = -150\sin 10t \text{ V}$$

当电流 i_1、i_2 为同频率正弦量时，在正弦稳态情况下，电压、电流方程可以用相量形式表示，以图 7-3（b）为例，有：

$$\begin{aligned}\dot{U}_1 &= j\omega L_1 \dot{I}_1 + j\omega M \dot{I}_2 \\ \dot{U}_2 &= j\omega M \dot{I}_1 + j\omega L_2 \dot{I}_2\end{aligned} \quad (7\text{-}10)$$

还可以用电流控制的电压源 CCVS 表示互感电压的作用，对于图 7-3（b）的耦合电感，用 CCVS 表示的电路如图 7-6 所示（用相量形式）。

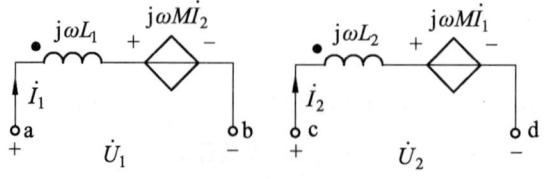

图 7-6　用 CCVS 表示的耦合电感电路

7.2 含有耦合电感电路的分析

耦合电感的电路与一般电路的区别仅在于耦合电感中除存在自感电压之外,还存在互感电压。因此,在分析含有耦合电感的电路时,只要处理好互感电压及其作用,其余的就与一般电路的分析方法相同。正弦稳态分析,仍采用相量法。只要注意在列 KVL 方程时,由于耦合电感支路的电压不仅与本支路电流有关,还与其他支路电流有关,故要正确利用同名端计入互感电压,必要时可引用 CCVS 来表示互感电压的作用。

7.2.1 耦合电感的串联

耦合电感的串联有两种方式:顺接和反接。

两个线圈串联,当电流都从同名端流入(或流出)时称为顺向串联,简称顺接。如图 7-7(a)所示,这时互感电压和自感电压的极性相同,所以有

$$\begin{aligned}\dot{U} &= \dot{U}_1 + \dot{U}_2 = R_1\dot{I} + j\omega L_1\dot{I} + j\omega M\dot{I} + R_2\dot{I} + j\omega L_2\dot{I} + j\omega M\dot{I} \\ &= (R_1 + R_2)\dot{I} + j\omega(L_1 + L_2 + 2M)\dot{I} \\ &= R_{eq}\dot{I} + j\omega L_{eq}\dot{I}\end{aligned} \quad (7\text{-}11)$$

式中,L_{eq} 为顺接时的等效电感。

$$\begin{aligned} L_{eq} &= L_1 + L_2 + 2M \\ R_{eq} &= R_1 + R_2 \end{aligned} \quad (7\text{-}12)$$

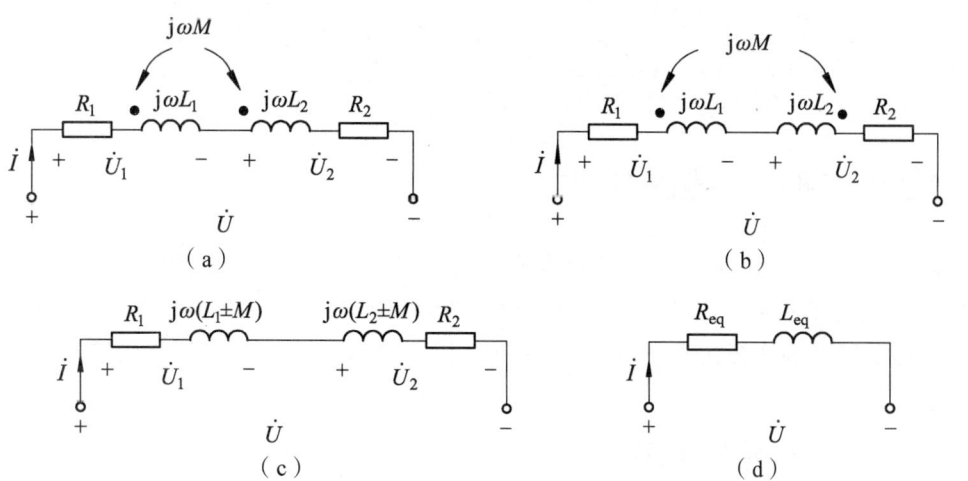

图 7-7 耦合元件的串联及其去耦等效电路

当电流从一个线圈的同名端流入(或流出),而从另一个线圈的同名端流出(或流入)时称为反向串联,简称反接,如图 7-7(b)所示,这时互感电压和自感电压的极性相反,

所以有

$$\dot{U} = \dot{U}_1 + \dot{U}_2 = R_1\dot{I} + j\omega L_1\dot{I} - j\omega M\dot{I} + R_2\dot{I} + j\omega L_2\dot{I} - j\omega M\dot{I}$$
$$= (R_1 + R_2)\dot{I} + j\omega(L_1 + L_2 - 2M)\dot{I} \quad (7\text{-}13)$$
$$= R_{eq}\dot{I} + j\omega L_{eq}\dot{I}$$

$$\left.\begin{array}{l} L_{eq} = L_1 + L_2 - 2M \\ R_{eq} = R_1 + R_2 \end{array}\right\} \quad (7\text{-}14)$$

可见两个具有互感的线圈串接时，其总电感并不等于两线圈的自然之和，但等效电感不能为负，即

$$L_1 + L_2 \geqslant 2M \quad (7\text{-}15)$$

图 7-7（c）（d）为耦合电感的去耦等效电路及简化后的等效电路图。

例 7-2 电路如图 7-7（a）所示，$R_1 = 2\,\Omega$，$\omega L_1 = 16\,\Omega$，$R_2 = 4\,\Omega$，$\omega L_2 = 27\,\Omega$，$\omega M = 18\,\Omega$，$U = 20\,\text{V}$。试求电路中的电流 $\dot{I}$ 和耦合电感的耦合系数。

解： $Z_1 = R_1 + j(\omega L_1 + \omega M) = 2 + j34\,\Omega$

$Z_2 = R_2 + j(\omega L_2 + \omega M) = 4 + j45\,\Omega$

$Z = Z_1 + Z_2 = 2 + j34 + 4 + j45 = 6 + j79 = 79.2\angle 85.7°\,\Omega$

设 $\dot{U} = 20\angle 0°\,\text{V}$

$$\dot{I} = \frac{\dot{U}}{Z} = \frac{20\angle 0°}{79.2\angle 85.7°} = 0.25\angle -85.7°\,\text{A}$$

$$K = \frac{M}{\sqrt{L_1 L_2}} = \frac{\omega M}{\sqrt{\omega L_1 \times \omega L_2}} = \frac{18}{\sqrt{16 \times 27}} = 0.9$$

7.2.2 耦合电感的并联

耦合电感也可以并联连接，连接方式有两种。图 7-8（a）所示为同侧并联，两个线圈的同名端连接在同一结点上。图 7-8（b）所示为异侧并联，两个线圈一个是同名端、另一个是非同名端连接在同一结点上。在正弦稳态时图 7-8（a）所示同侧并联的相量方程为

$$\dot{U} = j\omega L_1 \dot{I}_1 + j\omega M \dot{I}_2$$
$$\dot{U} = j\omega L_2 \dot{I}_2 + j\omega M \dot{I}_1$$

得

$$\dot{I} = \dot{I}_1 + \dot{I}_2 = \frac{(L_1 + L_2 - 2M)}{j\omega(L_1 L_2 - M^2)}\dot{U}$$

$$\frac{\dot{U}}{\dot{I}} = j\omega \frac{(L_1 L_2 - M^2)}{(L_1 + L_2 - 2M)} \tag{7-16}$$

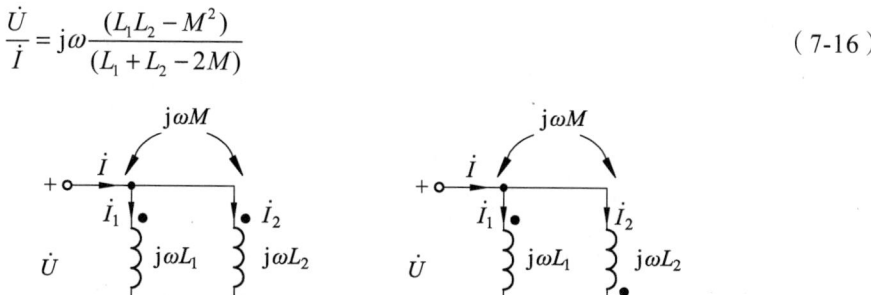

图 7-8 耦合元件的并联

若 L_{eq} 为并联同侧连接时的等效电感,则

$$L_{eq} = \frac{(L_1 L_2 - M^2)}{(L_1 + L_2 - 2M)} \tag{7-17}$$

图 7-8（b）所示为异侧并联,同理可推出其等效电感为

$$L_{eq} = \frac{(L_1 L_2 - M^2)}{(L_1 + L_2 + 2M)} \tag{7-18}$$

7.2.3 去耦等效电路

由于耦合电感上的电压,不但要考虑自感电压,还应考虑互感电压,所以含耦合电感电路的分析有它一定的特殊性。例如前面介绍的结点电压法,所列写的结点方程实质是结点电流方程,不易考虑互感电压,所以含有耦合电感电路,如果不作去耦等效,不便直接应用结点电压法分析。对于含耦合电感的电路,可以采用等效法分析。

去耦等效电路

等效法全称为去耦等效电路法,或称为互感消去法;其实质是利用电路等效的原理,将含互感的电路用无互感的电路等效替代。它适用于具有公共端的互感电路,如图 7-9（a）所示,公共结点 3 上同侧相连,可利用图 7-9（b）中三个无耦合的电感等效替代。

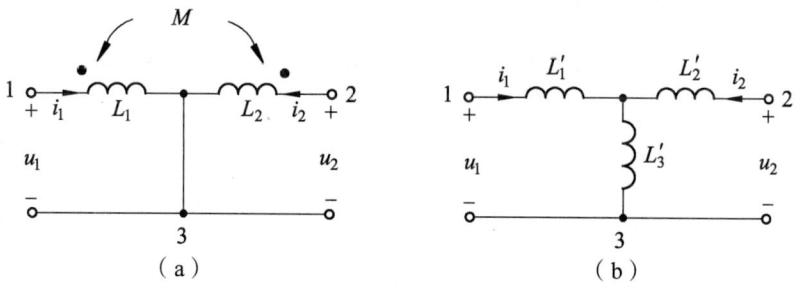

图 7-9 去耦等效电路

图 7-9（a）的伏安关系为

$$u_1 = L_1 \frac{di_1}{dt} + M \frac{di_2}{dt} \\ u_2 = L_2 \frac{di_2}{dt} + M \frac{di_1}{dt}$$ （7-19）

图 7-9（b）的伏安关系为

$$u_1 = L_1' \frac{di_1}{dt} + L_3' \frac{d(i_1+i_2)}{dt} = (L_1' + L_3') \frac{di_1}{dt} + L_3 \frac{di_2}{dt} \\ u_2 = L_2' \frac{di_2}{dt} + L_3' \frac{d(i_1+i_2)}{dt} = L_3' \frac{di_1}{dt} + (L_2' + L_3') \frac{di_2}{dt}$$ （7-20）

式（7-19）与式（7-20）中 $\frac{di_1}{dt}$ 和 $\frac{di_2}{dt}$ 的系数相等时，则两电路等效，由此可得等效的条件为

$$L_3' = M \\ L_1' = L_1 - M \\ L_2' = L_2 - M$$ （7-21）

图 7-10 所示的电路为异侧连接。其伏安关系为

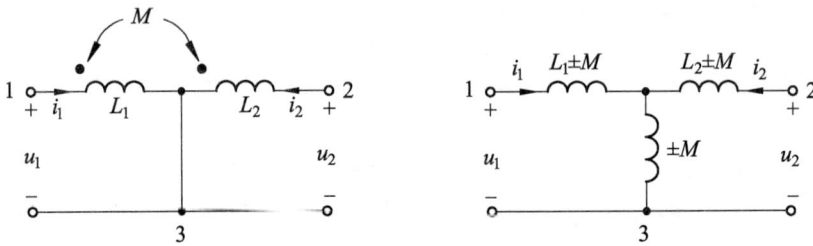

图 7-10　异侧连接电路　　　　图 7-11　同侧及异侧去耦等效电路

$$u_1 = L_1 \frac{di_1}{dt} - M \frac{di_2}{dt} \\ u_2 = L_2 \frac{di_2}{dt} - M \frac{di_1}{dt}$$ （7-22）

式（7-22）与式（7-20）中 $\frac{di_1}{dt}$ 和 $\frac{di_2}{dt}$ 的系数相等时，则两电路等效，由此可得等效的条件为

$$L_3' = -M \\ L_1' = L_1 + M \\ L_2' = L_2 + M$$ （7-23）

第7章 含有耦合电感的电路

因此，同侧及异侧去耦等效电路如图 7-11 所示。

例 7-3 电路如图 7-12（a）所示，已知 $\dot{U}_{s1} = 9\angle 0°\text{ V}$，$\dot{U}_{s2} = 6\angle 90°\text{ V}$，$X_{L1} = 4\,\Omega$，$X_{L2} = 3\,\Omega$，$X_M = 1\,\Omega$，$X_C = 1\,\Omega$。求电压 $\dot{U}_{AB}$。

解： 图 7-12（a）为同侧连接，其去耦等效电路，如图 7-12（b）所示。

由于 $X_M = X_C = 1\,\Omega$

所以有

$$\dot{I}_1 = \frac{-\dot{U}_{s2}}{\text{j}(X_{L2} - X_M)} = \frac{-6\angle 90°}{\text{j}2} = -3\text{ A}$$

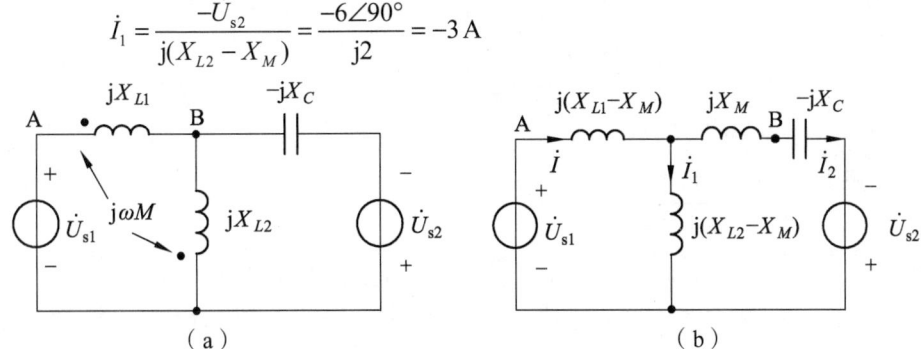

图 7-12　例 7-3 图

$$\dot{I} = \frac{\dot{U}_{s1} + \dot{U}_{s2}}{\text{j}(X_{L1} - X_M)} = \frac{9\angle 0° + 6\angle 90°}{\text{j}3} = 2 - \text{j}3\ (\text{A})$$

$$\dot{I}_2 = \dot{I} - \dot{I}_1 = 2 - \text{j}3 + 3 = 5 - \text{j}3\text{ A}$$

$$\dot{U}_{AB} = \text{j}(X_{L1} - X_M)\dot{I} + \text{j}X_M\dot{I}_2 = \text{j}3(2 - \text{j}3) + \text{j}1(5 - \text{j}3) = 12 + \text{j}11 = 16.28\angle 42.5°\ (\text{V})$$

例 7-4 电路如图 7-13（a）所示，$R_1 = 3\,\Omega$，$R_2 = 5\,\Omega$，$\omega L_1 = 7.5\,\Omega$，$\omega L_2 = 12.5\,\Omega$，$\omega M = 6\,\Omega$，电压 $U = 50\text{ V}$，求当开关 K 打开和闭合时的电流 $\dot{I}$。

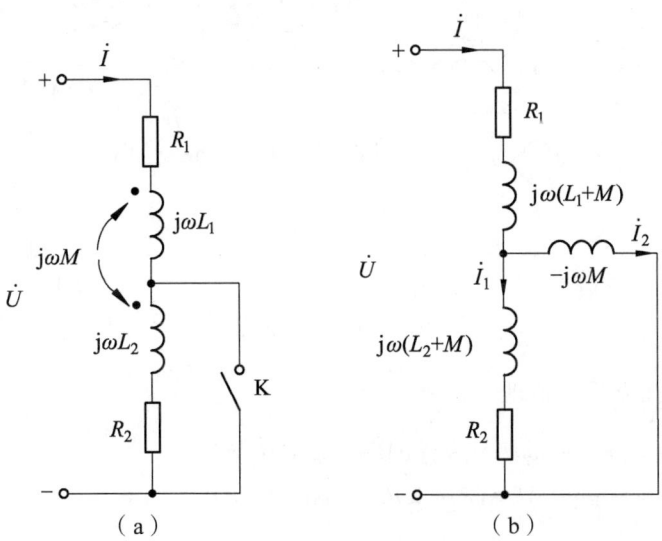

图 7-13　例 7-4 图

解：设电压 $\dot{U} = 50\angle 0°$ V。

开关 K 打开时为串联顺接。

$$\dot{I} = \frac{\dot{U}}{R_1 + R_2 + j\omega(L_1 + L_2 + 2M)} = \frac{50\angle 0°}{3+5+j(7.5+12.5+2\times 6)} = 1.52\angle -79.56° \text{ (A)}$$

开关 K 闭合时为异侧连接。去耦等效电路如图 7-13（b）所示。

$$Z = (R_1 + j\omega(L_1 + M)) + \frac{(R_2 + j\omega(L_2 + M))(-j\omega M)}{(R_2 + j\omega(L_2 + M)) + (-j\omega M)}$$

$$= 3 + j(7.5 + 6) + \frac{[5 + j(12.5 + 6)](-j6)}{[5 + j(12.5 + 6)] - j6}$$

$$= 6.41\angle 51.5° \ \Omega$$

$$\dot{I} = \frac{\dot{U}}{Z} = \frac{50\angle 0°}{6.41\angle 51.5°} = 7.79\angle -51.5° \text{ (A)}$$

例 7-5 电路如图 7-14（a）所示，已知 $M = \mu L_1$，求通过 R_2 的电流。

解：图 7-14（a）所示为异侧连接，其去耦等效电路，如图 7-14（b）所示。假定网孔电流分别为 $\dot{I}_1$ 和 $\dot{I}_2$，列出网孔方程：

$$[R_1 + j\omega(L_1 + M) - j\omega M]\dot{I}_1 + j\omega M \dot{I}_2 = \dot{U}_s - \mu \dot{U}_{L1}$$

$$j\omega M \dot{I}_1 + [R_2 + j\omega(L_2 + M) - j\omega M]\dot{I}_2 = \mu \dot{U}_{L1}$$

其中，受控电压源的控制量 $\dot{U}_{L1}$ 为电感 L_1 两端的电压，是自感电压与互感电压的代数和，即

$$\dot{U}_{L1} = j\omega L_1 \dot{I}_1 + j\omega M \dot{I}_2$$

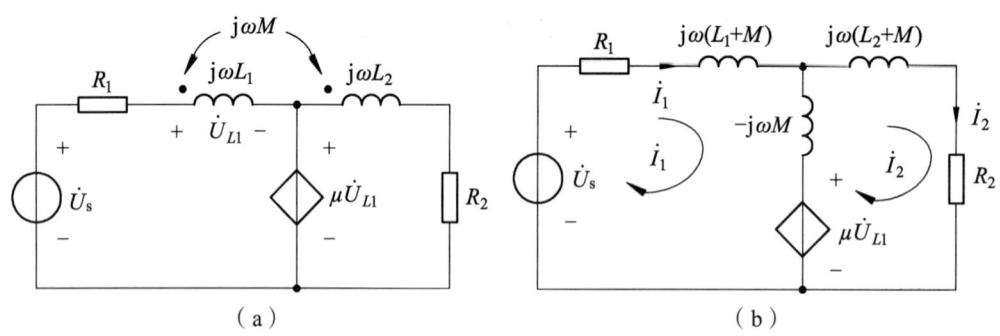

图 7-14 例 7-5 图

将其代入网孔方程，整理

$$(R_1 + j\omega L_1 + j\omega\mu L_1)\dot{I}_1 + (j\omega M + j\omega\mu M)\dot{I}_2 = \dot{U}_s$$

$$(j\omega M - j\omega\mu L_1)\dot{I}_1 + (R_2 + j\omega L_2 - j\omega\mu M)\dot{I}_2 = 0$$

考虑到 $M = \mu L_1$，得

$$\dot{I}_1 = \frac{\dot{U}_s}{R_1 + j\omega L_1 + j\omega \mu L_1}$$

$$\dot{I}_2 = 0$$

即通过 R_2 的电流为零。

7.3　空心变压器

变压器是电工、电子技术等领域中常用的电气设备，是利用互感来实现从一个电路向另一个电路传输能量或信号的器件，是耦合电感工程实际应用的典型例子，在其他课程有专门的论述，这里仅对电路原理做简单的介绍。

空心变压器是由两个绕在非铁磁材料制成的心子上并具有互感的线圈组成。与电源相连的一边称为原边（初级），其线圈称为原线圈。与负载相连的一边称为副边（次级），其线圈称为副线圈。电路如图 7-15 所示。

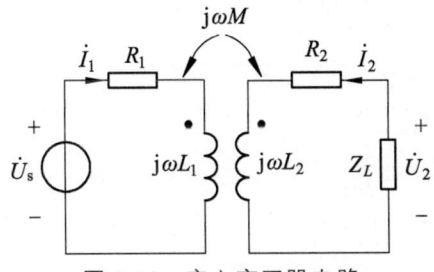

图 7-15　空心变压器电路

对于空心变压器的研究十分方便，因为两个回路没有直接的导线连接，故两个回路可以分别研究，只要考虑其互感影响即可，因此两个回路方程分别为

$$\left.\begin{array}{r} (R_1 + j\omega L_1)\dot{I}_1 + j\omega M \dot{I}_2 = \dot{U}_s \\ j\omega M \dot{I}_1 + (Z_L + R_2 + j\omega L_2)\dot{I}_2 = 0 \end{array}\right\} \quad (7\text{-}24)$$

令　　$Z_{11} = R_1 + j\omega L_1$，称为初级回路自阻抗；

　　　$Z_{22} = R_2 + j\omega L_2 + Z_L$，称为次级回路自阻抗；

　　　$Z_M = j\omega M$，称为互感阻抗。

将 Z_{11}、Z_{22}、Z_M 都代入式（7-24），则可写出方程的一般形式

$$\left.\begin{array}{r} Z_{11}\dot{I}_1 + Z_M \dot{I}_2 = \dot{U}_s \\ Z_M \dot{I}_1 + Z_{22}\dot{I}_2 = 0 \end{array}\right\} \quad (7\text{-}25)$$

解得

$$\left.\begin{array}{l}\dot{I}_1=\dfrac{Z_{22}\dot{U}_s}{Z_{11}Z_{22}+(\omega M)^2}\\[6pt]\dot{I}_2=\dfrac{-j\omega M\dot{U}_S}{Z_{11}Z_{22}+(\omega M)^2}\end{array}\right\} \qquad (7\text{-}26)$$

由
$$\dot{I}_1=\dfrac{Z_{22}\dot{U}_s}{Z_{11}Z_{22}+(\omega M)^2}=\dfrac{1}{Z_{11}+(\omega M)^2/Z_{22}}\dot{U}_s \qquad (7\text{-}27)$$

得输入阻抗：

$$Z_i=\dfrac{\dot{U}_s}{\dot{I}_1}=Z_{11}+(\omega M)^2/Z_{22}$$

所以有 $\quad Z_{\text{ref}}=(\omega M)^2/Z_{22}$

式中，Z_{ref} 为引入阻抗（反映阻抗），是次级回路阻抗 Z_{22} 通过互感反映到原边的等效阻抗。

根据式（7-27）可画出原边回路的等效电路图，如图 7-16（a）所示。

由 $\dot{I}_2=\dfrac{-j\omega M\dot{U}_S}{Z_{11}Z_{22}+(\omega M)^2}=\dfrac{-Z_M/Z_{11}}{Z_{22}+(\omega M)^2/Z_{11}}\dot{U}_s$ 可画出副边回路的等效电路图，如图 7-16（b）所示。

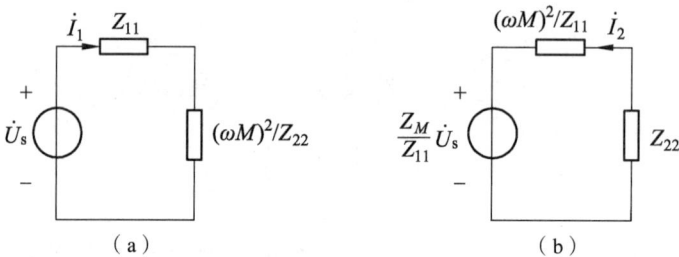

图 7-16 空心变压器的等效电路

例 7-6 电路如图 7-15 所示，$R_1=R_2=0$，$L_1=5\text{ H}$，$L_2=3.2\text{ H}$，$M=4\text{ H}$。电压 $u_s=100\cos(10t)\text{ V}$，负载阻抗 $Z=R_L+jX_L=10\text{ }\Omega$，求变压器的耦合系数 k 和原边、副边电流 i_1、i_2。

解：变压器的耦合系数 k 为

$$k=\dfrac{M}{\sqrt{L_1L_2}}=1$$

表明变压器为全耦合电感。

$$Z_{11}=R_1+j\omega L_1=j50\text{ }\Omega$$

$$Z_{22}=R_2+j\omega L_2+R_L+jX_L=10+j32\text{ }\Omega$$

$$Z_M=j\omega M=j40\text{ }\Omega$$

$$\dot{I}_{1m} = \frac{1}{Z_{11}+(\omega M)^2/Z_{22}}\dot{U}_{sm} = \frac{100\angle 0°}{j50+40^2/(10+j32)} = 6.7\angle -17.35°\text{A}$$

由式（7-25）可得

$$\dot{I}_{2m} = -\frac{Z_M}{Z_{22}}\dot{I}_{1m} = -\frac{j40}{10+j32}\times 6.7\angle -17.35° = -8\angle 0°\text{A}$$

电流的时域形式为

$$i_1 = 6.7\cos(10t-17.35°)\text{A}$$

$$i_2 = -8\cos(10t)\text{A}$$

7.4 理想变压器

理想变压器是实际变压器理想化的模型。是一个无损耗全耦合的变压器。

理想变压器的电路模型如图 7-17（a）所示，N_1 和 N_2 分别为原边和副边线圈的匝数，原、副边电压和电流满足下列关系（伏安关系）：

$$\left.\begin{array}{l}u_1 = \dfrac{N_1}{N_2}u_2 = nu_2 \\ i_1 = -\dfrac{N_2}{N_1}i_2 = -\dfrac{1}{n}i_2\end{array}\right\} \qquad (7\text{-}28)$$

上式是根据图 7-17（a）中所示参考方向和同名端列出的。式中 $n = N_1/N_2$，称为理想变压器的变比。理想变压器的电压、电流方程是通过一个参数 n（变比）描述的代数方程，所以理想变压器不是一个动态元件。

用受控源表示的电路如图 7-17（b）所示。

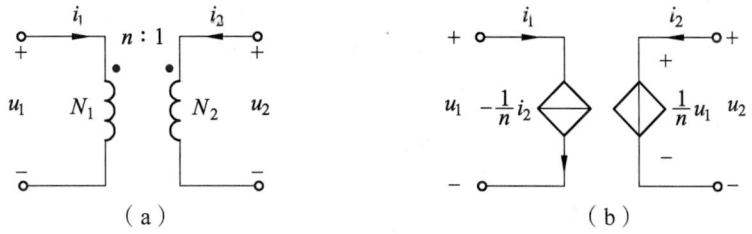

图 7-17 理想变压器电路模型

将理想变压器的两个方程相乘后得

$$u_1 i_1 + u_2 i_2 = 0$$

上式是理想变压器从两个端口吸收的瞬时功率等于零，表明它既不耗能也不储能，是一个非动态无损耗的磁耦合元件。它将能量由原边全部传输到副边，并在传输的过程中，依据变比改变电压、电流的大小。

理想变压器的伏安关系与同名端位置、端口电压和电流的参考方向有关，列写伏安关系的规则为：两端口电压对同名端一致，两端口电流对同名端相反。也就是说，如果 u_1 和 u_2 在同名端处极性相同，则 u_1 和 u_2 关系为 $u_1 = nu_2$；反之 u_1 和 u_2 关系为 $u_1 = -nu_2$。如果 i_1 和 i_2 均从同名端流入（或流出），则 i_1 和 i_2 的关系为 $i_1 = -\dfrac{1}{n}i_2$；反之，i_1 和 i_2 的关系为 $i_1 = \dfrac{1}{n}i_2$。

例如，图 7-18（a）、(b) 所示理想变压器的伏安关系分别为

$$\left.\begin{array}{l} u_1 = -nu_2 \\ i_1 = \dfrac{1}{n}i_2 \end{array}\right\} \quad \text{和} \quad \left.\begin{array}{l} u_1 = nu_2 \\ i_1 = -\dfrac{1}{n}i_2 \end{array}\right\}$$

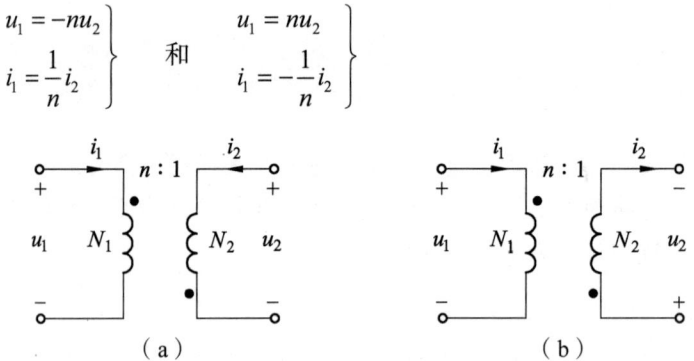

图 7-18　理想变压器的伏安关系

理想变压器对电压、电流按变比变换的作用，还反映在阻抗的变换上。在正弦稳态的情况下，当理想变压器副边接负载阻抗 Z_L 时，电路如图 7-19 所示，则变压器原边的输入阻抗为

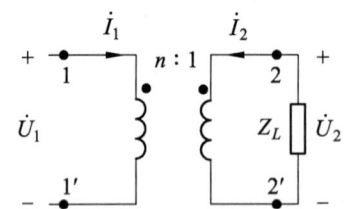

图 7-19　理想变压器阻抗变换作用

$$Z_{11'} = \dfrac{\dot{U}_1}{\dot{I}_1} = \dfrac{n\dot{U}_2}{-\dfrac{1}{n}\dot{I}_2} = -n^2 \dfrac{\dot{U}_2}{\dot{I}_2} = n^2 Z_L \tag{7-29}$$

上式表明，当副边接阻抗 Z_L 时，对原边来说，相当于在原边接了一个值为 $n^2 Z_L$ 的阻抗，即副边折算到原边的等效阻抗。这就是理想变压器阻抗的变换性质。

例 7-7　电路如图 7-20（a）所示，已知电源内阻 $R_s = 1\ \text{k}\Omega$，负载电阻 $R_L = 10\ \text{W}$。

为使 R_L 上获得最大功率，求理想变压器的变比 n。

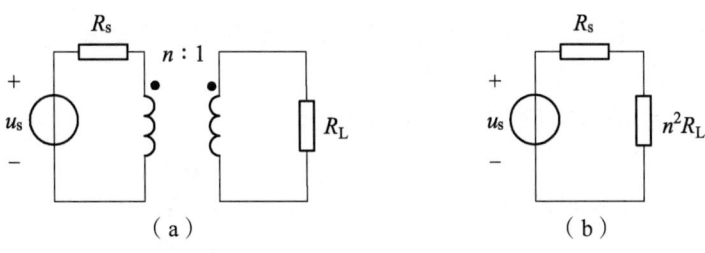

图 7-20　例 7-7 图

解　原边等效电路如图 7-20（b）所示。

当　$n^2 R_L = R_s$ 时匹配，即

$$10n^2 = 1\,000 \Rightarrow n = 10$$

7.5　实践与应用

（1）发电厂是如何将电能送到用户的？先将电能经变压器转换成高压，由电力网输送后，再由变压器转换成低压供用户使用。

（2）日常生活中要用到变压器吗？手机充电器、计算机、彩电中都有稳压电源，先将 220 V 交流电经变压器转换为低电压直流电，再经整流滤波稳压成所需的直流工作电压。

（3）如何进行高压测量？如图 7-21 所示，要测量图中的高压电，显然直接把电压表接在高压电源线上是不安全的。可以先用变压器隔离高压电源，降低电压使之达到安全的电压，然后用电压表测量变压器的次级电压，结合它的匝数比确定初级电压的大小。

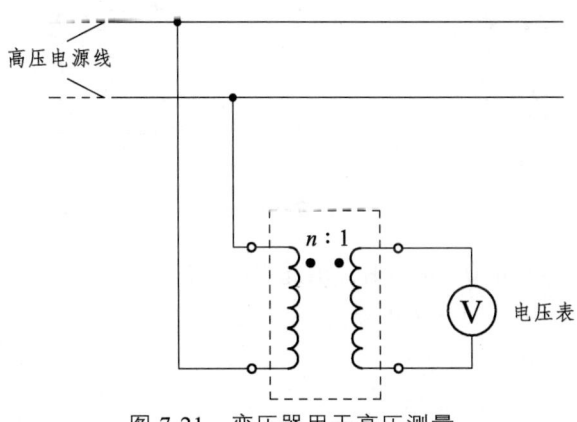

图 7-21　变压器用于高压测量

习 题

7-1 在什么情况下，耦合电感元件的自感磁通链和互感磁通链相互增强？在什么情况下，自感磁通链和互感磁通链相互削弱？

7-2 试写出图示电路的电压电流关系方程。

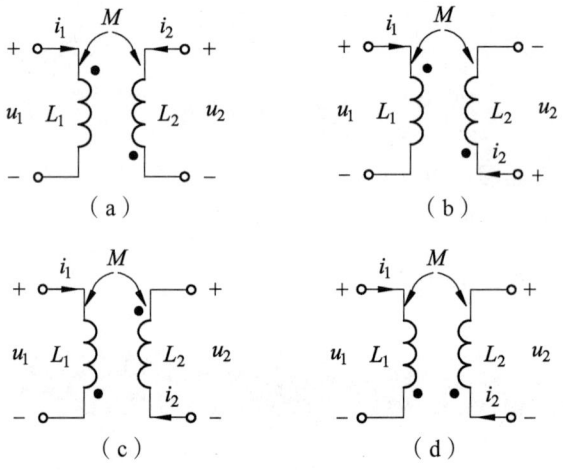

题 7-2 图

7-3 电路如图，已知 $L_1 = 6$ H，$L_2 = 3$ H，M = 4 H，求从 ab 端看进去的等效电感。

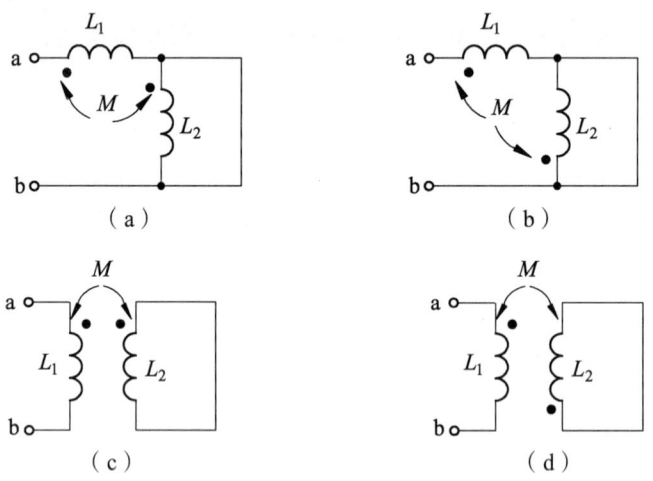

题 7-3 图

7-4 电路如图，已知 $M = 0.04$ H，求此串联电路的谐振频率。

7-5 图示电路中，已知 $R_1 = R_2 = 1\ \Omega$，$L_1 = 1$ H，$L_2 = 2$ H，$M = 1.4$ H，$u_s(t) = 220\sqrt{2}\cos 314t$ V，求电流 i。

第7章 含有耦合电感的电路

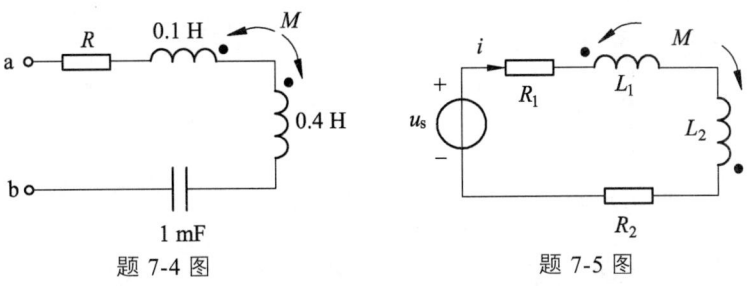

题 7-4 图　　　　　　　题 7-5 图

7-6 电路如图所示，已知 $L_1 = 6$ H，$L_2 = 4$ H，两耦合线圈顺向串联时，电路的谐振频率是反向串联时谐振频率的 0.5 倍，求互感 M。

7-7 电路如图所示，已知 $R_1 = 50\ \Omega$，$L_1 = 70$ mH，$L_2 = 25$ mH，$M = 25$ mH，$C = 1$ mF，正弦电源的电压 $\dot{U} = 500\angle 0°$ V，$\omega = 10^4$ rad/s，求各支路电流 $\dot{I}$、$\dot{I}_1$、$\dot{I}_2$。

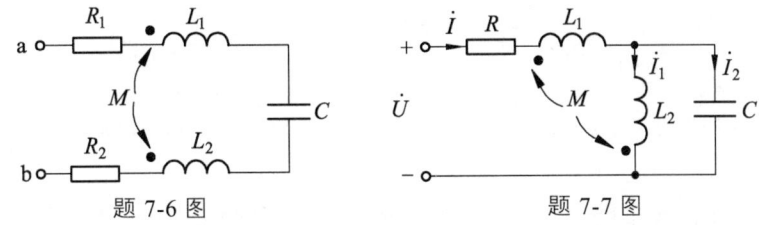

题 7-6 图　　　　　　　题 7-7 图

7-8 电路如图，$u_s(t) = 100\cos 10^3 t$ V，且电压 $\dot{U}_s$ 与电流 $\dot{I}$ 同相，试求电容 C。

7-9 在图中，$R_1 = 50\ \Omega$，$R_2 = 20\ \Omega$，$\omega L_1 = 160\ \Omega$，$\omega L_2 = 40\ \Omega$，耦合系数 $k = 0.5$，$\dfrac{1}{\omega C} = 80\ \Omega$，$\dot{U}_s = 100\angle 0°$ V，试求（1）流过两个线圈的电流；（2）电源发出的有功功率和无功功率；（3）电路的入端阻抗。

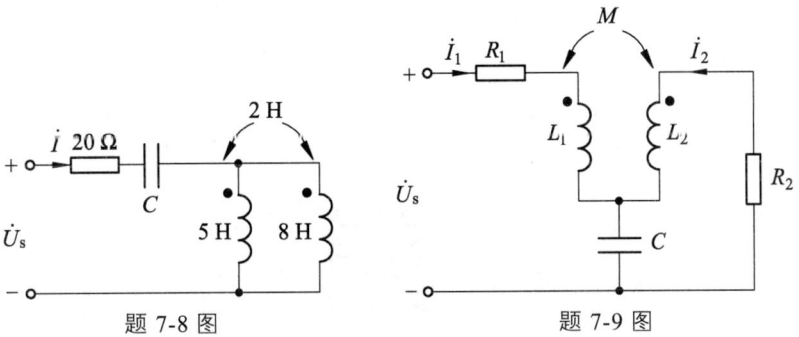

题 7-8 图　　　　　　　题 7-9 图

7-10 电路如图，已知 $R_1 = R_2 = 10\ \Omega$，$\omega L_1 = 30\ \Omega$，$\omega L_2 = 20\ \Omega$，$\omega M = 10\ \Omega$，电源电压 $\dot{U}_s = 100\angle 0°$ V，求电压 $\dot{U}_2$ 及电阻 R_2 消耗的功率。

7-11 电路如图，求电压 $\dot{U}_2$。

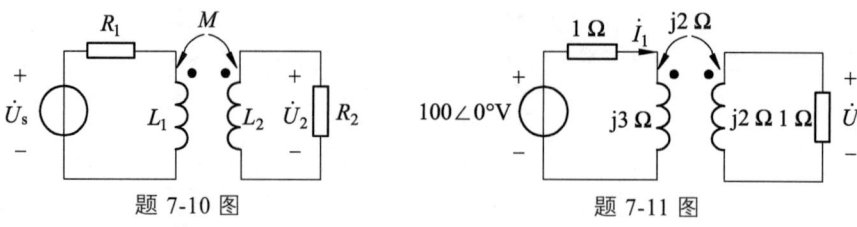

题 7-10 图　　　　　　　题 7-11 图

7-12　已知图示全耦合变压器电路中，$R_1 = 10\ \Omega$，$\omega L_1 = 10\ \Omega$，$\omega L_2 = 1\,000\ \Omega$，$\dot{U}_1 = 10\angle 0°\ \text{V}$，求 cd 端口的等效电路。

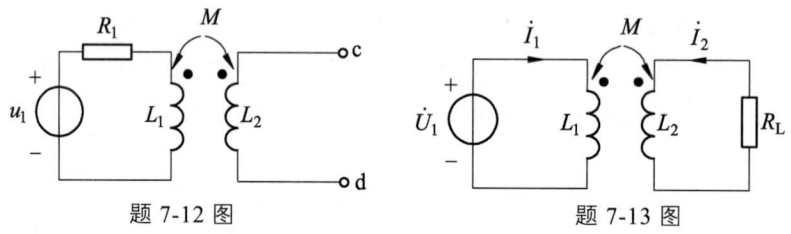

题 7-12 图　　　　　　　题 7-13 图

7-13　已知图示电路中，$L_1 = L_2 = 1\ \text{H}$，$R_L = 10\ \Omega$，$\omega = 10\ \text{rad/s}$，$U_1 = 100\ \text{V}$，若 $k = 1$，求 $\dot{I}_1$ 和 $\dot{I}_2$。

7-14　已知图示电路中，设电路各参数均已知，欲使 $\dot{I}_2 = 0$，问电源频率应为多少？

7-15　电路如图所示，求副边电压 $\dot{U}_2$。

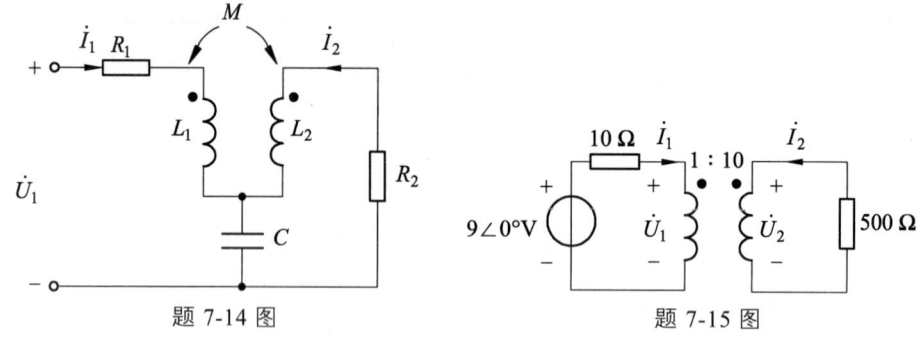

题 7-14 图　　　　　　　题 7-15 图

参考答案

第 8 章 三相电路

导 读

  目前,世界各国的电力系统中电能的生产、传输和供电方式绝大多数都采用三相制。它是世界上最大规模的生产系统,系统的结构为适应工业化生产的需要,已经标准化或规范化。它主要由三相电源、三相负载和三相输电线路三部分组成。三相交流发电机、变压器和三相制的发明是人类社会跨入电气化时代的里程碑,至今已有 100 多年的发展史,是当今社会发展的物质基础之一。

  本章将介绍三相制电路。理论上它是正弦稳态电路的一部分,通过学习,可以了解三相电路的特殊和规律性,掌握其特点,可使分析大为简化。本章的主要内容有:对称三相电源,对称三相电路的组成及其电压和电流的相、线之间的关系,对称三相电路归为一相计算方法,三相电路功率的计算。

8.1 三相电源

  三相电源一般是由三个振幅相同、频率相同、初相依次相差 120° 的正弦交流电压源按照一定的方式连接而成的,这组电压源称为对称三相电源,如图 8-1(a)所示。工程上把它们的正极分别标记为 A、B、C,负极分别标记为 X、Y、Z。

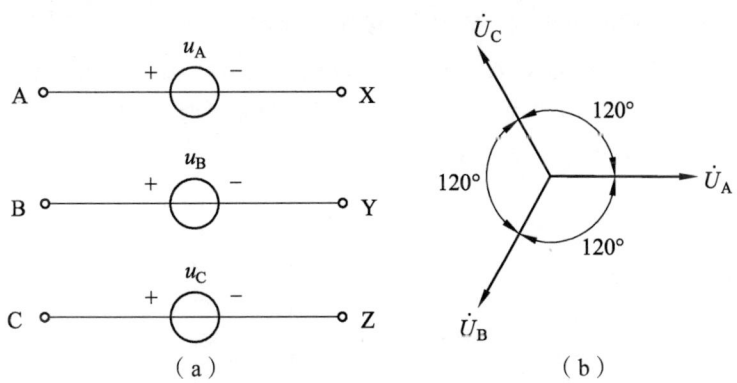

图 8-1 对称三相电源及其相量

  每一个电压源称为电源的一相,依次称为 A 相、B 相和 C 相,若以 A 相电压 u_A 作为参考正弦量,则它们的电压为

$$\left.\begin{aligned} u_A &= \sqrt{2}U\cos(\omega t) \\ u_B &= \sqrt{2}U\cos(\omega t - 120°) \\ u_C &= \sqrt{2}U\cos(\omega t + 120°) \end{aligned}\right\} \quad (8\text{-}1)$$

它们对应的电压相量分别为

$$\left.\begin{aligned} \dot{U}_A &= U\angle 0° \\ \dot{U}_B &= U\angle -120° = a^2 \dot{U}_A \\ \dot{U}_C &= U\angle 120° = a\dot{U}_A \end{aligned}\right\} \quad (8\text{-}2)$$

式中 $a = 1\angle 120°$，它是工程上为了方便而引入的单位相量算子。其相量图如图 8-1(b) 所示。

对称三相电压满足：

$$u_A + u_B + u_C = 0$$

或

$$\dot{U}_A + \dot{U}_B + \dot{U}_C = 0$$

对称三相电源时由三相发电机提供的（我国三相系统的电源频率为 50 Hz，入户电压 220 V，而日、美、欧洲等国家或地区为 60 Hz， 110 V）。

三相电源中，各相电压经过同一值（如最大值）的先后次序，称为三相电源的相序。上述三相电压的相序 A、B、C 称为正序或顺序。与此相反，若 B 相超前 A 相 120°，C 相超前 B 相 120°，这种相序称为反序或逆序。电力系统一般采用正序。

8.2 三相电源和三相负载的连接

如果把三个电压源的负极 X、Y、Z 连接在一起形成一个结点（记为 N，称为电源的中性点），而从三个电压源正极 A、B、C 向外引出的导线称为端线（俗称火线），从中（性）点 N 引出的导线称为中线，图 8-2（a）所示就是三相电源的星形连接方式。按星形方式连接的电源简称星形或 Y 形电源。

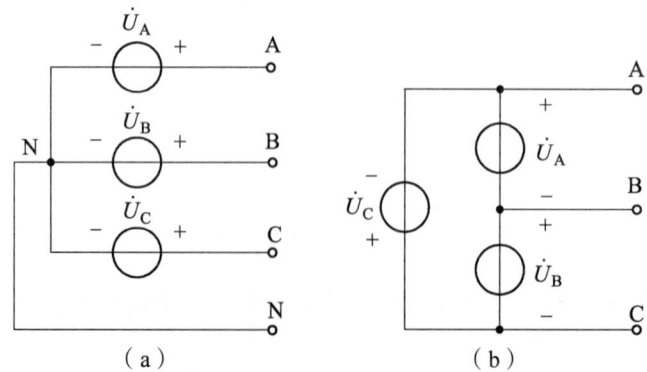

图 8-2 三相电源的星形连接及相、线电压间的相量关系

如果将对称三相电压源的始、末端顺次连接成一个闭合回路，再从端子 A、B、C 引出端线，如图 8-2（b）所示，就成为三相电源的三角形连接，简称三角形或 Δ 形电源。三角形电源不能引出中线。

3 个阻抗连接成星形（或三角形）就构成星形（或三角形）负载，如图 8-3 所示。当这三个阻抗相等时，就称为对称三相负载。否则称为不对称三相负载。

图 8-4 所示为对称三相电路的示例。图 8-4（a）中的三相电源为星形电源，负载为星形负载，称为 Y-Y 连接方式；图 8-4（b）中，三相电源为星形电源，负载为三角形负载，称为 Y-Δ 连接。另外还有 Δ-Y 连接、Δ-Δ 连接。其中 Z_l 为端线等效阻抗。

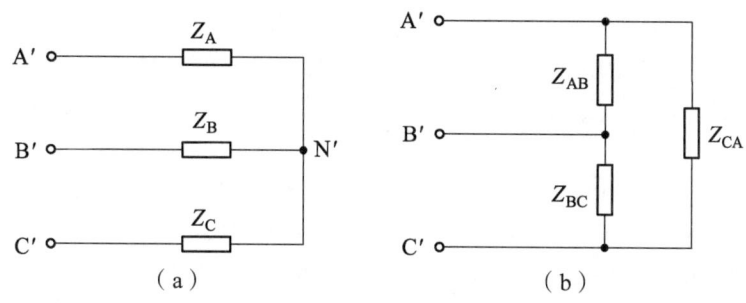

图 8-3 三相负载

在 Y-Y 连接中，如果把 A-A′、B-B′、C-C′三对端钮的连接之外，再将电源的中性点 N 和负载的中性点 N′连接起来，称为中线，如图 8-5 所示，这种连接方式称为 Y_0-Y_0 三相四线制方式。上述其他连接方式均为三相三线制。三相四线制在低压配电系统中有着广泛的应用，如民用照明系统等。

由对称的三相电源和对称的三相负载所组成的三相电路构成对称三相电路。否则，只要有一部分不对称，就是不对称三相电路。本章只研究对称三相电路。

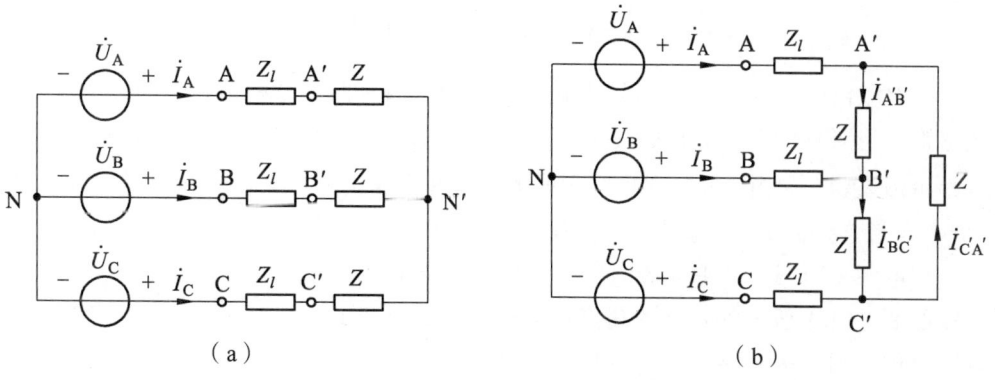

图 8-4 对称三相电路

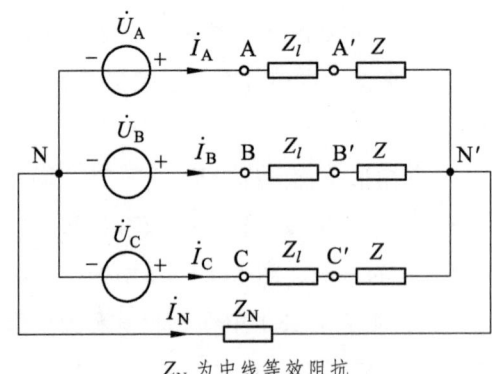

Z_N 为中线等效阻抗

图 8-5　Y_0-Y_0 三相四线制

8.3　线电压（电流）与相电压（电流）之间的关系

三相系统中，流经端线中的电流称为线电流，如图 8-4 所示的 $\dot{I}_A$、$\dot{I}_B$、$\dot{I}_C$，图 8-5 中 $\dot{I}_N$ 称为中线电流。各端线 A、B、C 之间的电压称为线电压，如图 8-4 所示的电源端的 $\dot{U}_{AB}$、$\dot{U}_{BC}$、$\dot{U}_{CA}$ 和负载端的 $\dot{U}_{A'B'}$、$\dot{U}_{B'C'}$、$\dot{U}_{C'A'}$，都称为线电压；三相电源和三相负载中每一相的电压记为 $\dot{U}_{AN}$、$\dot{U}_{BN}$、$\dot{U}_{CN}$ 和 $\dot{U}_{A'N'}$、$\dot{U}_{B'N'}$、$\dot{U}_{C'N'}$，称为相电压。三相电源和三相负载中每一相的电流称为相电流，$\dot{I}_A$、$\dot{I}_B$、$\dot{I}_C$ 为负载星形连接时的相电流，$\dot{I}_{A'B'}$、$\dot{I}_{B'C'}$、$\dot{I}_{C'A'}$ 为三角形连接负载的相电流。三相系统中的线电压与相电压、线电流和相电流之间的关系与连接方式有关。

对于对称星形电源，依次设其线电压为 $\dot{U}_{AB}$、$\dot{U}_{BC}$、$\dot{U}_{CA}$，相电压为 $\dot{U}_A$、$\dot{U}_B$、$\dot{U}_C$（或 $\dot{U}_{AN}$、$\dot{U}_{BN}$、$\dot{U}_{CN}$），如图 8-4（a）所示，根据 KVL，星形电源的相电压与线电压之间有如下关系：

$$\left.\begin{array}{l}\dot{U}_{AB}=\dot{U}_{AN}-\dot{U}_{BN}=(1-a^2)\dot{U}_{AN}=\sqrt{3}\dot{U}_{AN}\angle 30°\\ \dot{U}_{BC}=\dot{U}_{BN}-\dot{U}_{CN}=(1-a^2)\dot{U}_{BN}=\sqrt{3}\dot{U}_{BN}\angle 30°\\ \dot{U}_{CA}=\dot{U}_{CN}-\dot{U}_{AN}=(1-a^2)\dot{U}_{CN}=\sqrt{3}\dot{U}_{CN}\angle 30°\end{array}\right\} \quad (8\text{-}3)$$

另有 $\dot{U}_{AB}+\dot{U}_{BC}+\dot{U}_{CA}=0$。所以上式 3 个方程中只有两个方程是独立的，并且三个线电压也是一组对称的量。对称的 Y 形三相电源端的线电压与相电压之间的关系，可以用电压相量图表示，如图 8-6（a）所示。线电压是相电压的 $\sqrt{3}$ 倍，线电压超前对应的相电压 30°。星形连接的负载，其线电压与相电压的关系也和表达式（8-3）关系相似。

三相电源（负载）Y 形连接时，线电流与相电流相等。

在图 8-4（b）所示的对称三角形负载中，负载上线电压与对应的相电压相等。若三相电源对称，则负载上的 3 个相电流应该对称，即

$$\dot{I}_{B'C'}=a^2\dot{I}_{A'B'} \qquad \dot{I}_{C'A'}=a^2\dot{I}_{A'B'}$$

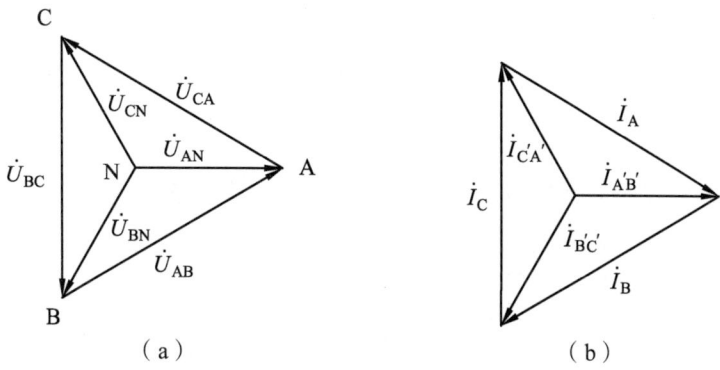

（a） （b）

图 8-6 线电压与相电压、线电流与相电流相量

于是，得到三角形连接时，线、相电流之间的关系为

$$\left.\begin{array}{l}\dot{I}_A = \dot{I}_{A'B'} - \dot{I}_{C'A'} = (1-a)\dot{I}_{A'B'} = \sqrt{3}\dot{I}_{A'B'} \angle -30° \\ \dot{I}_B = \dot{I}_{B'C'} - \dot{I}_{A'B'} = (1-a)\dot{I}_{B'C'} = \sqrt{3}\dot{I}_{B'C'} \angle -30° \\ \dot{I}_C = \dot{I}_{C'A'} - \dot{I}_{B'C'} = (1-a)\dot{I}_{C'A'} = \sqrt{3}\dot{I}_{C'A'} \angle -30° \end{array}\right\} \quad (8-4)$$

另有 $\dot{I}_A + \dot{I}_B + \dot{I}_C = 0$。所以上式 3 个方程中只有两个方程是独立的，线电流与对称相电流之间的关系，可以用电流相量图表示，如图 8-6（b）所示。线电流是相电流的 $\sqrt{3}$ 倍，线电流滞后对应的相电流 30°。

8.4 对称三相电路的计算

三相电路实际上是正弦电流电路的一种特殊类型。因此前面对正弦电流电路的分析方法对三相电路完全适用。利用对称三相电路的一些特点，可以简化对称三相电路的分析计算。

现在，先分析对称三相四线制电路，如图 8-7 所示，其中 Z_l 为端线阻抗，Z_N 为中线阻抗，Z 为负载阻抗。N 和 N' 为中点。对于这种结点数明显少于回路数的电路，可以采用结点法来分析。

对称三相电路的计算

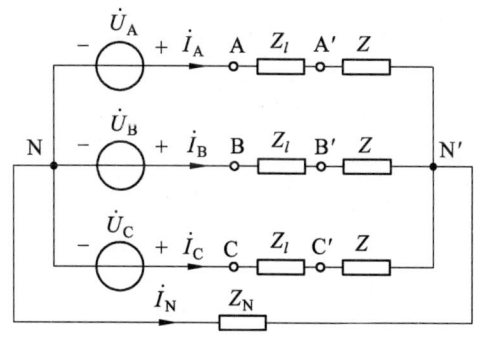

图 8-7 对称三相四线制 Y_0-Y_0 电路

以 N 为参考结点,可得

$$\left(\frac{1}{Z_N}+\frac{3}{Z+Z_l}\right)\dot{U}_{N'N}=\frac{1}{Z+Z_l}(\dot{U}_A+\dot{U}_B+\dot{U}_C)$$

由于 $\dot{U}_A+\dot{U}_B+\dot{U}_C=0$,所以 $\dot{U}_{N'N}=0$,即 N 与 N′等电位。Y-Y 连接方式,各相电源和负载中的相电流等于线电流,它们是:

$$\dot{I}_A=\frac{\dot{U}_A-\dot{U}_{N'N}}{Z+Z_l}=\frac{\dot{U}_A}{Z+Z_l}$$

$$\dot{I}_B==\frac{\dot{U}_B}{Z+Z_l}=a^2\dot{I}_A$$

$$\dot{I}_C==\frac{\dot{U}_C}{Z+Z_l}=a\dot{I}_A$$

中线电流为

$$\dot{I}_N=\dot{I}_A+\dot{I}_B+\dot{I}_C=0$$

所以,在对称三相四线制 Y-Y 系统中,中线电流为零,如同开路。在这种情况下,可以把中线去掉,将其变为三相三线制 Y-Y 系统。但是,在不对称的三相四线制 Y-Y 电路中,由于中线上的电流不为零,中线就不能省去。

负载的相电压为

$$\left.\begin{array}{l}\dot{U}_{A'N'}=\dot{I}_AZ\\ \dot{U}_{B'N'}=\dot{I}_BZ=a^2\dot{U}_{A'N'}\\ \dot{U}_{C'N'}=\dot{I}_CZ=a\dot{U}_{A'N'}\end{array}\right\}$$

即负载端的相电压也是对称的,当然,其线电压同样是对称的。

由以上分析可知,由于 $\dot{U}_{N'N}=0$,各相电流独立,彼此无关;又由于三相电源、三相负载对称,所以相电流构成对称组。只要分析、计算三相中的任一相,而其他两相的电压、电流就可以根据对称性直接写出。这就是三相电路归结为一相的计算方法。图 8-8 为一相计算电路（A 相）。注意,在一相计算电路中,连接 N、N′的是短路线,与中线阻抗 Z_N 无关。

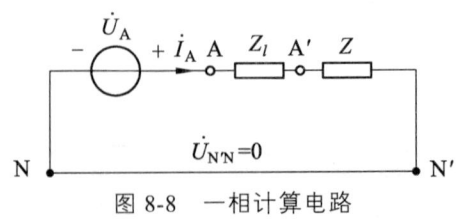

图 8-8　一相计算电路

对于其他连接方式的对称三相电路，可以根据星形和三角形的等效互换，化成对称的 Y-Y 三相电路，然后用归结为一相的计算方法。

例 8-1 对称三相电路如图 8-9(a)所示。已知：$Z = (19.2 + j14.4)\Omega$，$Z_l = (3+j4)\Omega$，对称线电压 $U_{AB} = 380\text{ V}$。求负载端的线电压和线电流。

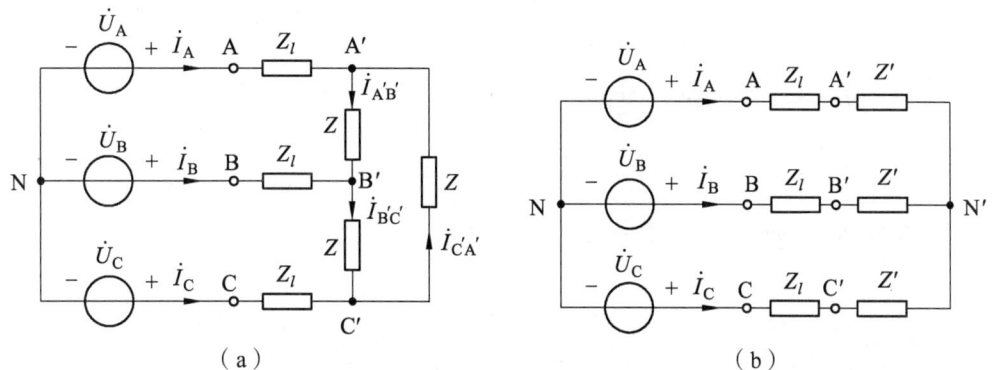

图 8-9 例 8-1 图

解：该电路可以变换为对称的 Y-Y 电路，如图 8-9(b)所示。图中 Z' 为（三角形等效变换为星形）

$$Z' = \frac{Z}{3} = \frac{19.2 + j14.4}{3} = (6.4 + j4.8)\,(\Omega)$$

令 $\dot{U}_A = 220\angle 0°\text{ V}$。根据一相计算电路有

$$\dot{I}_A = \frac{\dot{U}_A}{Z_l + Z'} = 17.1\angle -43.2°\text{ (A)}$$

从而

$$\dot{I}_B = a^2 \dot{I}_A = 17.1\angle -163.2°\text{ (A)}$$
$$\dot{I}_C = a\dot{I}_A = 17.1\angle -76.8°\text{ (A)}$$

此电流即为负载端的线电流。再求出负载端的相电压，利用线电压与相电压的关系就可得负载端的线电压。A 相负载端的相电压为

$$\dot{U}_{A'N'} = \dot{I}_A Z' = 136.8\angle -6.3°\text{ (V)}$$

则负载端的线电压

$$\dot{U}_{A'B'} = \sqrt{3}\dot{U}_{A'N'}\angle 30° = 236.9\angle 23.7°\text{ (V)}$$

根据对称性可写出：

$$\dot{U}_{B'C'} = a^2 \dot{U}_{A'B'} = 236.9\angle -96.3°\text{ (V)}$$

$$\dot{U}_{C'A'} = a\dot{U}_{A'B'} = 236.9\angle 143.7°\ (\text{V})$$

根据负载端的线电压可以求得负载中的相电流，有：

$$\dot{I}_{A'B'} = \frac{\dot{U}_{A'B'}}{Z} = 9.9\angle -13.2°\ (\text{A})$$

$$\dot{I}_{B'C'} = a^2\dot{I}_{A'B'} = 9.9\angle -133.2°\ (\text{A})$$

$$\dot{I}_{C'A'} = a\dot{I}_{A'B'} = 9.9\angle 106.8°\ (\text{A})$$

或者 $\dot{I}_{A'B'} = \dfrac{\dot{I}_A}{\sqrt{3}}\angle 30° = \dfrac{17.1\angle -43.2°}{\sqrt{3}}\angle 30° = 9.9\angle -13.2°$

再根据对称性求出其他两相的相电流。

8.5 对称三相电路的功率

对称三相电路中，不论三相负载为何种接法，三相电路的平均功率都是指各相负载吸收的平均功率之和，若相电压、相电流用 U_P 和 I_P 表示，负载阻抗为 $Z = |Z|\angle\varphi$，则

对称三相电路的功率

$$P = P_A + P_B + P_C = 3U_P I_P \cos\varphi \tag{8-5}$$

考虑到负载为 Y 形连接时，有

$$U_P = \frac{U_l}{\sqrt{3}} \qquad I_P = I_l$$

而负载接成 △ 形时，有

$$U_P = U_l \qquad I_P = \frac{I_l}{\sqrt{3}}$$

故无论负载做何种连接，三相电路的平均功率总可以用线电压和线电流表示为

$$P = \sqrt{3}U_l I_l \cos\varphi \tag{8-6}$$

三相负载的无功功率应等于其各相所吸收的无功功率之和，即

$$Q = Q_A + Q_B + Q_C = 3U_P I_P \sin\varphi \tag{8-7}$$

若用线电压和线电流表示，则有

$$Q = \sqrt{3}U_l I_l \sin\varphi \tag{8-8}$$

对称三相电路的视在功率按下式计算：

$$S = \sqrt{P^2 + Q^2} = 3U_P I_P = \sqrt{3}U_l I_l \qquad (8\text{-}9)$$

在三相三线制电路中，不论对称与否，均可以使用两个功率表的方法来测量三相功率，其连接方法如图8-10所示。两个功率表的电流线圈分别串联在任意两条端线上（图示为A、B两端线），它们的电压线圈的非星端必须共同接到第三条端线上（图示为C端线）。可以看出，这种测量方法中功率表的接线只触及端线，而与负载和电源的连接方式无关。这种方法习惯上称为二瓦计法。三相电路的功率即为两个功率表读数之和。

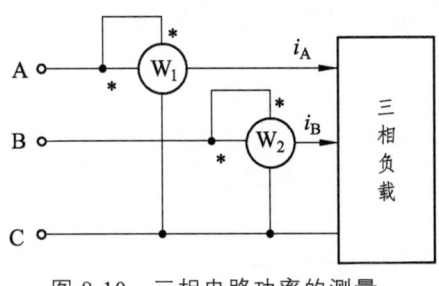

图8-10 三相电路功率的测量

其原理如下：

在三相电源为Y形连接时的对称三相电路，三相瞬时功率为

$$p = u_A i_A + u_B i_B + u_C i_C$$

在三相三线制电路中

$$i_A + i_B + i_C = 0$$
$$i_C = -i_A - i_B$$

有
代入上式得

$$p = u_A i_A + u_B i_B + u_C(-i_A - i_C)$$
$$= (u_A - u_C)i_A + (u_B - u_C)i_B$$
$$= u_{AC} i_A + u_{BC} i_B$$

$$P = \frac{1}{T}\int_0^T p\,dt = \frac{1}{T}\int_0^T (u_{AC} i_A + u_{BC} i_B)\,dt$$
$$= \frac{1}{T}\int_0^T u_{AC} i_A\,dt + \frac{1}{T}\int_0^T u_{BC} i_B\,dt$$
$$= U_{AC} I_A \cos\varphi_1 + U_{BC} I_B \cos\varphi_2$$

应当注意，在一定的条件下，两个功率表之一的读数可能为负，求代数和时该读数应取负值。一般来讲，单独一个功率表的读数是没有意义的。

三相四线制不用二瓦计法测量三相功率，这是因为在一般情况下，$i_A + i_B + i_C \neq 0$。

例 8-2 图 8-11（a）所示对称三相电路，相电压为 100 V，负载阻抗 $Z = 10\angle 45° \Omega$。

（1）求 $\dot{I}_A$、$\dot{I}_B$、$\dot{I}_C$ 及电压表、电流表的读数，以及电路的功率。

（2）如果负载接成三角形如图 8-11（b）所示，再求 $\dot{I}_A$、$\dot{I}_B$、$\dot{I}_C$ 及电压表、电流表的读数，以及电路的功率。

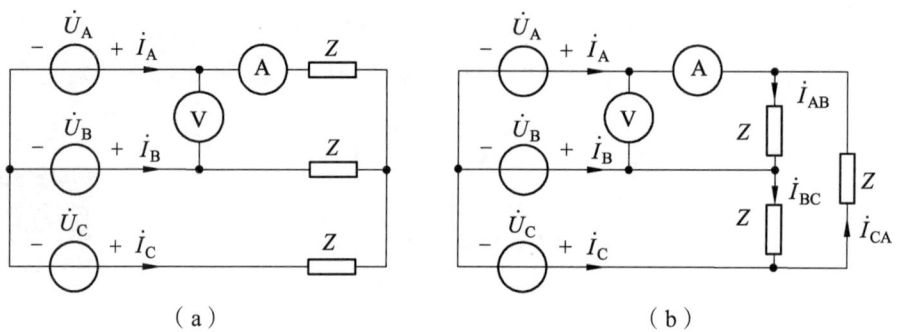

图 8-11 例 8-2 图

解：设相电压 $\dot{U}_A = 100\angle 0°$ V。

（1）负载星形连接，线电流即为相电流，所以：

$$\dot{I}_A = \frac{\dot{U}_A}{Z} = \frac{100\angle 0°}{10\angle 45°} = 10\angle -45° \text{（A）}$$

$$\dot{I}_B = a^2 \dot{I}_A = 10\angle -165° \text{（A）}$$

$$\dot{I}_C = a\dot{I}_A = 10\angle 75° \text{（A）}$$

电压表测量的是线电压有效值，其读数为 $100\sqrt{3} = 173.2$（V）。

电流表测量的是线电流有效值，其读数为 10 A。

三相负载的总功率为

$$P = 3U_P I_P \cos\varphi = 3 \times 100 \times 10 \times \cos 45° = 2121 \text{（W）}$$

（2）当负载做三角形连接时，每相负载的相电压即为线电压，所以可得每相的相电流为

$$\dot{I}_{AB} = \frac{\dot{U}_{AB}}{Z} = \frac{100\sqrt{3}\angle 30°}{10\angle 45°} = 10\sqrt{3}\angle -15° \text{（A）}$$

$$\dot{I}_{BC} = a^2 \dot{I}_A = 10\sqrt{3}\angle -135° \text{（A）}$$

$$\dot{I}_{CA} = a\dot{I}_A = 10\sqrt{3}\angle 105° \text{（A）}$$

电压表测量的是线电压有效值，其读数为 $100\sqrt{3} = 173.2$ V。

电流表测量的是线电流有效值，其读数为 $\sqrt{3} \cdot 10\sqrt{3} = 30$ A。

三相负载的总功率为

$$P = 3U_P I_P \cos\varphi = 3 \times 100\sqrt{3} \times 30 \times \cos 45° = 3 \times 2121 = 6363 \text{（W）}$$

由此例可见，当负载相同、线电压相同时，负载做三角形连接比做星形连接时所获得的功率大三倍。

例 8-3 图 8-12（a）所示的对称三相电路的线电压为 380 V，对称 Y 形连接负载功率为 $P_1 = 10\text{ kW}$，$\cos\varphi_1 = 0.85$（感性），对称△形负载 $P_2 = 20\text{ kW}$，$\cos\varphi_2 = 0.8$（感性），试计算总的线电流。

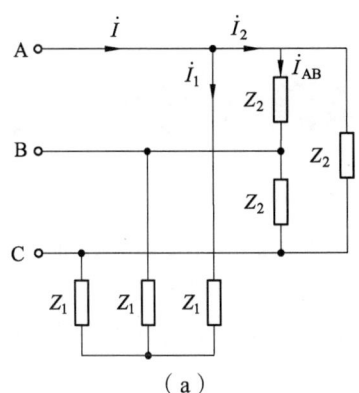
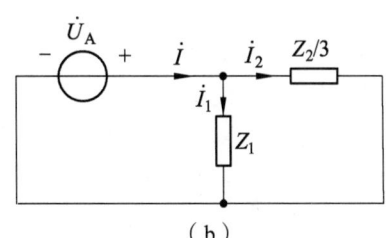

图 8-12 例 8-3 图

解 设线电压 $\dot{U}_{AB} = 380\angle 30°$（V）

相电压

$$\dot{U}_A = \frac{380}{\sqrt{3}}\angle 0° = 220\angle 0°\text{（V）}$$

三相化为一相电路计算如图 8-11（b）所示。
由于 $\cos\varphi_1 = 0.85$，$\cos\varphi_2 = 0.8$，所以

$$\varphi_1 = \arccos 0.85 = 31.8°$$

$$\varphi_2 = \arccos 0.8 = 36.9°$$

根据平均功率计算两对称负载线电流，分别为

$$I_1 = \frac{P_1}{\sqrt{3}U_{AB}\cos\varphi_1} = \frac{10 \times 10^3}{\sqrt{3} \times 380 \times 0.85} = 17.9\text{（A）}$$

$$I_2 = \frac{P_2}{\sqrt{3}U_{AB}\cos\varphi_2} = \frac{20 \times 10^3}{\sqrt{3} \times 380 \times 0.8} = 38\text{（A）}$$

对 Y 形连接负载，由于 $\dot{I}_1$ 滞后 $\dot{U}_A$ 角 φ_1，于是 $\dot{I}_1 = 17.9\angle -31.8°$ A。
对△形连接负载，相电流 $\dot{I}_{AB}$ 滞后线电压 $\dot{U}_{AB}$ 角 φ_2，相电流 $\dot{I}_{AB}$ 的初相位 φ_{ab} 为

$$\varphi_{ab} = 30° - \varphi_2$$

而线电流 $\dot{I}_2$ 滞后相电流 $\dot{I}_{AB}$ 角 30°，于是得到线电流 $\dot{I}_2$ 的相位角 φ_2' 为

$$\varphi_2' = \varphi_{AB} - 30° = -\varphi_2$$

于是得到

$$\dot{I}_2 = 38 \angle -36.9°\ (A)$$

总的线电流为

$$\dot{I} = \dot{I}_1 + \dot{I}_2 = 17.9\ \angle-31.8° + 38\ \angle-36.9° = 55.8\angle-35.3°\ (A)$$

8.6 实践与应用

本小节介绍三相电路系统的用电安全：保护接零。

大多数家用电器设备都有金属外壳，它们需要接零保护，把金属外壳通过接地导线与供电线路系统中的零线可靠地连接起来，起到保护人员不受到电击的作用。常规的接零保护方式有三种，分别如图 8-13（a）、（b）、（c）所示。其中 R_1 为电源中性点接地的接地电阻，R_2 为入户端埋设的接地电阻。

图 8-13（a）所示为一般的接零保护，以工作零线兼做保护零线。当电路的某相带电部分触及设备外壳时，通过外壳形成该相对零线的单向短路，此时短路电流很大，可以使线路上的保护装置迅速动作，切断电源。

图 8-13（b）所示为重复接地保护，在负载端，一处或多处通过接地装置再次与大地连接，接地电阻 R_2 很小。该装置除了可以实现 8-13（a）的保护作用外，还可以在零线断线、相线零线接错产生危险时，能快速反应而断电保护。

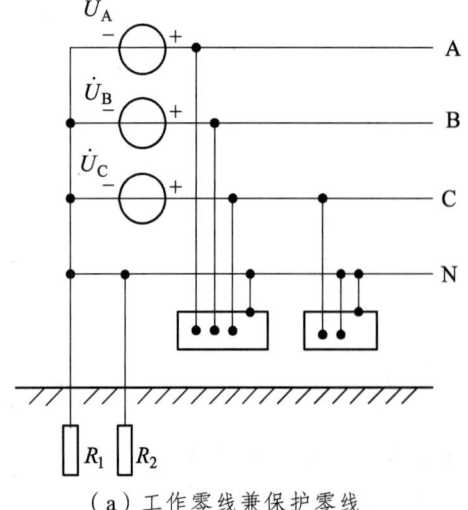

（a）工作零线兼保护零线

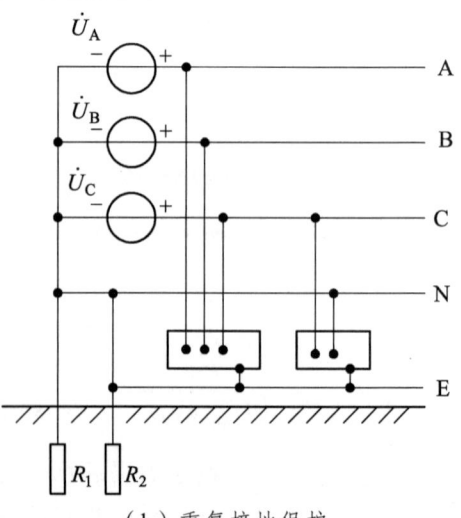

（b）重复接地保护

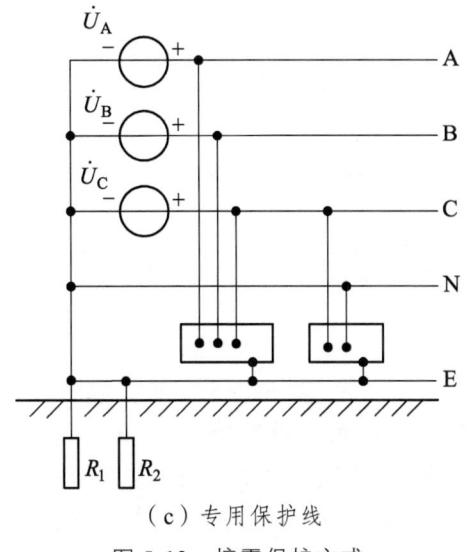

（c）专用保护线

图 8-13 接零保护方式

图 8-13（c）所示为专用保护线，与图 8-13（b）的区别在于从电源的中性点处直接接出一根保护专用线到用户。它是目前国际上流行的三相电路保护系统，称为三相五线制保护系统。我国也开始逐步采用这种三相五线制。不过多数情况下仍然采用图 8-13(a)或图 8-13（b）的方法。

值得注意的是：当在一个供电系统中接入多个家用电器时，不能够一部分采用图 8-13（a）所示的方法，而另一部分采用图 8-13（b）的方法。否则，当采用图 8-13（b）方法的部分出现漏电时，会与采用图 8-13（a）方法连接的外壳之间构成电流回路，人员会有触电危险。

习　题

8-1　对称三相 Y 形连接电路中，已知某相电压为 $\dot{U}_C = 500\angle 30°$ V，相序为正序，求三个线电压 $\dot{U}_{AB}$、$\dot{U}_{BC}$、$\dot{U}_{CA}$，并画出相电压和线电压的相量图。

8-2　对称三相 Y 形连接电路中，已知某线电压为 $\dot{U}_{BA} = 380\angle -30°$ V，相序为正序，求三个相电压 $\dot{U}_A$、$\dot{U}_B$、$\dot{U}_C$。

8-3　已知对称三相电路，电路如图所示，$Z = (10 + j10)\Omega$，$u_{AB} = 380\sqrt{2}\cos(\omega t + 30°)$V，求负载端中各电流相量。

8-4　已知对称三相电路，电路如图所示，$Z = (2 + j2)\Omega$，$\dot{U}_A = 220\angle 0°$V，求负载端的相电流和线电流。

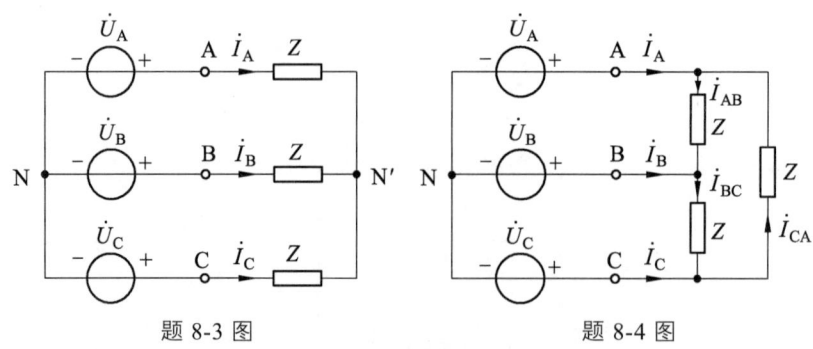

题 8-3 图   题 8-4 图

8-5 电路如图所示，已知对称三相电路的星形负载阻抗 $Z=(165+j84)\Omega$，端线阻抗 $Z_l=(2+j1)\Omega$，中线阻抗 $Z_N=(1+j1)\Omega$，线电压 $U_l=380\text{ V}$，求负载端的电流和线电压。

8-6 电路如图，已知对称三相电路的线电压 $U_l=380\text{ V}$（电源端），三角形负载阻抗 $Z=(4.5+j14)\Omega$，端线阻抗 $Z_l=(1.5+j2)\Omega$，求线电流和负载的相电流。

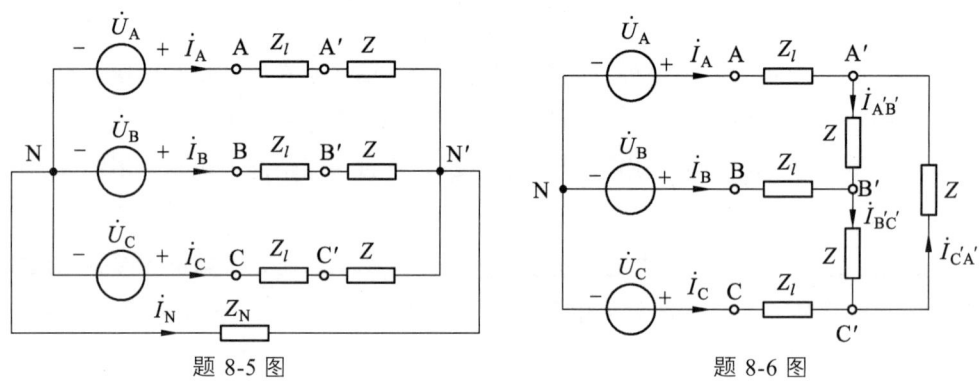

题 8-5 图   题 8-6 图

8-7 对称三相电路如图所示，已知 $Z=(4+j3)\Omega$，$\dot{U}_A=380\angle 0°\text{ V}$，求线电流 $\dot{I}_A$、$\dot{I}_B$、$\dot{I}_C$。

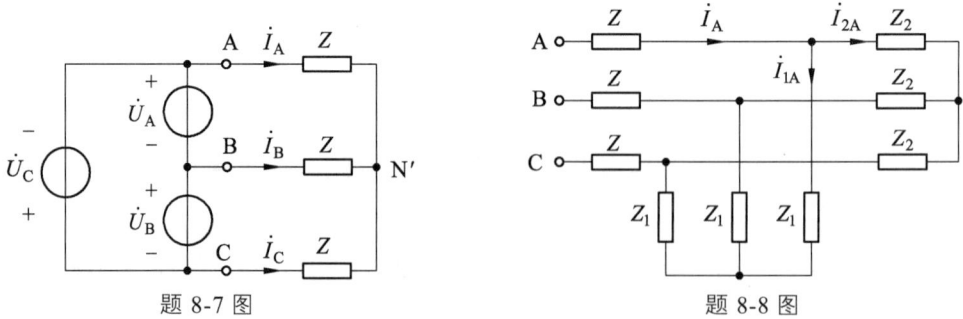

题 8-7 图   题 8-8 图

8-8 对称三相电路如图所示，已知三相线电压为 380 V，$Z_1=100\angle 30°\Omega$，$Z_2=50\angle 60°\Omega$，$Z=10\angle 45°\Omega$，$\dot{U}_A=380\angle 0°\text{ V}$，求线电流 $\dot{I}_A$、$\dot{I}_{1A}$、$\dot{I}_{2A}$。

8-9 对称三相电路的线电压 $U_l=230\text{ V}$，负载阻抗 $Z=(12+j16)\Omega$，试求：
（1）星形连接负载时的线电流和吸收的总功率；

（2）三角形连接负载时的线电流、相电流和吸收的总功率；

（3）比较（1）和（2）的结果能得到什么结论？

8-10　图示对称三相电路中，$U_{A'B'} = 380\,\text{V}$，三相电动机吸收的功率为 $1.4\,\text{kW}$，其功率因数 $\lambda = 0.866$（滞后），$Z_l = -\text{j}55\,\Omega$。求 U_{AB} 和电源端的功率因数 λ'。

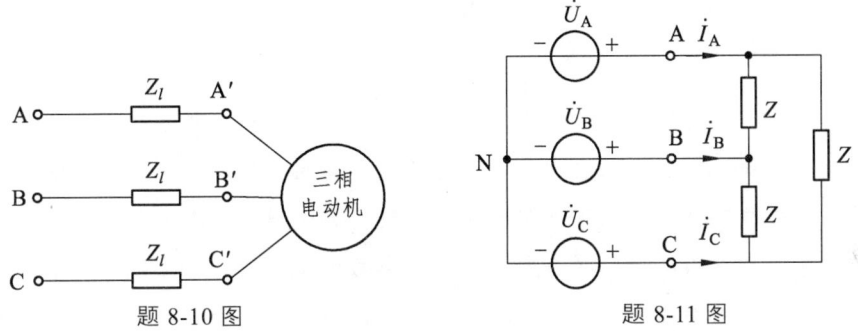

题 8-10 图　　　　　题 8-11 图

8-11　图示对称三相电路中，$U_{AB} = 380\,\text{V}$，$Z = (20 + \text{j}20)\,\Omega$。求负载端的总有功功率；若用二表法测量三相总的功率，画出接线图，并求两块功率表的读数。

8-12　对称三相电路的线电压为 $380\,\text{V}$，对称三相负载吸收的功率为 $20\,\text{kW}$，其功率因数 $\cos\varphi = 0.866$，求图中两块功率表的读数。

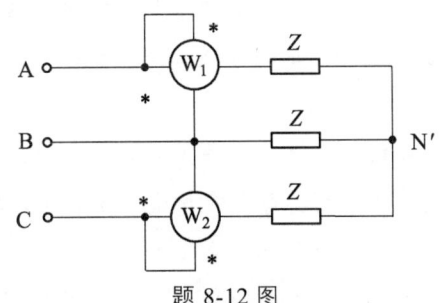

题 8-12 图

参考答案

第 9 章 动态电路的时间域分析

导 读

前面各章节讨论的线性电路中,当电源电压(激励)为恒定量或者做周期性变化时,电路中各部分电压或电流(响应)也是恒定的或者按周期性规律变化,即电路中的响应与激励的变化规律完全相同,称电路的这种工作状态为稳定状态,简称稳态。但在实际电路中,经常遇到电路从一个稳态向另一个稳态的变化,在这个变化过程中,如果电路中含有电感、电容等储能元件时,这种状态的变化要经历一个时间过程,这个时间过程称为过渡过程。从工程角度讲,这个过程是短暂的,故又称为暂态过程。

电感原件和电容原件是储能原件,又称为动态原件,含有动态原件的电路称为动态电路。

由于线性动态原件的电压电流关系是微分或积分关系,因此对线性动态电路建立的方程是线性常系数微分方程。根据微分方程的阶数,动态电路又分为一阶电路、二阶电路等。通过求解微分方程分析动态电路的方法称为经典法。微分方程的解就是所求电路的响应。

由于动态电路的方程是以时间 t 为自变量的线性常微分方程,因此需要确定电路中待求量的初始值,在一般情况下,遵循换路定则。从引起电路响应的原因这个角度,可以把电路响应分为零输入响应、零状态响应和全响应。

9.1 换路定则和初始条件

9.1.1 换路定则

电路的结构参数突然改变或激励的突然变化,统称为换路。在换路时,通常电路服从换路定则。

换路定则 1:

当电容电流 i_C 为有限值时,电容上的电荷 q_C 和电压 u_C 在换路瞬间保持连续。

假定换路发生在 $t=0$ 时刻,0_-、0_+ 分别表示换路前后的瞬间。在电容上,电荷 q_C、电压 u_C 可表示为电流 i_C 的积分,即

$$\begin{cases} q_C(t) = q_C(t_0) + \int_{t_0}^{t} i_C(\xi)\mathrm{d}\xi \\ u_C(t) = u_C(t_0) + \dfrac{1}{C}\int_{t_0}^{t} i_C(\xi)\mathrm{d}\xi \end{cases}$$

令式中 $t_0 = 0_-$，$t = 0_+$，则有

$$\begin{cases} q_C(0_+) = q_C(0_-) + \int_{0_-}^{0_+} i_C(\xi)\mathrm{d}\xi \\ u_C(0_+) = u_C(0_-) + \dfrac{1}{C}\int_{0_-}^{0_+} i_C(\xi)\mathrm{d}\xi \end{cases}$$

当电容电流 i_C 为有限值时，从 $0_- \to 0_+$ 积分项为零，故有

$$\begin{cases} q_C(0_+) = q_C(0_-) \\ u_C(0_+) = u_C(0_-) \end{cases} \tag{9-1}$$

换路定则 2：
当电感电压 u_L 为有限值时，电感中的磁链 ψ_L 和电流 i_L 在换路瞬间保持连续。
在电感中，磁链 ψ_L 和电流 i_L 可表示为电压 u_L 的积分，即

$$\begin{cases} \psi_L(t) = \psi_L(t_0) + \int_{t_0}^{t} u_L(\xi)\mathrm{d}\xi \\ i_L(t) = i_L(t_0) + \dfrac{1}{L}\int_{t_0}^{t} u_L(\xi)\mathrm{d}\xi \end{cases}$$

令式中 $t_0 = 0_-$，$t = 0_+$，则有

$$\begin{cases} \psi_L(0_+) = \psi_L(0_-) + \int_{0_-}^{0_+} u_L(\xi)\mathrm{d}\xi \\ i_L(0_+) = i_L(0_-) + \dfrac{1}{L}\int_{0_-}^{0_+} u_L(\xi)\mathrm{d}\xi \end{cases}$$

当电感电压 u_L 为有限值时，从 $0_- \to 0_+$ 积分项为零，故有

$$\begin{cases} \psi_L(0_+) = \psi_L(0_-) \\ i_L(0_+) = i_L(0_-) \end{cases} \tag{9-2}$$

9.1.2 初始条件的确定

利用换路定则可以确定电路在换路后的初始状态。当已知或求得换路前瞬间的 $u_C(0_-)$ 和 $i_L(0_-)$ 后，可直接利用换路定则得到换路后的 $u_C(0_+)$ 和 $i_L(0_+)$。在求得 $u_C(0_+)$ 和 $i_L(0_+)$ 后，利用基尔霍夫定律和欧姆定律可推求 $t = 0_+$ 时其余的电压电流初始值。具体做法为：电容元件用电压为 $u_C(0_+)$ 的电压源替代，电感元件用电流为 $i_L(0_+)$ 的电流源替代，各独立电源取 $t = 0_+$ 时刻的值，从而得到 $t = 0_+$ 时刻的等效电阻电路。这样，就可以利用

直流电路的各种求解方法,求出各支路电压、电流在 $t=0_+$ 时刻的初始值,常简称为初值。

例 9-1 图 9-1 所示电路中,$U_s=6\text{ V}$,$R_1=2\text{ Ω}$,$R_2=4\text{ Ω}$,$C=1\text{ F}$,$L=3\text{ H}$,开关 S 打开已久,且 $u_C(0_-)=2\text{ V}$,在 $t=0$ 时刻,将开关 S 合上,求开关 S 闭合后瞬间的 $i_L(0_+)$、$u_C(0_+)$、$\left.\dfrac{di_L}{dt}\right|_{t=0_+}$、$\left.\dfrac{du_C}{dt}\right|_{t=0_+}$。

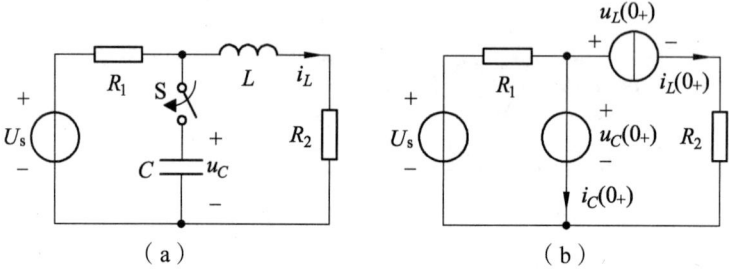

图 9-1 例 9-1 图

解: 当 $t<0$ 时,S 打开已久,电感 L 相当于短接,则有

$$i_L(0_-)=\dfrac{U_s}{R_1+R_2}=1\text{ A}$$

在 $t=0$ 瞬间,S 闭合,有换路定则知

$$u_C(0_+)=u_C(0_-)=2\text{ V}$$

$$i_L(0_+)=i_L(0_-)=1\text{ A}$$

画出 $t=0_+$ 时刻的等效电路,如图 9-1(b)所示

$$u_L(0_+)=u_C(0_+)-R_2 i_L(0_+)=-2\text{V}$$

由 $u_L=L\dfrac{di_L}{dt}$ 知

$$\left.\dfrac{di_L}{dt}\right|_{t=0_+}=\dfrac{u_L(0_+)}{L}=-\dfrac{2}{3}\text{A/s}$$

$$i_C(0_+)=\dfrac{U_s-u_c(0_+)}{R_1}-i_L(0_+)=1\text{A}$$

由 $i_C=C\dfrac{du_C}{dt}$ 知

$$\left.\dfrac{du_C}{dt}\right|_{t=0_+}=\dfrac{i_C(0_+)}{C}=1\text{V/s}$$

例 9-2 电路如图 9-2(a)所示,已知 $I_s=4\text{ A}$,$R_1=R_2=2\text{ Ω}$,开关 S 闭合已久,求 $t=0$ 时刻,打开 S 瞬间的 $i_{R1}(0_+)$、$i_{R2}(0_+)$。

解：当 $t<0$ 时，S 闭合已久，电容 C_1、C_2 相当于开路，电感 L 相当于短接，则有 $u_{C2}(0_-) = 0\text{V}$

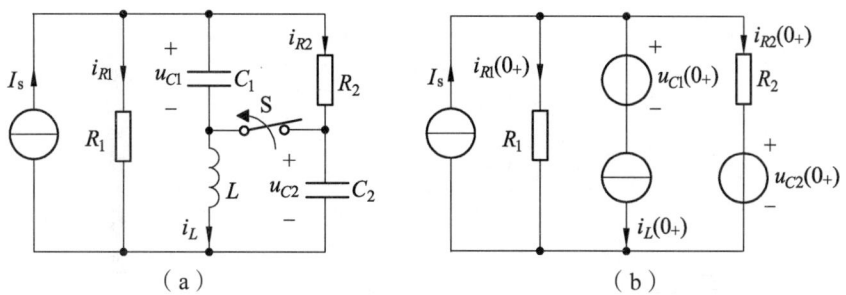

图 9-2　例 9-2 图

由 R_1, R_2 分流，得

$$i_L(0_-) = I_s \times \frac{R_1}{R_1 + R_2} = 2 \text{ (A)}$$

$$u_{C1}(0_-) = R_2 \times i_L(0_-) = 4 \text{ (V)}$$

在 $t = 0$ 瞬间，S 打开，由换路定则知，

$$u_{C1}(0_+) = u_{C1}(0_-) = 4 \text{ (V)}$$

$$u_{C2}(0_+) = u_{C2}(0_-) = 0 \text{ (V)}$$

$$i_L(0_+) = i_L(0_-) = 2 \text{ (A)}$$

画出 $t = 0_+$ 时刻的等效电路，如图 9-2（b）所示。

于是 $$i_{R1}(0_+) = i_{R2}(0_+) = \frac{1}{2}[I_s - i_L(0_+)] = 1 \text{ (A)}$$

9.2　一阶电路的零输入响应

零输入响应是指动态电路在没有外施激励时，仅由动态元件（电容或电感）的初始储能（电场能量和磁场能量）换路后在电路中所产生的响应。

9.2.1　RC 电路的零输入响应

图 9-13 所示为 RC 零输入响应的典型电路。开关 S 闭合前，电容 C 已充电储能，其端电压为 $u_C(0_-) = U_0$，开关 S 闭合后，即 $t \geq 0_+$ 时，电容 C 储存的能量经 RC 回路释放，在 RC 回路中产生响应电压、电流。在电容 C 释放储能的过程中，电阻 R 消耗能量，因

此电路中的响应电压 $u_C(t)$、$u_R(t)$ 和电流 $i(t)$ 就会按某种规律随时间变化，这就是 RC 电路的零输入响应。下面分析零输入响应的具体形式。

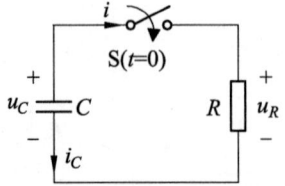

图 9-3　RC 零输入响应电路

1．微分方程的建立

如图 9-3 所示电路中，设电容电压 u_C 为变量。在 $t \geq 0$ 时，根据 KVL，

$$u_C - u_R = 0$$

且 $u_R = Ri$，$i = -C\dfrac{\mathrm{d}u_C}{\mathrm{d}t}$，带入上式整理后得

$$RC\dfrac{\mathrm{d}u_C}{\mathrm{d}t} + u_C = 0 \qquad (9\text{-}3)$$

上式是以 $u_C(t)$ 为变量的一阶齐次微分方程。解此微分方程，就可求出 $t \geq 0$ 时 $u_C(t)$ 的表达式。

2．微分方程的解

令式（9-3）微分方程的通解的形式为　$u_C(t) = Ae^{pt}$。其中，A、p 是待定系数。只要求出 A、p，则 $u_C(t)$ 也就确定了。将通解带入式（9-3）中，整理得

$$(RCp+1)Ae^{pt} = 0$$

要使上式成立，通解 Ae^{pt} 前面的系数应为零，即

$$RCp + 1 = 0$$

上式为微分方程的特征方程，特征根是 $p = -\dfrac{1}{RC}$。

因此微分方程的通解又可写成

$$u_C(t) = Ae^{-\frac{1}{RC}t}$$

由换路定则可知，$u_C(0_+) = u_C(0_-) = U_0$，即 $t=0$ 时，电容电压为 U_0，代入上式得

$$u_C(0) = Ae^{-\frac{1}{RC} \times 0} = U_0$$

解之，　$A = U_0$

所以，满足初始条件的微分方程的解为

$$u_C(t)=U_0\mathrm{e}^{-\frac{t}{RC}}=u_C(0_+)\mathrm{e}^{-\frac{t}{RC}} \quad (t\geqslant 0_+) \quad (9\text{-}4)$$

式（9-4）就是图9-3所示电路在 $t\geqslant 0$ 时，电压 $u_C(t)$ 随时间的变化规律。令 $\tau=RC$，上式又可写成

$$u_C(t)=U_0\mathrm{e}^{-\frac{t}{\tau}}=u_C(0_+)\mathrm{e}^{-\frac{t}{\tau}}$$

电路中的电流为：

$$i(t)=-C\frac{\mathrm{d}u_C(t)}{\mathrm{d}t}=\frac{U_0}{R}\mathrm{e}^{-\frac{t}{\tau}} \quad (t\geqslant 0_+)$$

$$i_C(t)=-i(t)=-\frac{U_0}{R}\mathrm{e}^{-\frac{t}{\tau}} \quad (t\geqslant 0_+)$$

电阻上电压为

$$u_R(t)=u_C(t)=U_0\mathrm{e}^{-\frac{t}{\tau}} \quad (t\geqslant 0_+)$$

由此可见，电路中的响应都是按相同的指数规律衰减，其衰减的速度取决于 $\tau=RC$ 的大小，当 $t\to\infty$ 时，电路中的响应都趋于0。$u_C(t)$ 和 $i(t)$ 的波形曲线如图9-4所示。

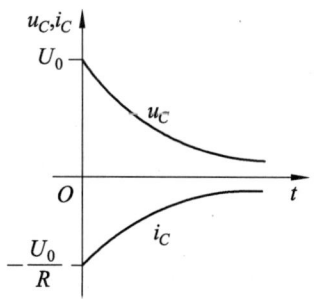

图9-4　零输入响应的波形曲线

3．RC 电路的时间常数

$\tau=RC$ 是一个特征量，将其称为 RC 电路的时间常数。若电阻 R 的单位取欧姆（Ω），电容 C 的单位取法拉（F），则时间常数 τ 的单位为秒（s）。时间常数 τ 取决于电路的结构和参数，而与电容初始电压值的大小无关。

在一阶电路中，时间常数 τ 反映了电路过渡过程的速度。下面以 $u_C(t)$ 为例，讨论 τ 对电路的影响。

分别令 $t=\tau$、2τ、3τ、…，代入到式（9-4）中，计算结果列入表9-1中，并作出 $u_C(t)$ 随时间变化的曲线，如图9-5所示。

表 9-1　计算结果

t	0	τ	2τ	3τ	4τ	5τ	…	∞
$u_C(t) = U_0 e^{-\frac{t}{\tau}}$	U_0	$0.368U_0$	$0.135U_0$	$0.050U_0$	$0.018U_0$	$0.0067U_0$	…	0

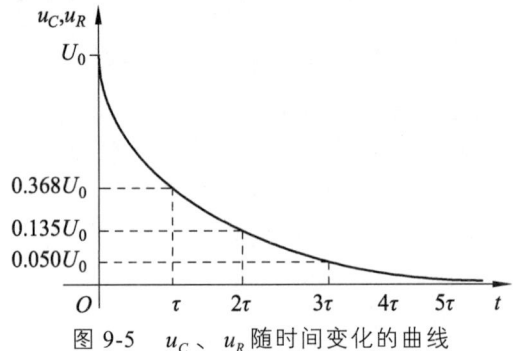

图 9-5　u_C、u_R 随时间变化的曲线

由上图可知，$u_C(t)$ 是随时间衰减的指数函数。当 $t = \tau$ 时，$u_C = 0.368U_0$，即 u_C 衰减到 U_0 的 36.8%，当 $t = 3\tau$ 时，$u_C = 0.050U_0$。理论上说，只有当 $t \to \infty$ 时，u_C 才等于零，过渡过程结束。但在工程上，一般认为经过 $3\tau \sim 5\tau$ 的时间后，这一过渡过程（即电容 C 的放电过程）就近似结束，此时电容电压 u_C 衰减到初始值的 5%以下，误差很小。

时间常数 τ 与电阻 R 或电容 C 的取值成正比，通过改变电路参数 C（或 R）的数值可控制 τ 的大小，在实际电路中，通过利用这一特性设计定时电路。τ 取不同数值时，对 u_C 的影响如图 9-6 所示。

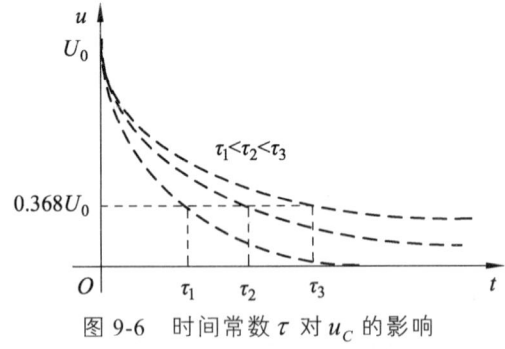

图 9-6　时间常数 τ 对 u_C 的影响

在放电过程中，电容 C 的初始储能逐步被电阻 R 吸收，并转换成热能消耗掉。电阻 R 吸收的能量为

$$W_R = \int_0^\infty i^2 R dt = \int_0^\infty \left(\frac{U_0}{R} e^{-\frac{t}{\tau}}\right)^2 R dt = \frac{1}{2}CU_0^2$$

例 9-3　电路如图 9-3（a）所示。换路前电路已稳定，在 $t = 0$ 时刻，开关 S 从位置 1 切换到位置 2，求 $t \geq 0$ 时的 $u_C(t)$、$u_1(t)$、$i_2(t)$。

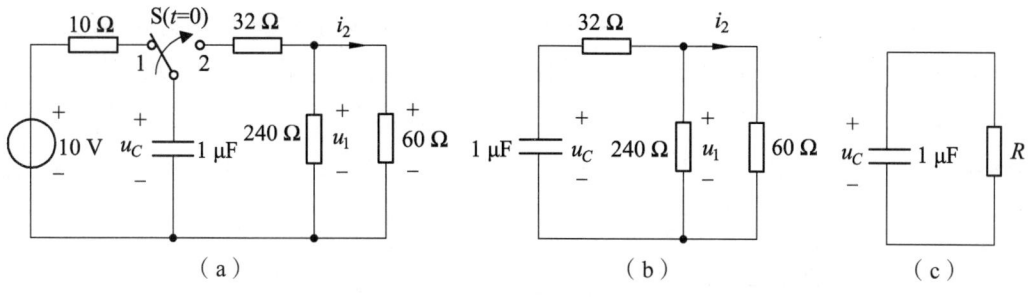

图 9-7 例 9-3 图

解:(1) 依题意,换路前 1 μF 的电容已充电到 10V,即 $u_C(0_-) = 10$V。图 9-7 (b) 所示为 $t \geq 0_+$ 时的电路;图 9-7 (c) 所示为换路后的等效电路,图中 R 是等效电阻。

在图 (c) 中

$$R = 32 + \frac{240 \times 60}{240 + 60} = 80 \ (\Omega)$$

$$\tau = RC = 80 \times 1 \times 10^{-6} = 80 \ (\mu s)$$

$$u_C(0_+) = u_C(0_-) = 10 \ (V)$$

$$u_C(t) = u_C(0_+) \, e^{-\frac{t}{\tau}} = 10 \, e^{-12500 \, t} \ (V) \quad (t \geq 0_+)$$

(2) 根据图 9-7 (b) 的电路,求 $u_1(t)$ 和 $i_2(t)$

由分压公式得

$$u_1(t) = \frac{80 - 32}{80} u_C(t) = 6 \, e^{-12500 \, t} \ V \quad (t \geq 0_+)$$

由欧姆定律有

$$i_2(t) = \frac{u_1(t)}{60} = 0.1 \, e^{-12500 \, t} \ (A) \quad (t \geq 0_+)$$

由本例可以看到,对于一个由电容和若干个电阻构成的一般性的一阶电路,可以在换路后,利用等效变换原理或戴维南、诺顿定理,将动态元件两端以外的电路进行等效变换,转换成典型电路再分析计算。这是简化一阶电路分析过程的有效方法之一,也适应于下面要讨论的 RL 一阶电路。

9.2.2 RL 电路的零输入响应

与 RC 电路的零输入响应类似,电感元件含有初始储能时,在没有外施激励的情况下,会在 RL 电路中产生零输入响应,其分析方法也相同。

电路如图 9-8 (a) 所示,开关 S 断开前已经稳定,电感相当于短路,电感中的电流

i_L 恒定不变，即有 $i_L(0_-) = I_s$。开关 S 断开后，尽管电流源对 RL 电路不再起作用，但在图 9-8（b）所示的等效电路中，含有初始储能的电感 L 会经电阻 R 放电，RL 回路中还有电流 i_L 流动，电路中的响应完全靠电感 L 的初始储能来维持，这就是 RL 电路的零输入响应。

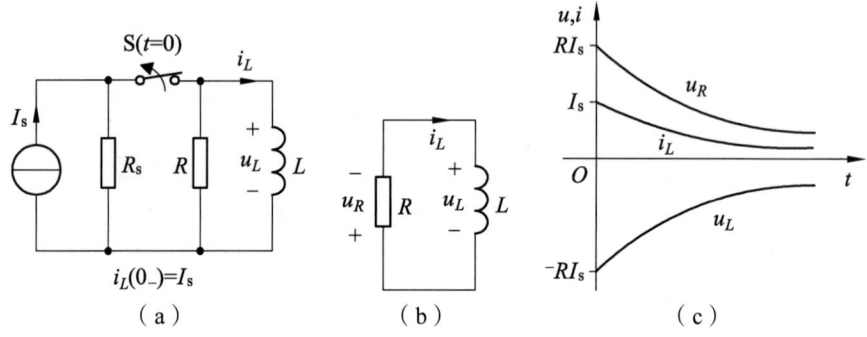

图 9-8　RL 电路的零输入响应

图 9-8（b）所示为 RL 零输入响应的典型电路。设电感电流 i_L 为变量，在 $t \geq 0$ 的情况下有

$$u_R + u_L = 0$$
$$u_R = Ri_L$$
$$u_L = L\frac{di_L}{dt}$$

由上述表达式可得

$$GL\frac{di_L}{dt} + i_L = 0 \qquad (9\text{-}5)$$

式（9-5）是以 i_L 为变量的一阶齐次微分方程，令此微分方程的通解形式为 $i_L(t) = Ae^{pt}$（A，p 是待定系数），将通解代入式（9-5）中，整理得

$$(GLp+1)Ae^{pt} = 0$$

特征方程和特征根分别为

$$GLp+1 = 0$$
$$p = -\frac{1}{GL}$$

因此微分方程的通解又可写成

$$i_L(t) = Ae^{-\frac{1}{GL}t}$$

电路的初始条件为 $i_L(0_+) = i_L(0_-) = I_s$，即 $t = 0$ 时，电感电流为 I_s，代入上式得

$$A = I_s$$

所以，微分方程的通解为

$$i_L(t) = I_s \mathrm{e}^{-\frac{1}{GL}t} = i_L(0_+) \mathrm{e}^{-\frac{t}{GL}} \quad (t \geq 0_+) \tag{9-6}$$

式（9-6）就是图 9-8 所示电路在 $t \geq 0$ 时，$i_L(t)$ 随时间的变化规律。令 $\tau = GL = \dfrac{L}{R}$，上式又可写成

$$i_L(t) = I_s \mathrm{e}^{-\frac{t}{\tau}} = i_L(0_+) \mathrm{e}^{-\frac{t}{\tau}} \quad (t \geq 0_+)$$

电感和电阻上的电压分别为

$$u_L(t) = L \frac{\mathrm{d}i_L(t)}{\mathrm{d}t} = -RI_s \mathrm{e}^{-\frac{t}{\tau}} \quad (t \geq 0_+)$$

$$u_R(t) = Ri_L = RI_s \mathrm{e}^{-\frac{t}{\tau}} \quad (t \geq 0_+)$$

$i_L(t)$、$u_L(t)$、$u_R(t)$ 的波形曲线如图 9-8（c）所示，它们都是按相同的指数规律变化的时间函数，其衰减的速度取决于 $\tau = GL = L/R$ 的大小，若电阻 R 的单位取欧姆（Ω），电感 L 的单位取亨利（H），则时间常数 τ 的单位为秒（S）。时间常数 τ 与电阻 R 成反比，与电感 L 的取值成正比。τ 越大，磁场能量释放得越缓慢，电路中相应的过渡过程越长。在整个放电过程中，电感 L 的初始储能逐步被电阻 R 吸收，并转换成热能消耗掉。

通过对 RC、RL 典型电路分析，可以归纳出在直流激励下零输入响应的一般表达式为

$$f(t) = f(0_+) \mathrm{e}^{-\frac{t}{\tau}}$$

例 9-4 如图 9-9（a）所示电路，已知 $i_L(0_+) = 150\mathrm{mA}$，求 $t > 0$ 时的电压 $u(t)$。

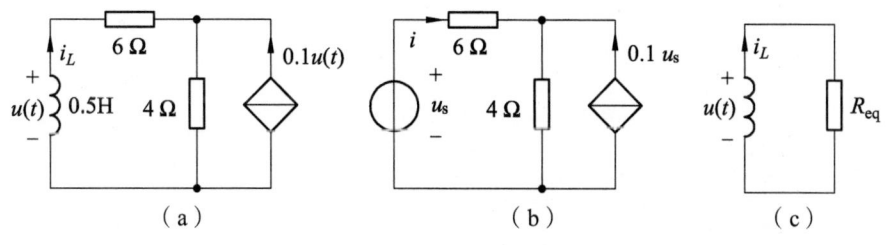

图 9-9 例 9-4 电路

解：先求电感两端的等效电阻 R_{eq}。采用外加电源法，如图 9-9（b）所示

由 KVL　　$u_s = 6i + 4(i + 0.1 u_s)$

可得 $R_{eq} = u_s/i = 50/3$

等效电路如图 9-9（c）所示，则

$$\tau = \frac{L}{R_{eq}} = \frac{1/2}{50/3} = \frac{3}{100}$$

$$u(0_+) = R_{eq}i(0_+) = \frac{50}{3} \times 0.15 = 2.5 \text{ V}$$

所以 $u(t) = u(0_+) e^{-\frac{t}{\tau}} = 2.5 e^{-100t/3}$ V

9.3 一阶电路的零状态响应

零状态响应是指电路在零初始状态（动态元件的初始储能为零）下，仅由外加激励所产生的响应。

下面分别讨论激励为直流、正弦交流情况下，RC、RL 电路的零状态响应。

9.3.1 RC 电路的零状态响应

图 9-10 所示为 RC 零状态响应的典型电路。电容 C 储能为 0，即 $u_C(0_-) = 0$，开关 S 在 $t = 0$ 时闭合，开关闭合后直流电压源 U_s 经电阻 R 对电容 C 充电。在充电过程中，$u_C(t)$ 和 $i(t)$ 会随时间而改变，这就是电路的零状态响应。

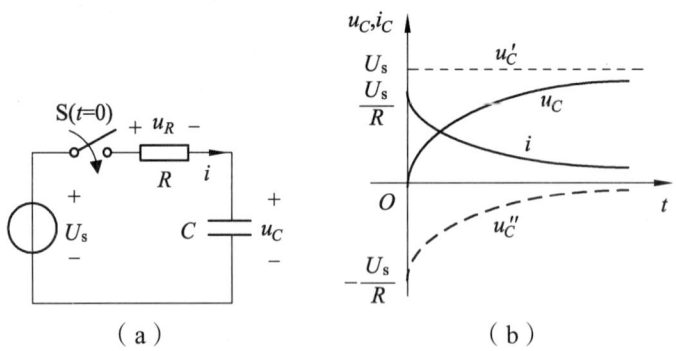

图 9-10 RC 电路的零状态响应

设电容电压 u_C 为变量，在 $t \geq 0_+$ 时，有

$$u_R + u_C = U_s$$
$$u_R = Ri$$
$$i = C\frac{du_C}{dt}$$

整理后

$$RC\frac{\mathrm{d}u_C}{\mathrm{d}t}+u_C=U_s \tag{9-7}$$

上式是以 $u_C(t)$ 为变量的一阶非齐次微分方程。方程的解 $u_C(t)$ 由非齐次微分方程的特解 $u'_C(t)$ 和对应齐次微分方程的通解 $u''_C(t)$ 两部分组成，即

$$u_C(t)=u'_C(t)+u''_C(t) \tag{9-8}$$

因为特解形式与激励形式一样，而电路中的激励是直流电压源 U_s，则特解 $u'_C(t)$ 应等于常数。由式（9-7）可得

$$u'_C(t)=U_s$$

式（9-7）对应的齐次微分方程为

$$RC\frac{\mathrm{d}u_C}{\mathrm{d}t}+u_C=0$$

其通解为

$$u''_C(t)=A\,\mathrm{e}^{-\frac{t}{\tau}}$$

式中，A 是待定系数，由电路的初始条件决定；$\tau=RC$ 是电路的时间常数。因此式（9-7）又可表示为

$$u_C(t)=U_s+A\,\mathrm{e}^{-\frac{t}{\tau}}$$

将电路的初始条件 $u_C(0_+)=u_C(0_-)=0$ 代入上式，得

$$A=-U_s$$

所以，电路的零状态响应为

$$u_C(t)=U_s-U_s e^{-\frac{t}{\tau}}=U_s(1-\mathrm{e}^{-\frac{t}{\tau}})\quad(t\geqslant 0_+)$$

$$i(t)=\frac{U_s-u_C}{R}=\frac{U_s}{R}\mathrm{e}^{-\frac{t}{\tau}}\quad(t\geqslant 0_+)$$

$u_C(t)$、$i(t)$ 的波形曲线如图 9-10（b）所示。分析讨论如下：

（1）当 $t\to\infty$ 时，$i(\infty)=0$，$u_C(\infty)=U_s$，电容 C 相当于开路，电路又达到新的稳定状态。

（2）将特解 $u'_C(t)$ 称为稳态分量或强制分量，它取决于外施激励而与初始条件无关，其值等于电路最终处于稳态时的值，即 $t\to\infty$ 时的值。特解又可写成 $u'_C=u_C(\infty)$。

（3）将通解 $u''_C(t)$ 称为暂态分量或自由分量，它取决于初始条件而与外施激励无关。

当 $t>0$ 时，通解 $u_C''(t)$ 按指数规律衰减，衰减速度取决于特征根；当 $t \to \infty$ 时，通解 $u_C''(t)$ 最终趋于零。通解又可写成 $u_C'' = -u_C(\infty)\,\mathrm{e}^{-\frac{t}{\tau}}$

由 $u_C(t)$ 表达式及上述分量的含义，可将 $u_C(t)$ 写成

$$u_C(t) = u_C(\infty) - u_C(\infty)\,\mathrm{e}^{-\frac{t}{\tau}}$$

（3）从电流 $i(t)$ 的表达式可知，它只有暂态分量，这是由电路结构的物理特性决定的。

此电路的过渡过程实际上是电源通过电阻对电容进行充电的过程，电源供给的能量一部分转换为电容的电场储能，另一部分由电阻转换为热能消耗掉。电阻上消耗的能量与电容上的储能相等，均为电源供能的一半，其值为

$$W_R = \int_0^\infty i^2 R\,\mathrm{d}t = \int_0^\infty \left(\frac{U_s}{R}\mathrm{e}^{-\frac{t}{\tau}}\right)^2 R\,\mathrm{d}t = \frac{1}{2}CU_s^2$$

例 9-5 图 9-11（a）所示电路中，若 $t=0$ 时开关 S 打开，求 u_C 和电流源发出的功率。

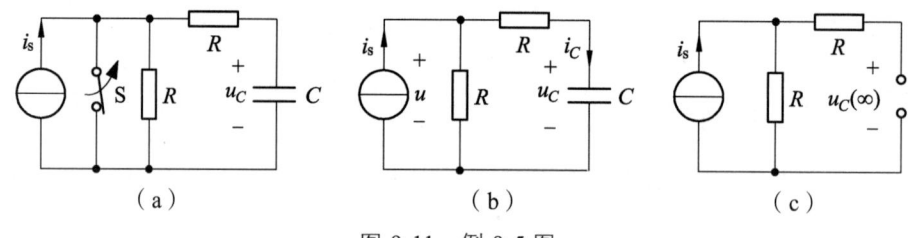

图 9-11 例 9-5 图

解：$t<0$ 时，由于电流源被短路，所以电容的初始电压值为

$$u_C(0_+) = u_C(0_-) = 0$$

这是一个求零状态响应的问题。$t>0$ 后的电路如图（b）所示，$t \to \infty$ 电路如图（c）所示，则

$$u_C(\infty) = Ri_s$$
$$\tau = R_{eq}C = (R+R)C = 2RC$$

所以 $\quad u_C(t) = Ri_s(1-\mathrm{e}^{-\frac{t}{2RC}})\ \mathrm{V} \quad (t \geq 0_+)$

$$i_C(t) = C\frac{\mathrm{d}u_C(t)}{\mathrm{d}t} = C(-Ri_s\mathrm{e}^{-\frac{t}{2RC}})\left(-\frac{1}{2RC}\right) = \frac{1}{2}i_s\mathrm{e}^{-\frac{t}{2RC}}\ \mathrm{A}$$

电流源两端的电压为

$$u(t) = Ri_C(t) + u_C(t) = R\times\frac{1}{2}i_s\mathrm{e}^{-\frac{t}{2RC}} + Ri_s(1-\mathrm{e}^{-\frac{t}{2RC}})$$

$$= Ri_s(1-\frac{1}{2}\mathrm{e}^{-\frac{t}{2RC}})\ \mathrm{V}$$

则电流源发出的功率为

$$p = i_s u(t) = R i_s^2 \left(1 - \frac{1}{2}\mathrm{e}^{-\frac{t}{2RC}}\right) \mathrm{W} \quad (t \geq 0_+)$$

9.3.2 RL 电路的零状态响应

图 9-12 所示为 RL 零状态响应的典型电路。开关 S 原来是闭合的,直流电流源 I_s 被开关短路,且电感 L 中初始储能为零,即 $i_L(0_-)=0$。开关 S 在 $t=0$ 时断开,由换路定则知,$i_L(0_+)=i_L(0_-)=0$。则 $t=0_+$ 时,I_s 全部流过电阻 R,电感电压由 0 跃变成 RI_s。随着时间的增加,电感电流逐渐增加,电阻电流 $i_R = I_s - i_L$ 随之减小,u_L 也随之下降。当 $t \to \infty$ 时,$i_L(\infty) = I_s$,$u_L(\infty) = 0$,电感相当于短路,电路的过渡过程结束,电路又达到新的稳定状态。

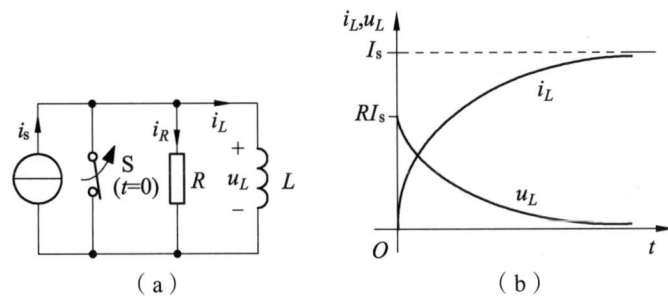

图 9-12 RL 电路的零状态响应

上述电路是 RC 零状态响应典型电路的对偶电路。根据对偶定理,或用类似于 RC 零状态响应的求解方法,可得

$$i_L(t) = I_s - I_s \mathrm{e}^{-\frac{t}{\tau}} = I_s(1 - \mathrm{e}^{-\frac{t}{\tau}}) \quad (t \geq 0_+)$$

$$u_L(t) = L \frac{\mathrm{d}i_L}{\mathrm{d}t} = RI_s \mathrm{e}^{-\frac{t}{\tau}} \quad (t \geq 0_+)$$

$$i_R(t) = I_s - i_L(t) = I_s \mathrm{e}^{-\frac{t}{\tau}} \quad (t \geq 0_+)$$

其中,电流 $i_L(t)$ 也是由稳态分量和暂态分量两部分组成,故又可表示为

$$i_L(t) = i_L(\infty) - i_L(\infty) \mathrm{e}^{-\frac{t}{\tau}} \quad (t \geq 0_+)$$

$i_L(t)$、$u_L(t)$ 的波形曲线如图 9-12(b)所示。

通过对 RC、RL 零状态电路的分析,可以看出直流电源激励下零状态响应并不一致,有的变大,有的变小,但都与外加激励成正比。

例 9-6 图 9-13（a）所示电路中，若 $t=0$ 时开关 S 闭合，求 i_L。

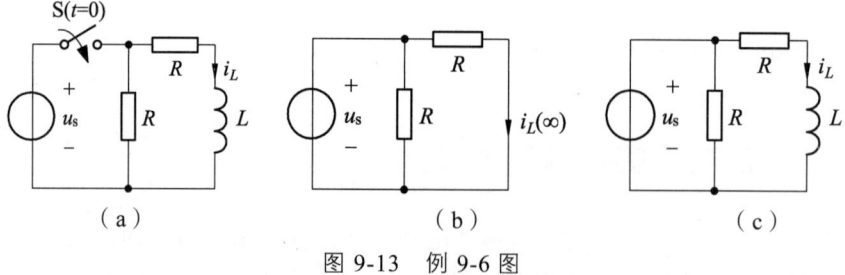

图 9-13 例 9-6 图

解： $t<0$ 时，由于开关是打开的，所以电感中无电流，即

$$i_L(0_+) = i_L(0_-) = 0$$

因此这是一个求零状态响应的问题。由 $t \to \infty$ 时的稳态电路图 9-13（b）可得

$$i_L(\infty) = \frac{u_s}{R}$$

由 $t>0$ 后的电路图 9-13（c）可知，从电感两端向电路看去的等效电阻为

$$R_{eq} = R$$

$$\tau = \frac{L}{R_{eq}} = \frac{L}{R_s}$$

则 $t>0$ 后，电感电流为

$$i_L(t) = i_L(\infty)(1-e^{-\frac{t}{\tau}}) = \frac{u_s}{R}(1-e^{-\frac{R}{L}t}) \; \text{A}$$

9.3.3 正弦激励下的零状态响应

在实际电路中，经常采用正弦电压源作为一阶动态电路的激励。因此，分析动态电路在正弦信号激励下的瞬态过程，具有实际意义。下面以 RL 电路为例，分析正弦信号激励下电路的零状态响应。

在图 9-14 所示电路中，设电感的初始状态 $i_L(0_-)=0$，正弦电压源 u_s 通过开关 S 在 $t=0$ 时接入 RL 串联电路，且 $u_s(t)=U_m \cos(\omega t + \varphi_u)$，$\varphi_u$ 是 u_s 在开关闭合瞬间的初相位，称为接入相位角，一般不为 0。在这种情况下，电路的零状态响应将与正弦信号的 U_m、ω、φ_u 有关。

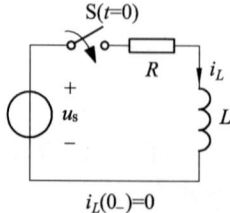

图 9-14 正弦激励下的的一阶 RL 电路

设电感电流 i_L 为变量，在 $t \geq 0$ 时，有

$$L\frac{di_L}{dt} + Ri_L(t) = u_s(t)$$

此微分方程的解 i_L 由稳态分量 i'_L 和暂态分量 i''_L 两部分组成，即

$$i_L = i'_L + i''_L$$

式中，稳态分量 i'_L 是 $t \to \infty$ 时的稳态值。当 $t \to \infty$ 时，图 9-23 所示电路已处于稳定状态，属于正弦稳态电路，因此，i'_L 可按相量法求得

$$i'_L = \frac{U_m}{|Z|}\cos(\omega t + \varphi_u - \varphi)$$

式中，$|Z| = \sqrt{R^2 + (\omega L)^2}$ 是阻抗模，$\varphi = \arctan\frac{\omega L}{R}$ 是阻抗角。

电流 i_L 的暂态分量 i''_L 为

$$i''_L = A\,e^{-\frac{t}{\tau}}$$

式中，A 是积分常数，可由电路的初始条件 $i_L(0_+) = i_L(0_-) = 0$ 来确定。

因此，电流 i_L 又可写成

$$\begin{aligned}i_L &= i'_L + i''_L \\ &= \frac{U_m}{|Z|}\cos(\omega t + \varphi_u - \varphi) + A\,e^{-\frac{t}{\tau}}\end{aligned}$$

将电路的初始条件，即 $t = 0$ 时 $i_L(0) = 0$ 代入上式，可得

$$A = -\frac{U_m}{|Z|}\cos(\varphi_u - \varphi)$$

所以电流 i_L 为

$$i_L(t) = \frac{U_m}{|Z|}\cos(\omega t + \varphi_u - \varphi) - \frac{U_m}{|Z|}\cos(\varphi_u - \varphi)\,e^{-\frac{t}{\tau}}$$

上式第一项是稳态分量（即强制分量），其变化规律与输入的正弦信号相同。第二项是自由分量，它的变化规律与正弦输入信号无关。当 $t = 0$ 时，即在初始时刻，两个分量大小相等、方向相反，i_L 为 0。自由分量的大小与接入相位角 φ_u 有关，下面是两种特殊情况。

（1）接入相位角 $\varphi_u = \varphi - \frac{\pi}{2}$。由上式可知，自由分量为零。在这种情况下，电路换路后即进入稳态。

（2）接入相位角 $\varphi_u = \varphi$。由上式可知，电流 i_L 为

$$i_L(t) = \frac{U_m}{|Z|}\cos(\omega t) - \frac{U_m}{|Z|}e^{-\frac{t}{\tau}}$$

自由分量达到最大值，在这种情况下，电路中将出现最大的瞬时电流，它发生在开关接通后大约半个周期的时刻。最大瞬时电流的绝对值接近但不会超过稳态电流振幅的两倍，通常称为过电流。在大电流工作系统中，应注意过电流可能对电路系统产生的危害。

一般情况下，自由分量的初始值在上述两种情况之间。随着时间的增加，自由分量逐步减小而趋于零，当电路稳定后，电路中只剩下稳态分量。

9.4 一阶电路的全响应

在一阶电路中，如果电路中动态元件的初始储能不为零，换路后又有独立源激励，这种电路的响应称为全响应。

9.4.1 全响应的组成

图 9-15（a）所示电路，开关 S 闭合前，电容 C 上已有储能，$u_C(0_-) = U_0$。开关 S 闭合后，直流电压源 U_s 经电阻 R 对电容 C 充电（或放电），$u_C(t)$ 和 $i(t)$ 会随时间而改变，这就是 RC 电路的全响应。当 $t \to \infty$ 时，电路的过渡过程结束，电路又达到新的稳定状态，电容相当于开路，$i_C(\infty) = 0$，$u_C(\infty) = U_s$。

求解一阶电路的全响应仍然是分析计算非齐次微分方程的问题，其步骤与分析计算一阶电路的零状态响应一样，只是在确定积分常数时，初始条件不同而已。

设电容电压 u_C 为变量，在 $t \geq 0$ 时，根据 KVL 和 VCR 可得

$$RC\frac{du_C}{dt} + u_C = U_s$$

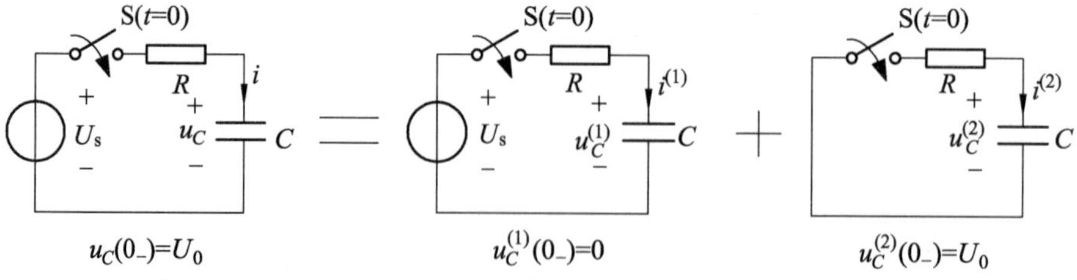

图 9-15 RC 电路全响应的组成

上式是以 $u_C(t)$ 为变量的一阶非齐次微分方程。方程的解 $u_C(t)$ 由非齐次微分方程的特解 $u_C'(t) = U_s$ 和对应齐次微分方程的通解 $u_C''(t) = Ae^{-\frac{t}{\tau}}$ 两部分组成，即

$$u_C(t) = u'_C(t) + u''_C(t) = U_s + A e^{-\frac{t}{\tau}}$$

将电路的初始条件 $u_C(0_+) = u_C(0_-) = U_0$ 代入上式，得

$$A = U_0 - U_s$$

所以，电路的全响应为

$$u_C(t) = U_s + (U_0 - U_s) e^{-\frac{t}{\tau}} \quad (t \geq 0_+) \tag{9-9}$$

$$i(t) = C \frac{du_C}{dt} = \frac{U_s - u_C(t)}{R} = \frac{U_s - U_0}{R} e^{-\frac{t}{\tau}} \quad (t \geq 0_+)$$

式（9-9）中的第一项是非齐次微分方程的特解，其形式与外施激励一样，称其为强制分量；当 $t \to \infty$ 时，电路又重新稳定，电容电压 $u_C(\infty) = U_s$，所以又可将微分方程的特解称为稳态分量。在一阶电路中，最终观察到的是稳态分量，即 $t \to \infty$ 时的值。

式（9-9）中的第二项是对应齐次微分方程的通解，其变化规律只与电路结构、元件参数有关，与外施激励无关，称为自由分量；当 $t \to \infty$ 时，自由分量按指数规律衰减到零，所以通解又称为暂态分量。

式（9-9）又可写成

$$u_C(t) = U_s(1 - e^{-\frac{t}{\tau}}) + U_0 e^{-\frac{t}{\tau}} \tag{9-10}$$

式（9-10）表明，全响应是零状态响应和零输入响应的叠加。对图 9-15（a）所示电路，令 $u_C(0_-) = 0$ 得到如图 9-15（b）所示的零状态电路，令外加激励 $U_s = 0$、$u_C(0_-) = U_0$ 得到如图 9-15（c）所示的零输入电路。零状态响应与和零输入响应之和就是 RC 电路的全响应。

式（9-10）可表示为

$$u_C(t) = u_C(\infty)(1 - e^{-\frac{t}{\tau}}) + u_C(0_+) e^{-\frac{t}{\tau}} = u_C(\infty) + [u_C(0_+) - u_C(\infty)] e^{-\frac{t}{\tau}} \tag{9-11}$$

9.4.2 三要素法

以上求解一阶电路的各种响应的方法称为经典时域法，即列写微分方程后，在特定激励和初始条件下解微分方程。根据前面的分析结果可知，电路中的零输入响应和零状态响应分别是全响应的两种特例。因此，求解一阶电路的全响应显得十分重要。

三要素法

观察式（9-11）所示 u_C 的全响应表达式可以发现，只要求出电路的初始值 $u_C(0_+)$、稳态值 $u_C(\infty)$、时间常数 τ 这三个要素，全响应 u_C 就可以确定，从而避免了时域法中列

写微分方程、解微分方程繁杂的分析计算过程。这种分析计算一阶电路的方法称为三要素法，是一种行之有效的分析方法，适用于在直流激励下求解电路的各种响应。

1. 全响应的一般表达式

将式（9-23）写成一般表达式，即

$$f(t) = f(\infty) + [f(0_+) - f(\infty)] e^{-\frac{t}{\tau}}$$

式中，$f(t)$ 可以是一阶电路中任一支路的电压或电流，$f(0_+)$ 是变量的初始值、$f(\infty)$ 是变量在 $t \to \infty$ 时的稳态值（或终值）、τ 是一阶电路的时间常数。

因此，在直流激励的一阶电路中，只要求得 $f(0_+)$、$f(\infty)$、τ 这三个参数，代入上式，即可方便地求出电路的全响应。

2. 三要素法求解全响应的步骤

（1）求变量的初始值 $f(0_+)$。

当变量是电容电压或电感电流时，可根据换路定则，直接通过 $t = 0_-$ 时的等效电路求初始值；当变量是其它支路的电压或电流时，必须先求出 $t = 0_-$ 时的 $u_C(0_-)$ 或 $i_L(0_-)$，然后再根据 $t = 0_+$ 时的等效电路求初始值。

（2）求稳态值 $f(\infty)$。

稳态值是指 $t \to \infty$ 时的终值 $f(\infty)$，其值可根据 $t \to \infty$ 时的等效电路来求。当 $t \to \infty$ 时，电路中的电容相当于开路，电感相当于短路。

（3）求时间常数 τ。

当电路中的动态元件是电容时，$\tau = R_{eq}C$；当动态元件是电感时，$\tau = L/R_{eq}$。式中，R_{eq} 是根据换路后的电路，将电路中的电源置零（即电压源短路，电流源开路）后，从储能元件两端看进去的等效电阻。

（4）求全响应 $f(t)$。

将上面求出的三个要素代入全响应的一般表达式，并注明时间条件即可。

例 9-10 如图 9-16（a）所示电路，$t < 0$ 时开关 S 在位置 "a" 处，此时电路已达稳态。当 $t = 0$ 时开关打向位置 "b"，求 $t > 0$ 时的电压 $u_c(t)$。

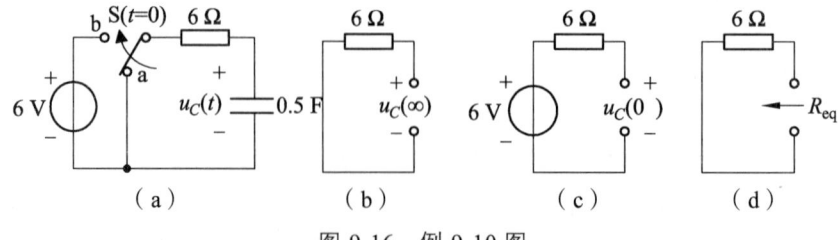

图 9-16 例 9-10 图

解：首先在 $t = 0_-$ 的等效电路中求 $u_C(0_-)$。

$t = 0_-$ 时,开关 S 闭合在位置 "a",电路中的电容为开路,如图 9-16(b)所示。此时电路中无电源,因此

$$u_C(0_-) = 0$$

由换路定则 $u_C(0_+) = u_C(0_-) = 0$

将开关闭合在位置 "b",并将电容开路,可得 $t = \infty$ 时的等效电路,如图 9-16(c)所示。因此可得

$$u_C(\infty) = 6 \text{ V}$$

将图 9-16(c)中的电压源置零,可得等效电阻的电路如图 9-16(d)所示。因此

$$R_{eq} = 6 \ \Omega$$

所以,时间常数为 $\tau = R_{eq}C = 6 \times 0.5 = 3 \text{ s}$

因此电容电压为 $u_C(t) = u_C(\infty) + [u_C(0_+) - u_C(\infty)] e^{-\frac{t}{\tau}}$

$$= 6 + (0-6) e^{-\frac{t}{3}}$$

$$= 6(1 - e^{-\frac{t}{3}}) \text{ V} \qquad (t > 0)$$

例 9-11 如图 9-18 所示电路,开关打开之前电路已达稳态,$t = 0$ 时开关 S 打开。求 $t > 0$ 时的 u_C、i_C。

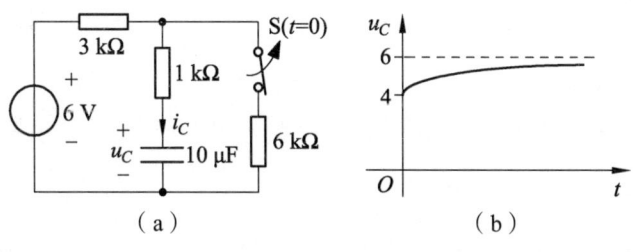

图 9-17 例 9-11 图

解:开关闭合时,电路已达稳态,电容相当于开路,电容 u_C 的初始值为

$$u_C(0_+) = u_C(0_-) = \frac{6}{6+3} \times 6 = 4 \text{ V}$$

开关打开后,电路进入新的稳态,特解

$$u_C' = u_C(\infty) = 6 \text{ V}$$

时间常数为 $\tau = R_{eq}C = (1+3) \times 10^3 \times 10 \times 10^{-6} = 0.04 \text{ s}$

所以 $u_C(t) = 6 + (4-6) e^{-t/0.04} = 6 - 2 e^{-25t} \text{ V} \qquad (t > 0)$

$$i_C(t) = C\frac{\mathrm{d}u_c(t)}{\mathrm{d}t} = 0.5\,\mathrm{e}^{-25t}\,\mathrm{mA} \qquad (t>0)$$

u_C 的波形图如图 9-26（b）所示。

例 9-12　如图 9-18（a）所示电路，已知 $i_L(0_-) = 2\,\mathrm{A}$，求 $t \geqslant 0$ 时的 i_L、i_1。

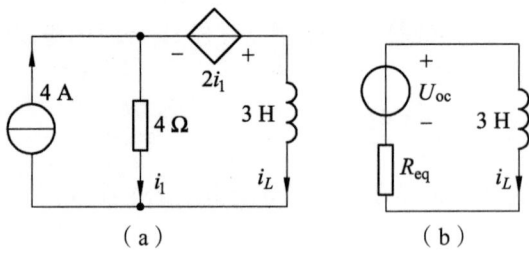

图 9-18　例 9-12 图

解：先求出从电感两端看进去的戴维南等效电路，如图 9-18（b）所示，其中 $U_{\mathrm{oc}} = 24$ V，$R_{\mathrm{eq}} = 6\Omega$。

$$i_L(0_+) = i_L(0_-) = 2\ (\mathrm{A})$$

$$i'_L = i_L(\infty) = \frac{U_{\mathrm{oc}}}{R_{\mathrm{eq}}} = 4\ (\mathrm{A})$$

$$\tau = \frac{L}{R_{\mathrm{eq}}} = \frac{3}{6} = 0.5\ (\mathrm{s})$$

则 $t \geqslant 0$ 后，电感电流　　$i_L = 4 + (2-4)\mathrm{e}^{-2t} = 4 - 2\mathrm{e}^{-2t}\ (\mathrm{A})$

在图 9-18（a）中利用 KCL 可得

$$i_1 = 4 - i_L = 2\mathrm{e}^{-2t}\ (\mathrm{A})$$

例 9-13　如图 9-19 所示电路中，已知 $u_s = 100\sqrt{2}\cos(\omega t)\,\mathrm{V}$，$\omega = 100\,\mathrm{rad/s}$，$U_s = 50$ V，$R_0 = R_1 = 5\Omega$，$L = 0.1\,\mathrm{H}$，换路前电路已稳定，$t=0$ 时开关从 1 切换到 2，求 $t \geqslant 0$ 时的 $i_L(t)$。

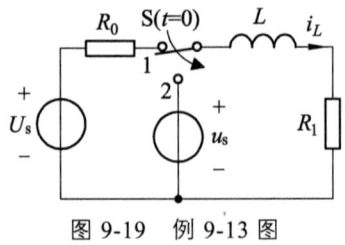

图 9-19　例 9-13 图

解：由于 u_s 是正弦信号，因此利用三要素法求解时，应先求出 $i_L(0_+)$、$i_{L\infty}(t)$、$i_{L\infty}(0_+)$ 和 τ。由图 9-19 得

$$i_L(0_+) = i_L(0_-) = \frac{U_s}{R_0 + R_1} = \frac{50}{5+5} = 5 \text{（A）}$$

用相量法求换路后的稳态解 $i_{L\infty}(t)$

$$|Z| = \sqrt{R_1^2 + (\omega L)^2} = \sqrt{5^2 + (100 \times 0.1)^2} = \sqrt{125} \text{（Ω）}$$

$$i_{L\infty}(t) = i'_L = \frac{U_m}{|Z|} \cos(\omega t + \varphi_u - \varphi) = \frac{100\sqrt{2}}{\sqrt{125}} \cos(100t + 0° - 63.43°)$$

$$\approx 8.94\sqrt{2} \cos(100t - 63.43°) \text{（A）}$$

由上式可得

$$i_{L\infty}(0_+) = 8.94\sqrt{2} \cos(-63.43°) = 5.66 \text{（A）}$$

换路后的时间常数为

$$\tau = \frac{L}{R_1} = \frac{0.1}{5} = 0.02 \text{（s）}$$

则

$$i_L(t) = i_{L\infty}(t) + [i_L(0_+) - i_{L\infty}(0_+)] e^{-\frac{t}{\tau}}$$

$$= 8.94\sqrt{2} \cos(100t - 63.43°) + (5 - 5.66) e^{-\frac{t}{0.02}} \quad (t \geq 0_+)$$

$$= 8.94\sqrt{2} \cos(100t - 63.43°) - 0.66 e^{-50t} \text{（A）}$$

9.5 一阶电路的阶跃响应

电路对于单位阶跃函数激励的零状态响应称为单位阶跃响应。

单位阶跃函数的定义为 $\varepsilon(t) = \begin{cases} 0 & t \leq 0_- \\ 1 & t \leq 0_+ \end{cases}$

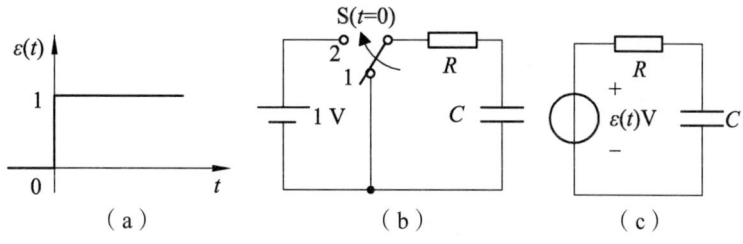

图 9-20 单位阶跃函数

它在 0_- 和 0_+ 时间内发生了单位阶跃，这个函数可用来描述图 9-20（b）所示开关动作，它表示在 $t = 0$ 时把电路接到单位直流电压源上。阶跃函数可以作为开关的数学模型，故有时又称为开关函数。图 9-20（b）又可用图 9-20（c）表示。

定义任一时刻起始的阶跃函数为

$$\varepsilon(t-t_0) = \begin{cases} 0 & t \leq t_{0_-} \\ 1 & t \geq t_{0_+} \end{cases}$$

$\varepsilon(t-t_0)$ 可看作是 $\varepsilon(t)$ 在时间轴上移动 t_0 后的结果，如图 9-21 所示，所以 $\varepsilon(t-t_0)$ 称为延迟单位阶跃函数。

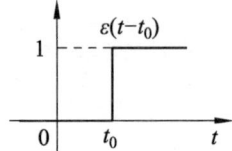

图 9-21　延迟的单位阶跃函数

假如电路在 $t = t_0$ 时接通一个 2 A 的直流电流源，则此外施电流可写成 $2\varepsilon(t-t_0)$。

单位阶跃函数可以用来"起始"任意一个函数 $f(t)$，设 $f(t)$ 为对所有 t 都有定义的一个任意函数，如图 9-22（a）所示，则

$$f(t)\varepsilon(t-t_0) = \begin{cases} 0 & t \leq t_{0_-} \\ f(t) & t \geq t_{0_+} \end{cases}$$

它的波形图如 9-22（b）所示。

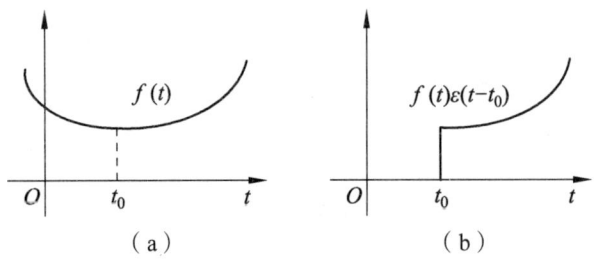

图 9-22　单位阶跃函数的起始作用

单位阶跃函数还可以用来描述矩形脉冲，对于图 9-23（a）所示的脉冲信号，可以分解成两个阶跃函数之和，如图 9-23（b）、（c）所示。

$$f(t) = \varepsilon(t) - \varepsilon(t-t_0)$$

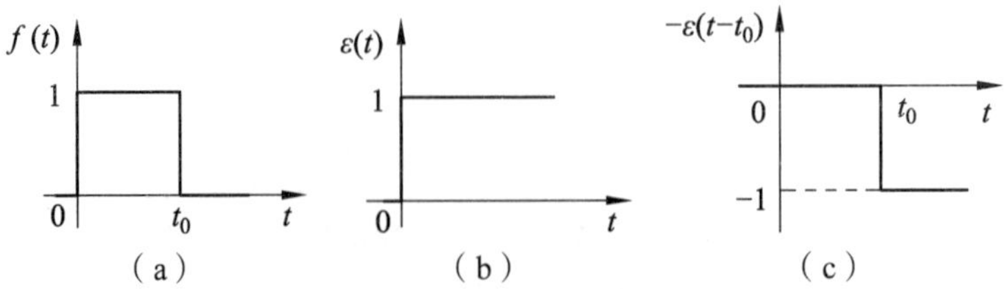

图 9-23　矩形脉冲的分解

当电路的激励为单位阶跃 $\varepsilon(t)$ V 或 $\varepsilon(t)$ A 时，相当于将电路在 $t=0$ 时接通电压值为 1 V 的直流电压源或电流为 1 A 的直流电流源，因此，单位阶跃响应与直流激励的响应完全相同。用 $s(t)$ 表示单位阶跃的响应。已知电路的 $s(t)$，如果该电路的激励为 $u_s(t)=U_0\varepsilon(t)$ [或 $i_s(t)=I_0\varepsilon(t)$]，则电路的零状态响应为 $U_0s(t)$[或 $I_0s(t)$]。

例 9-14 图 9-24 所示电路中，$R=1\,\Omega$，$L=2\,\text{H}$，u_s 的波形如图 9-24（b）所示。计算 $t\geqslant 0$ 时的零状态响应 $i(t)$，并画出 $i(t)$ 的波形。

解： 此题可用两种方法求解。

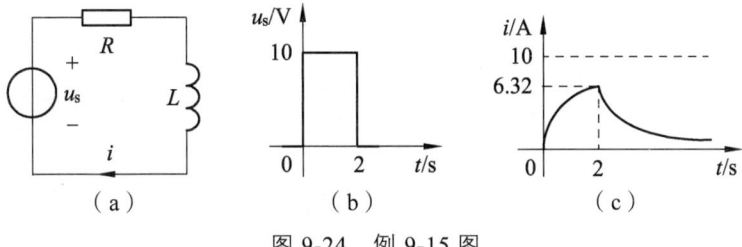

图 9-24　例 9-15 图

（1）分段计算：

在 $t<0$ 时，$i=0$

在 $0\leqslant t\leqslant 2\text{s}$ 时，$u_s=10\,\text{V}$，电路为零状态响应，用三要素法求解。

$i(0_+)=i(0_-)=0\,\text{A}$，$i(\infty)=u_s/R=10\,\text{A}$，$\tau=L/R=2\,\text{s}$

所以　　$i(t)=10(1-e^{-t/2})\,\text{A}$

在 $t\geqslant 2\text{s}$ 时，$u_s=0\,\text{V}$，电路为零输入响应

$$i(2_+)=i(2_-)=10(1-e^{-1})=6.32\,(\text{A})$$

所以　　$i(t)=6.32e^{-(t-2)/2}\,(\text{A})$

（2）用阶跃函数表示激励：

$$u_s=10\varepsilon(t)-10\varepsilon(t-2)$$

电路的单位阶跃响应为

$$s(t)=(1-e^{-t/2})\varepsilon(t)$$

所以　　$i(t)=10(1-e^{-t/2})\varepsilon(t)-10(1-e^{-(t-2)/2})\varepsilon(t-2)\,(\text{A})$

其中，第一项为阶跃响应，第二项为延迟的阶跃响应，$i(t)$ 的波形如图 9-24（c）所示。

9.6　二阶电路的分析

在一阶电路的分析中，三要素法是一个有效的方法，但在二阶电路的分析中，三要素法已不适用。本节对于二阶电路的分析，采用的是经典法。在二阶电路中，由于所列

的方程是二阶微分方程，因而需要两个初始条件，它们均由储能元件的初始值决定。

9.6.1 二阶电路的零输入响应

图 9-25 所示 RLC 串联电路，假定电容已充电，其电压为 U_0，电感中的初始电流为 I_0。$t = 0$ 时，开关 S 闭合，此电路的放电过程即是二阶电路的零输入响应。

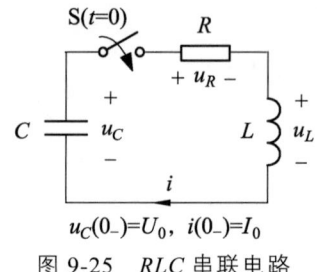

图 9-25　RLC 串联电路

根据 KVL 有　　　　$-u_C + u_R + u_L = 0$

又　　　　$u_R = Ri,\ i = -C\dfrac{du_C}{dt},\ u_L = L\dfrac{di}{dt} = -LC\dfrac{d^2 u_C}{dt^2}$

代入得　　　　$LC\dfrac{d^2 u_C}{dt^2} + RC\dfrac{du_C}{dt} + u_C = 0$ 　　　　（9-12）

式（9-12）是以 u_C 为变量的二阶线性常系数齐次微分方程。求解这类方程时，仍然先设 $u_C = Ae^{pt}$，然后再确定其中的 p 和 A。

将 $u_C = Ae^{pt}$ 带入式（9-12），得特征方程

$$LCp^2 + RCp + 1 = 0$$

解出特征根为　　　$p_{1,2} = -\dfrac{R}{2L} \pm \sqrt{\left(\dfrac{R}{2L}\right)^2 - \dfrac{1}{LC}}$

设电容电压为　　　$u_C = A_1 e^{p_1 t} + A_2 e^{p_2 t}$ 　　　　（9-13）

式中　$p_1 = -\dfrac{R}{2L} + \sqrt{\left(\dfrac{R}{2L}\right)^2 - \dfrac{1}{LC}},\ p_2 = -\dfrac{R}{2L} - \sqrt{\left(\dfrac{R}{2L}\right)^2 - \dfrac{1}{LC}}$ 　　（9-14）

从式（9-14）可见，特征根 p_1 和 p_2 仅与电路结构和元件参数有关，而与激励和初始储能无关，因此，它们又被称为电路的固有频率。注意，在二阶电路中，没有时间常数的概念。

给定的初始条件为：$u_C(0_+) = u_C(0_-) = U_0$，$i(0_+) = i(0_-) = I_0$。由于 $i = -C\dfrac{du_C}{dt}$，因此有 $\left.\dfrac{du_C}{dt}\right|_{0_+} = -\dfrac{1}{C}i(0_+) = -\dfrac{I_0}{C}$。将初始条件代入（9-13）得

$$\left.\begin{array}{l}A_1 + A_2 = U_0 \\ A_1 p_1 + A_2 p_2 = -\dfrac{I_0}{C}\end{array}\right\}$$

由上式可解出常数 A_1 和 A_2，从而求出 u_C。

为了简化分析，下面仅讨论 $U_0 \neq 0$ 而 $I_0 = 0$ 的情况，即已充电的电容 C 经 R、L 放电的情况。此时可解得

$$A_1 = \frac{p_2 U_0}{p_2 - p_1}, \qquad A_2 = \frac{-p_1 U_0}{p_2 - p_1}$$

将其代入式(9-13)就可以得到 RLC 串联电路中电容电压 u_C 的零输入响应的表达式。

由于电路中 R、L、C 参数的不同，特征根可能是：①不相等的负实根；②一对实部为负的共轭复根；③一对相等的负实根。下面对这三种情况进行讨论。

1. $R > 2\sqrt{\dfrac{L}{C}}$，非振荡放电过程

在这种情况下，特征根 p_1 和 p_2 为两个不相等的负实根。

电容上的电压为

$$u_C = \frac{U_0}{p_2 - p_1}(p_2 \mathrm{e}^{p_1 t} - p_1 \mathrm{e}^{p_2 t})$$

电路中的电流为

$$i = -C\frac{\mathrm{d}u_C}{\mathrm{d}t} = -\frac{CU_0 p_1 p_2}{p_2 - p_1}(\mathrm{e}^{p_1 t} - \mathrm{e}^{p_2 t})$$

$$= -\frac{U_0}{L(p_2 - p_1)}(\mathrm{e}^{p_1 t} - \mathrm{e}^{p_2 t})$$

式中，利用了 $p_1 p_2 = \dfrac{1}{LC}$ 的关系。

电感电压为 $\quad u_L = L\dfrac{\mathrm{d}i}{\mathrm{d}t} = -\dfrac{U_0}{p_2 - p_1}(p_1 \mathrm{e}^{p_1 t} - p_2 \mathrm{e}^{p_2 t})$

从 u_C、i、u_L 的表达式可以看出，它们都是由随时间衰减的指数函数项来表示的，这表明电路的响应是非振荡性的，又称为过阻尼情况。图 9-25 画出了 u_C、i、u_L 的非振荡响应曲线。

从图 9-26 中可以看出，u_C、i 的方向始终不变，而且 $u_C \geq 0$、$i \geq 0$，表明电容在整个过程中一直释放储存的电场能量，最后 $u_C = 0$，$i = 0$。由于电流的初始值和稳态值均为零，因此在某一时刻 t_m 电流达到最大值，此时可由 $\dfrac{\mathrm{d}i}{\mathrm{d}t} = 0$ 决定

$$t_m = \frac{\ln\left(\dfrac{p_2}{p_1}\right)}{p_1 - p_2}$$

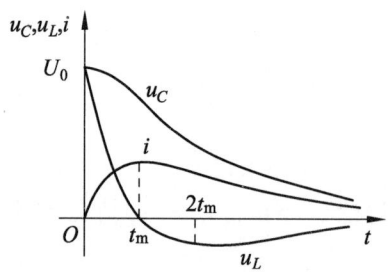

图 9-26　u_C、u_L 和 i 的非振荡响应曲线

当 $t < t_m$ 时,电感吸收能量,建立磁场;当 $t > t_m$ 时,电感释放能量,磁场逐渐消失;当 $t = t_m$ 时,正是电感电压过零点。

从物理意义上说,开关闭合后,电容通过 R、L 放电,它的电场能量一部分转化成磁场能量储存于电感中,另一部分则为电阻所消耗。由于电阻较大,电阻消耗能量迅速。到当 $t = t_m$ 时电流达到最大值,所以磁场能量不再增加,并随电流的下降而逐渐放出,连同继续放出的电场能量一起供给电阻的能量消耗,一直到最后 $u_C = 0$、$i = 0$、$u_L = 0$。

2. $R < 2\sqrt{\dfrac{L}{C}}$,振荡放电过程

在这种情况下,特征根 p_1 和 p_2 为一对共轭复数。令 $\delta = \dfrac{R}{2L}$,$\omega_0 = \dfrac{1}{\sqrt{LC}}$,$\omega = \sqrt{\dfrac{1}{LC} - \left(\dfrac{R}{2L}\right)^2} = \sqrt{\omega_0^2 - \delta^2}$,其相互关系如图 9-27 所示。

则特征根为　　　　　　　$p_1 = -\delta + j\omega$,　$p_2 = -\delta - j\omega$

设齐次方程的通解为　　　$u_C = A e^{-\delta t} \sin(\omega t + \beta)$

代入初始条件 $u_C(0_+) = U_0$,$\left.\dfrac{du_C}{dt}\right|_{0_+} = 0$,得

$A \sin\beta = U_0$,　　$-A\delta \sin\beta + A\omega \cos\beta = 0$

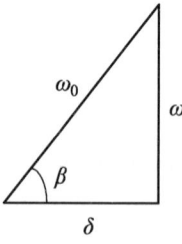

图 9-27　表示 ω_0、ω、δ、β 相互关系的三角形

解得　　　　　　$A = \dfrac{\omega_0 U_0}{\omega}$,$\beta = \arctan \dfrac{\omega}{\delta}$

则电容电压为　　$u_C = \dfrac{\omega_0 U_0}{\omega} e^{-\delta t} \sin(\omega t + \beta)$ V

电流为
$$i = -C\frac{du_C}{dt} = \frac{U_0}{\omega L}e^{-\delta t}\sin\omega t \text{ A}$$

电感电压为
$$u_L = L\frac{di}{dt} = -\frac{\omega_0 U_0}{\omega}e^{-\delta t}\sin(\omega t - \beta) \text{ V}$$

在求 i、u_L 时要用到 ω_0、δ、ω、β 之间的关系。

振荡放电过程中 u_C、i、u_L 的波形如图 9-28 所示。它们的振幅随时间按指数衰减，衰减快慢取决于 δ，所以把 δ 称为衰减系数，δ 越大，衰减越快；ω 是衰减震荡角频率，ω 越大，震荡周期越小，震荡越快。当电路中的电阻较小时，响应是震荡性的，称为欠阻尼情况。

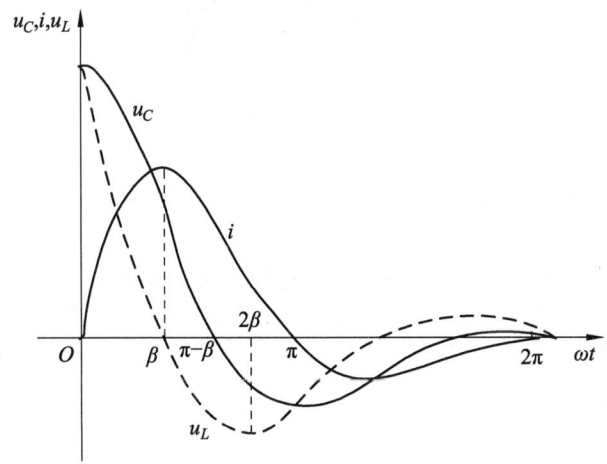

图 9-28 振荡放电过程中 u_c、i、u_L 的波形

从上述表达式还可以得出：

（1）$\omega t = k\pi$，$k = 0, 1, 2, 3, \cdots$ 为电流的过零点，即电容电压的极值点；

（2）$\omega t = k\pi + \beta$，$k = 0, 1, 2, 3 \cdots$ 为电感电压的过零点，也即电流的极值点；

（3）$\omega t = k\pi - \beta$，$k = 1, 2, 3 \cdots$ 为电容电压的过零点。

根据上述过零点的情况可以看出，元件之间的能量吸收、转换的情况，如表 9-2 所示。

表 9-2 振荡放电过程中元件之间的能量关系

元件	$0 < \omega t < \beta$	$\beta < \omega t < \pi - \beta$	$\pi - \beta < \omega t < \pi$
电感	吸收	释放	释放
电容	释放	释放	吸收
电阻	消耗	消耗	消耗

当 $\delta = 0$，即 $R = 0$ 时，特征根 $p_1 = +j\omega_0$，$p_2 = -j\omega_0$ 为一对共轭虚数，ω_0 称为电路的谐振角频率。此时 $\omega_0 = \omega$，$\beta = 90°$ 可得

$$u_C = U_0 \cos\omega_0 t \text{ V}, \quad i = \frac{U_0}{\omega_0 l}\sin\omega_0 t \text{ A}, \quad u = -U_0 \cos\omega_0 t \text{ V}$$

可见电路中的振荡为等幅振荡，又称无阻尼振荡。u_C、i 的波形如图 9-29 所示。

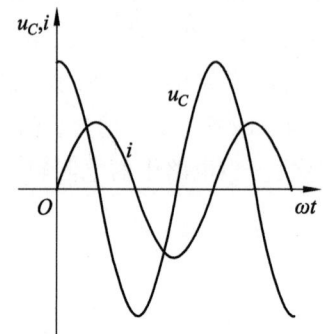

图 9-29　等幅振荡 u_C、i 的波形

3. $R = 2\sqrt{\dfrac{L}{C}}$，临界情况

在这种情况下，特征根为一对相等的负实根，$P_1 = P_2 = -\dfrac{R}{2L} = -\delta$。设微分方程的通解为

$$u_c = (A_1 + A_2 t)\,\mathrm{e}^{-\delta t}$$

代入初始条件得

$$A_1 = U_0, \quad A_2 = \delta U_0$$

所以

$$u_C = U_0(1+\delta t)\mathrm{e}^{-\delta t}$$

$$i = -C\frac{\mathrm{d}u_c}{\mathrm{d}t} = \frac{U_0}{L}t\,\mathrm{e}^{-\delta t}$$

$$u_L = L\frac{\mathrm{d}i}{\mathrm{d}t} = U_0 \mathrm{e}^{-\delta t}(1-\delta t)$$

从上面的表达式可以看出，u_C、i、u_L 不做振荡变化，即具有非振荡的性质，其波形与图 9-35 相似。然而，这种过程是振荡与非振荡过程的分界线，所以 $R = 2\sqrt{\dfrac{L}{C}}$ 时的过渡过程称为临界非振荡过程，这时的电阻称为临界电阻，并称电阻大于临界电阻的电路为过阻尼电路，小于临界电阻的电路为欠阻尼电路。

上述临界情况的计算公式还可以根据非振荡情况的计算公式由洛必达法则求极限得出。

上述讨论的具体公式，仅适用于 RLC 串联电路在 $u_C(0_-) = U_0$ 和 $i(0_-) = 0$ 时的情况。

第9章 动态电路的时间域分析

对于一般的二阶电路，则需根据特征根的形式，写出微分方程的通解，然后根据初始条件求出通解中的常数。对于 GCL 并联电路的零输入响应，则可根据对偶定理由 RLC 串联电路得出。

例 9-15 图 9-25 所示电路中，已知 $L=1\text{H}$，$C=0.25\text{F}$，$u_C(0_-)=4\text{V}$，$i(0_-)=-2\text{A}$。求以下几种情况下的电容电压 u_C。

（1）$R=5\,\Omega$；（2）$R=4\,\Omega$；（3）$R=2\,\Omega$；（5）$R=0$。

解：（1）$R=5\,\Omega$ 时，临界电阻 $R_0=2\sqrt{L/C}=4<R$，电路为过阻尼情况。

特征根
$$p_1=-\frac{R}{2L}+\sqrt{\left(\frac{R}{2L}\right)^2-\frac{1}{LC}}=-\frac{5}{2}+\sqrt{\left(\frac{5}{2}\right)^2-4}=-1$$

$$p_2=-\frac{R}{2L}-\sqrt{\left(\frac{R}{2L}\right)^2-\frac{1}{LC}}=-\frac{5}{2}-\sqrt{\left(\frac{5}{2}\right)^2-4}=-4$$

设电容电压为 $u_C=A_1\,\mathrm{e}^{-t}+A_2\,\mathrm{e}^{-4t}$

代入初始条件：$u_C(0_+)=u_C(0_-)=4$，$i(0_+)=i(0_-)=-2\text{A}$，$\left.\dfrac{\mathrm{d}u_C}{\mathrm{d}t}\right|_{0_+}=-\dfrac{1}{C}i(0_+)=8$

得
$$A_1+A_2=4$$
$$-A_1-4A_2=8$$

解得 $A_1=8,\,A_2=-4$

因此 $u_C=8\mathrm{e}^{-t}-4\mathrm{e}^{-4t}\,\text{V}$

（2）$R=4\,\Omega$ 时，电路为临界阻尼情况。

特征根为 $p_1=p_2=-\dfrac{R}{2L}=-2$

设电容电压为 $u_C=(A_1+A_2\,t)\,\mathrm{e}^{-2t}$

代入初始条件得
$$A_1=4$$
$$A_2-2A_1=8$$

解得 $A_1=4,\,A_2=16$

因此 $u_C=(4+16t)\,\mathrm{e}^{-2t}\,\text{V}$

（3）$R=2\,\Omega$ 时，电路为欠阻尼情况。

特征根为 $p_{1,2}=-\dfrac{R}{2L}\pm\sqrt{\left(\dfrac{R}{2L}\right)^2-\dfrac{1}{LC}}=-1\pm\mathrm{j}\sqrt{3}$

设电容电压为 $u_C=A\mathrm{e}^{-t}\sin(\sqrt{3}t+\beta)$

代入初始条件得

$$A\sin\beta = 4$$

$$-A\sin\beta + \sqrt{3}A\cos\beta = 8$$

解得 $A = 8$，$\beta = 30°$

则 $u_C = 8\,\mathrm{e}^{-t}\sin(\sqrt{3}t + 30°)\,\mathrm{V}$

（4）$R = 0$，电路为无阻尼振荡。

特征根为 $p_{1,2} = \pm\mathrm{j}2$

设电容电压为 $u_C = A\sin(2t + \beta)$

代入初始条件得

$$A\sin\beta = 4$$

$$2A\cos\beta = 8$$

解得 $A = 4\sqrt{2}$，$\beta = 45°$

所以 $u_C = 4\sqrt{2}\sin(2t + 45°)\,\mathrm{V}$

9.6.2 二阶电路的零状态响应与全响应

二阶电路的初始储能为零（即电容电压为零和电感电流为零），仅由外加激励所产生的响应，称为二阶电路的零状态响应。

图 9-30 所示 RLC 串联电路，$u_C(0_-) = 0$，$i(0_-) = 0$，$t = 0$ 时，开关 S 闭合，根据 KVL 有

$$u_R + u_L + u_C = u_s$$

又 $u_R = Ri$，$i = C\dfrac{\mathrm{d}u_C}{\mathrm{d}t}$，$u_L = L\dfrac{\mathrm{d}i}{\mathrm{d}t} = LC\dfrac{\mathrm{d}^2 u_C}{\mathrm{d}t^2}$，代入上式得

$$LC\dfrac{\mathrm{d}^2 u_C}{\mathrm{d}t^2} + RC\dfrac{\mathrm{d}u_C}{\mathrm{d}t} + u_C = u_s$$

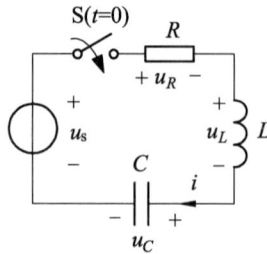

图 9-30 二阶电路的零状态响应

这是以 u_C 为变量的二阶线性常系数非齐次微分方程。方程的解由非齐次方程的特解 u'_C 和对应齐次方程的通解 u''_C 组成，即

$$u_C = u'_C + u''_C$$

如果 u_s 为直流激励或正弦激励，则取稳态解 u'_C 为特解，而通解 u''_C 与零输入响应相同，再根据初始条件确定积分系数，从而得到全解。

二阶电路的全响应是指二阶电路的初始储能不为零，又接有外加激励所产生的响应。它可利用全响应是零输入响应和零状态响应的叠加求得，也可通过列电路的微分方程求得。

例 9-16 如图 9-30 所示电路，$L = 1\text{H}$，$C = 1/3\text{F}$，$R = 4\Omega$，$u_s = 16\text{V}$，初始状态为零。求 $u_C(t)$、$i(t)$。

解：电路方程为

$$LC\frac{\mathrm{d}^2 u_C}{\mathrm{d}t^2} + RC\frac{\mathrm{d}u_C}{\mathrm{d}t} + u_C = u_s$$

代入已知条件得

$$\frac{\mathrm{d}^2 u_C}{\mathrm{d}t^2} + 4\frac{\mathrm{d}u_C}{\mathrm{d}t} + 3u_C = 48$$

特征根为

$$p_1 = -\frac{R}{2L} + \sqrt{\left(\frac{R}{2L}\right)^2 - \frac{1}{LC}} = -2 + \sqrt{4-3} = -1$$

$$p_2 = -\frac{R}{2L} - \sqrt{\left(\frac{R}{2L}\right)^2 - \frac{1}{LC}} = -2 - \sqrt{4-3} = -3$$

设电容电压为　　　　　　　　$u_C = u'_C + u''_C$

特解　　　　　　　　　　　　$u'_C = 16$

对应齐次方程的通解　　　　　$u''_C = A_1 \mathrm{e}^{-t} + A_2 \mathrm{e}^{-3t}$

所以通解为　　　　　　　　　$u_C = A_1 \mathrm{e}^{-t} + A_2 \mathrm{e}^{-3t} + 16$

代入初始条件：$u_C(0_+) = u_C(0_-) = 0$，$\left.\dfrac{\mathrm{d}u_C}{\mathrm{d}t}\right|_{0_+} = \dfrac{1}{C}i(0_+) = 0$，得

$$A_1 + A_2 + 16 = 0$$

$$-A_1 - 3A_2 = 0$$

解得　　　$A_1 = -24$，$A_2 = 8$

因此　　　$u_C = -24\mathrm{e}^{-t} + 8\mathrm{e}^{-3t} + 16$　V

$$i = C\frac{\mathrm{d}u_C}{\mathrm{d}t} = 8\mathrm{e}^{-t} - 8\mathrm{e}^{-3t}\text{ A}$$

9.7 实践与应用

RC 和 RL 电路的应用十分广泛，例如常见的信号滤波器、微分器、积分器、延迟电

路和继电器电路等。下面以闪光灯电路和滤波器的例子作简单介绍。

闪光灯的柱形玻璃管充满了氙气,气体击穿的电压范围是几千伏特,一旦发生击穿,闪光灯阻抗降到小于 1Ω。气体击穿时的高电流会产生强烈的可见光。事实上,所需的大电流要求发光前处于低阻抗状态。电离过程击穿了气体,使之处于低阻抗状态。低阻抗使大量的电流能在阳极和阴极间通过,并产生强烈的光线。

基于上述原理,电子闪光灯电路可以利用 RC 电路的充放电过程来实现,电路主要利用了电容器的端电压不能发生突变的性质。

图 9-31 为一个简化的电路,其中 U_s 与 R_1 为一个高电压的直流电源模型,当开关处于位置 1 时,电源给电容器慢充电,充电时间为 $\tau_1 = R_1 C$,电容器(设为零初始状态)中的电压从零逐步上升至 U_s,而通过电容的电流从 $I_1 = \dfrac{U_s}{R_1}$ 逐步减小到零。充电时间大约为时间常数的 5 倍,即

$$t_1 = 5\tau_1 = 5R_1 C$$

当开关处于位置 2 时,电容器放电。闪光灯等效为低值电阻 R_2,在一段时间内允许存在高放电电流,这个电流的峰值为 $I_2 = \dfrac{U_s}{R_2}$,放电时间大约为时间常数的 5 倍,即

$$t_2 = 5\tau_2 = 5R_2 C$$

上述过程如图 9-32 所示,RC 电路提供了一个持续时间短的大电流脉冲。

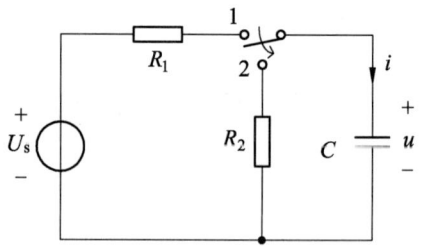

图 9-31 电子闪光灯基本原理电路

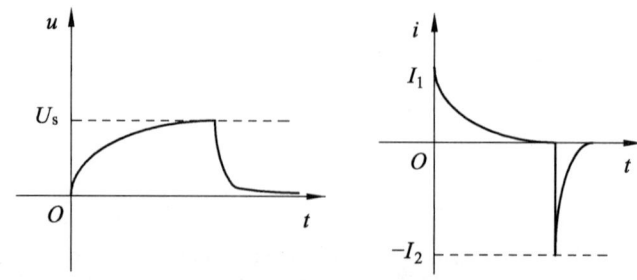

图 9-32 电容器电压电流慢充快放过程

第 9 章 动态电路的时间域分析

习　题

9-1　电路如题图所示，开关在 $t=0$ 时动作，试求电路在 $t=0_+$ 时刻的电压、电流初始值。

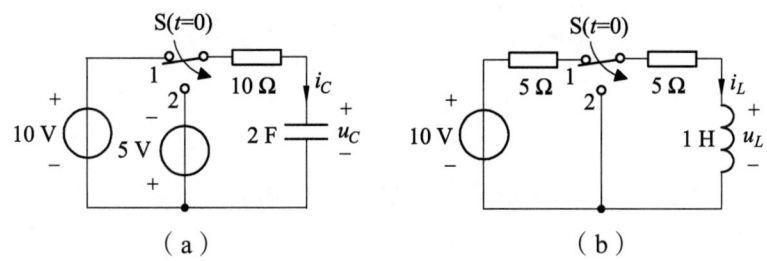

题 9-1 图

9-2　电路如图所示，开关 S 闭合前电路已达稳态，求换路后的电容电压和各支路电流的初始值。

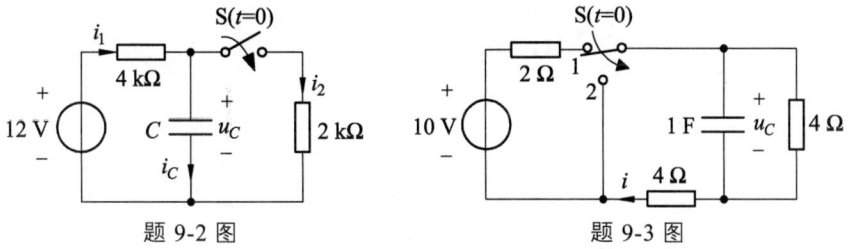

题 9-2 图　　　　　题 9-3 图

9-3　电路如图所示，开关 S 原在位置 1，且电路已达稳态，$t=0$ 时开关由 1 合向 2，求 $t \geqslant 0$ 时的 u_C 和 i。

9-4　电路如图所示，开关 S 在位置 1 已久，$t=0$ 时合向位置 2，求换路后的 u_L 和 i。

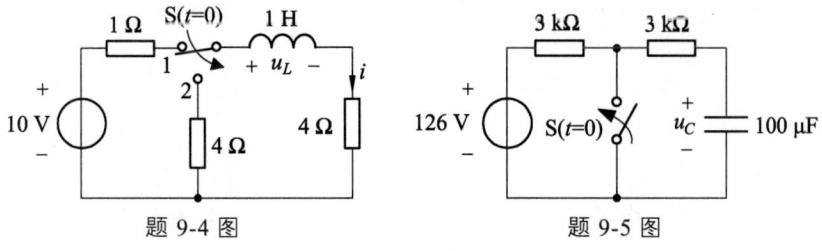

题 9-4 图　　　　　题 9-5 图

9-5　电路如题图所示，开关 S 在 $t=0$ 时闭合，求 $u_C(t)$。

9-6　电路如题图所示，$R_1=1\,\Omega$，$R_2=2\,\Omega$，$C=3\,\mathrm{F}$，$U_s=3\,\mathrm{V}$，$t=0$ 时开关 S 闭合，求零状态响应 u_C、i_C 和 i_1。

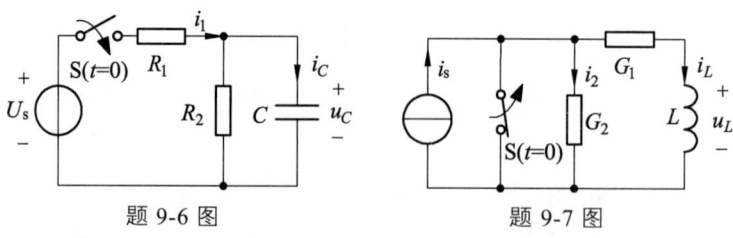

题 9-6 图   题 9-7 图

9-7 电路如题图所示，$G_1 = 1\,\text{s}$，$G_2 = 2\,\text{s}$，$L = 3\,\text{H}$，$i_s = 3\,\text{A}$，$t = 0$ 时开关打开，求零状态响应 u_L、i_L 和 i_2。

9-8 电路如题图所示，换路前电路已稳定，$t = 0$ 时，开关 S 闭合，求闭合后的电容电压 u_C 和电阻电压 u_1。

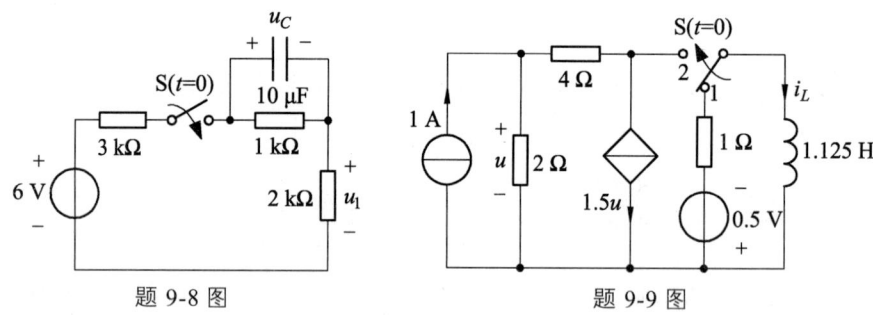

题 9-8 图   题 9-9 图

9-9 电路如图所示，开关 S 原来在位置 1 处，电路已稳定，$t = 0$ 时，开关 S 打向位置 2 处，求闭合后的电感电流 i_L。

9-10 图示电路开关闭合前电容无初始储能，在 $t = 0$ 时开关闭合，求 $t \geq 0$ 时的电容电压 u_C。

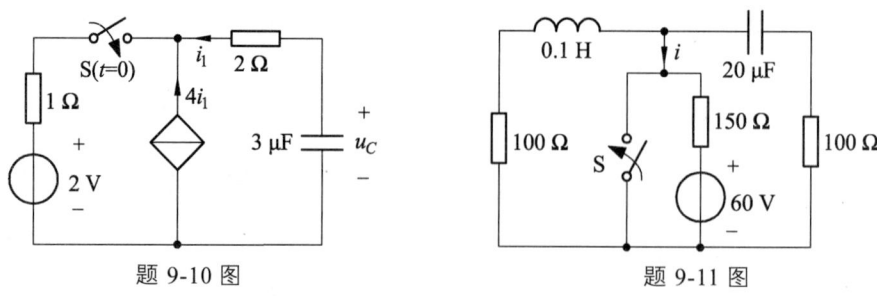

题 9-10 图   题 9-11 图

9-11 电路如题图所示，若 $t = 0$ 时开关闭合，求电流 i。

9-12 电路如题图所示，换路前 S_1，S_2 打开，电容上无电荷，$t = 0$ 时，开关 S_1 闭合，当 $t = 2\,\text{s}$ 时，开关 S_2 闭合，求 u_C。

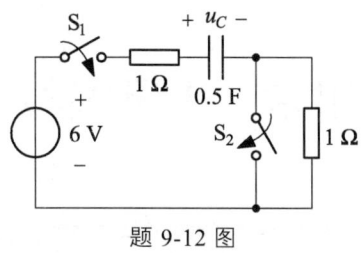

题 9-12 图

9-13 电路如图所示,开关原处于 S_1 打开, S_2 闭合的稳定状态, $t=0$ 时, S_1 闭合, S_2 打开,求 i_1、i_2 和 u_{ab}。

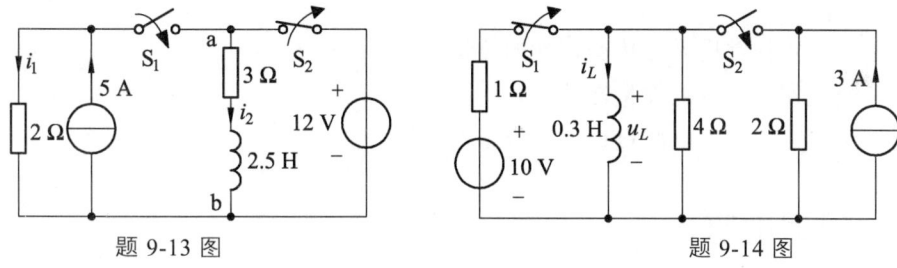

题 9-13 图　　　　　　　　　　　　题 9-14 图

9-14 图示电路中, $t=0$ 时开关 S_1 打开, S_2 闭合,在开关动作前,电路已达稳态。求 $t \geq 0$ 时的 u_L 和 i_L。

9-15 电路如图所示, $i_s=6\,A$, $R=2\,\Omega$, $C=1\,F$, $t=0$ 时闭合开关 S,在下列两种情况下求 u_C、i_C 以及电流源发出的功率:(1) $u_C(0_-)=3\,V$,(2) $u_C(0_-)=15\,V$。

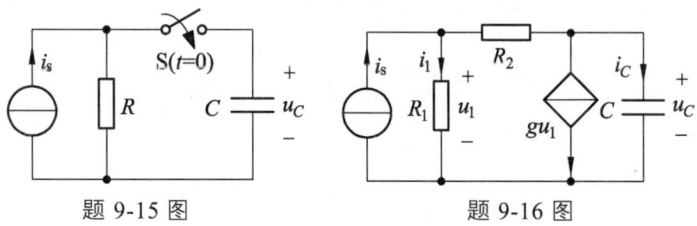

题 9-15 图　　　　　　　　题 9-16 图

9-16 电路如图所示, $i_s=10\varepsilon(t)\,A$, $R_1=1\,\Omega$, $R_2=2\,\Omega$, $C=1\,\mu F$, $g=0.25\,S$, $u_C(0_-)=2\,V$。求全响应 i_1、i_C、u_C。

参考答案

附录 电路实验

实验一 元件伏安特性的测试

一、实验目的

（1）学习几种常用元件伏安特性的测试方法；
（2）研究实际电源的外特性；
（3）学习常用直流电测量仪表和设备的使用方法。

二、原理说明

任何一个二端元件的特性可用该元件上的端电压 u 与通过该元件的电流 i 之间的函数关系 $i = f(u)$ 来表示，即用 $i\text{-}u$ 平面上的一条曲线来表征，这条曲线称为该元件的伏安特性曲线。

（1）线性电阻器的伏安特性曲线是一条通过坐标原点的直线，如附图 1-1 中 a 曲线所示，该直线斜率的倒数等于该电阻器的电阻值。

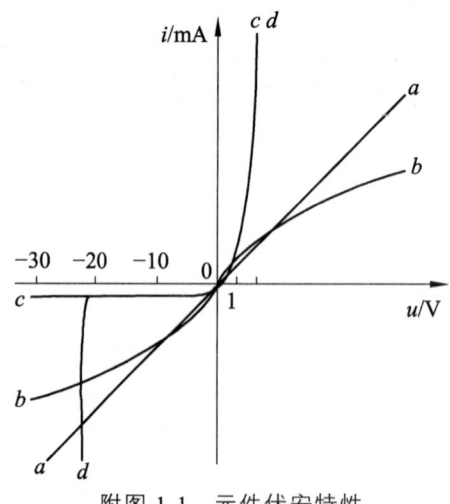

附图 1-1 元件伏安特性

（2）一般的白炽灯在工作时灯丝处于高温状态，其灯丝电阻随着温度的升高而增大，通过白炽灯的电流越大，其温度越高，阻值也越大，一般灯泡的"冷电阻"与"热电阻"的阻值可相差几倍至十几倍，所以它的伏安特性如附图 1-1 中 b 曲线所示。

（3）一般的半导体二极管是一个非线性元件，其特性如附图 1-1 中 c 曲线所示。正向压降很小（一般的锗管为 0.2~0.3 V，硅管为 0.5~0.7 V），正向电流随正向压降的升高而急剧上升，而反向电压从零一直增加到十几至几十伏时，其反向电流增加很小，粗略地可视为零。可见，二极管具有单向导电性，但反向电压加得过高，超过管子的极限值，则会导致管子击穿损坏。

（4）稳压二极管是一种特殊的半导体二极管，其正向特性与普通二极管类似，但其反向特性较特别，如附图 1-1 中 d 曲线所示。在反向电压开始增加时，其反向电流几乎为零，但当电压增加到某一数值时（称为管子的稳压值，有各种不同稳压值的稳压管）电流将突然增加，以后它的端电压将维持恒定，不再随外加的反向电压升高而增大。

三、实验设备

序号	设备名称	序号	设备名称
1	可调直流稳压电源	5	线性电阻器
2	直流数字毫安表	6	二极管
3	直流数字电压表	7	稳压管
4	滑线变阻器	8	白炽灯

四、实验内容

1. 测定线性电阻器的伏安特性

按附图 1-2 接线，调节稳压电源的输出电压 U，从 0 V 开始缓慢地增加一直到 10 V，将测试数据记录于附表 1-1 中。

附表 1-1 测试数据

U/V	0	2	4	6	8	10
I/mA						

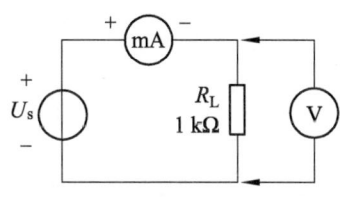

附图 1-2 电阻伏安特性的测试

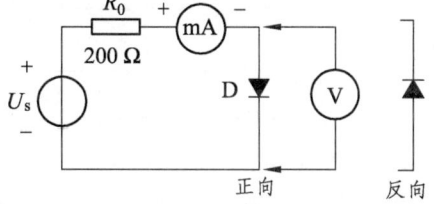

附图 1-3 二极管正向伏安特性的测试

2. 测定非线性白炽灯泡的伏安特性

将附图 1-2 中的 R_L 换成一只 12 V 的灯泡，重复实验内容 1 的步骤，将测试数据记录于附表 1-2 中。

附表 1-2　测试数据

U/V	0	2	4	6	8	10
I/mA						

3．测定半导体二极管的伏安特性

按附图 1-3 接线，R_0 为限流电阻器，测二极管的正向特性时，其正向电流不得超过 25 mA，二极管 D 的正向压降可在 0～0.72 V 取值。特别是在 0.5～0.72 V 更应多取几个测量点。做反向特性实验时，只需将附图 1-3 二极管 D 反接，且其反向电压可加到 30 V。将测试数据记录于附表 1-3 中和附表 1-4 中。

附表 1-3　正向特性实验数据

U/V	0	0.2	0.4	0.5	0.55	0.6	0.65	0.7	0.72
U_s/V									
I/mA									

附表 1-4　反向特性实验数据

U_s/V	0	−5	−10	−15	−20	−25	−30
U/V							
I/mA							

4．测定稳压二极管的伏安特性

将附图 1-3 中的二极管换成稳压二极管，重复实验内容 3 的测量，将测试数据记录于附表 1-5 中和附表 1-6 中。

附表 1-5　正向特性实验数据

U/V	0	0.2	0.4	0.5	0.55	0.6	0.65	0.7	0.72
U_s/V									
I/mA									

附表 1-6　反向特性实验数据

U_s/V	0	−5	−10	−15	−20	−25	−30
U/V							
I/mA							

5．测定实际电压源的伏安特性曲线

实际电压源的伏安特性曲线如附图 1-4 所示。本实验用一台直流稳压电源 U_s（它的内阻很小，可看成为理想电压源，它只能向负载提供功率而不吸收功率）与一个电阻 R_s

串联来模拟实际电压源。测试电路如附图 1-5 所示。图中 R_L 为可变负载（采用可变电阻箱），R_s 也可用电阻箱。测试步骤如下：

（1）先将 U_s、R_s 调到给定的数值，$U_s = 24$ V，$R_s = 51\ \Omega$ 或 $30\ \Omega$，然后通过改变 R_L 来改变电路中的电流。分别测量对应的电流和电压的数值，将测试数据记录于附表 1-7 中。

注意：改变 R_L 时，不得使电流过载。

（2）增大电源电阻 R_s，使 $R_s = 200\ \Omega$，重复上述测试步骤，将测试数据列表记录。

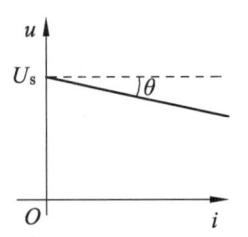

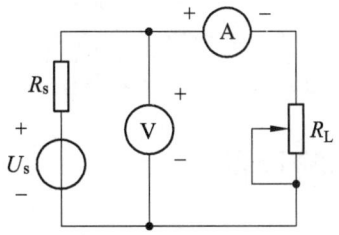

附图 1-4　实际电压源的伏安特性　　附图 1-5　测定实际电压源的外特性

附表 1-7　测试数据

$R_L/\mathrm{k}\Omega$	0.1	0.2	0.3	0.5	0.8	1	1.5	2	5	∞
U/V										
I/mA										

五、实验注意事项

（1）测二极管正向特性时，稳压电源输出应由小至大逐渐增加，应时刻注意电流表读数不得超过 25 mA，稳压源输出端切勿碰线短路。

（2）进行不同实验时，应先估算电压和电流值，合理选择仪表的量程，勿使仪表超量程，仪表的极性也不可接错。

（3）仪表的读数和实验数据的运算要注意按有效数字的有关规则进行。

（4）绘制特性曲线时，注意坐标比例的合理选取。

六、思考题

（1）线性电阻与非线性电阻的概念是什么？电阻器与二极管的伏安特性有何区别？

（2）稳压二极管与普通二极管有何区别，其用途如何？

（3）为了使被测元件的伏安特性测得更准确，对不同的被测元件选择合适的测试电路，若仪表内阻已知，如何根据你选的测试电路对测得的伏安特性曲线进行校正？

七、实验报告

（1）根据各实验结果数据，分别在方格纸上绘制出光滑的伏安特性曲线（其中二极管和稳压管的正、反向特性均要求画在同一张图中，正、反向电压可取为不同的比例尺）。

（2）根据实验结果，总结、归纳各被测元件的特性。

（3）必要的误差分析及总结。

实验二　叠加定理和戴维宁定理的验证

一、实验目的

（1）加深对叠加定理和戴维宁定理的理解。

（2）掌握测量有源二端网络等效参数的一般测量方法。

（3）验证负载获得最大功率的条件。

二、原理说明

（1）叠加定理

叠加定理是指在线性电路中，任一支路电流（或电压）都是电路中各个独立电源单独作用时，在该支路中产生的电流（或电压）的代数和，线性电路的这一性质称为叠加定理。

例如，由附图 2-1 可见，当电压源 U_s 和电流源 I_s 同时作用时，在电阻 R_2 中产生的电流 I_2 等于电压源和电流源分别单独作用[见附图 2-1（b）、（c）]在电阻 R_2 中产生的电流 I_2' 和 I_2'' 的代数和。

电压源 U_s 不作用时，就用理想导线代替该电压源，使 $U_s = 0$。电流源 I_s 不作用时，将该电流源用开路代替，即 $I_s = 0$。电路中含有的受控源要保留。

注意：功率是电流或电压的二次函数，故叠加定理不适用于功率计算。

线性电路的齐次性是指当激励信号（所有独立源的值）同时增加或减小 K 倍时，电路的响应（即在电路其他电阻元件上所产生的电流和电压值）也将增加或减小 K 倍。

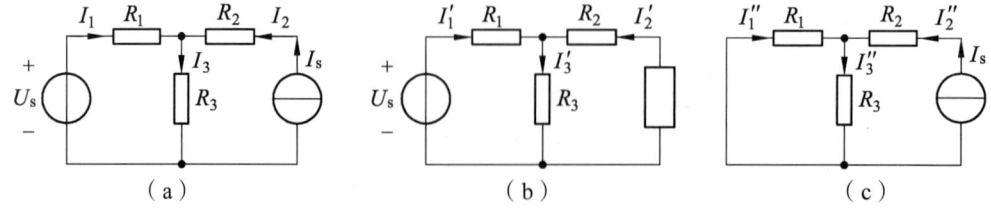

附图 2-1　叠加定理

2．戴维宁定理

戴维宁定理是指任何一个线性有源二端网络[见附图 2-2（a）]，对外电路来说，可以用一个电压源和电阻的串联组合等效置换，此电压源的电压等于有源二端网络的开路电压 U_{oc}，电阻等于有源二端网络的全部独立电源置零后的输入电阻 R_{eq}，如附图 2-2（b）所示。

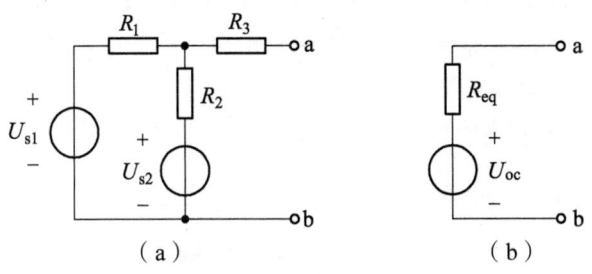

附图 2-2　戴维宁定理

3．测定戴维宁等效电路参数的方法

（1）开路电压 U_{oc} 的测量。

直接测量法。当网络的等效电阻 R_{eq} 远远小于电压表的内阻时，可直接用电压表或万用表的直流电压挡测量开路电压。

（2）等效电阻 R_{eq} 的测量方法。

方法一：用万用表欧姆挡直接测量。测量时，将有源网络化为无源网络，即电压源用短路线代替，电流源用开路代替，然后再用万用表直接测量。

方法二：开路电压、短路电流法。

在有源二端网络输出端开路时，用电压表直接测其输出端的开路电压 U_{oc}，然后再将其输出端短路，用电流表测量其短路电流 I_{sc}，则等效电阻为

$$R_{eq} = \frac{U_{oc}}{I_{sc}}$$

三、实验设备

序号	设备名称	序号	设备名称
1	可调直流稳压电源	5	万用表
2	直流数字毫安表	6	电位器
3	直流数字电压表	7	可调电阻器
4	可调直流恒流源	8	实验线路板

四、实验内容

1．叠加定理的验证

实验线路如附图 2-3 所示。

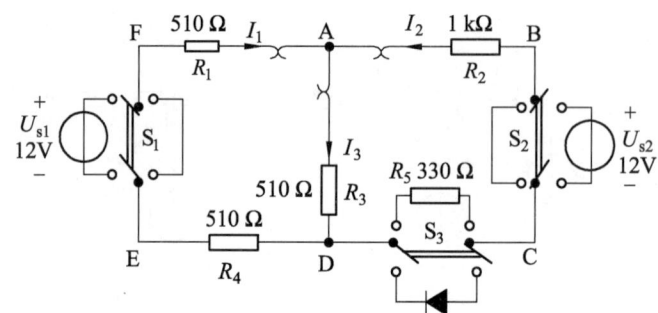

附图 2-3 叠加定理的验证

附表 2-1 叠加定理的验证测试数据 1

测量 实验内容	I_1 /mA	I_2 /mA	I_3 /mA	U_{s1} /V	U_{s2} /V	U_{FA} /V	U_{AB} /V	U_{AD} /V	U_{CD} /V	U_{DE} /V
U_{s1} 单独作用										
U_{s2} 单独作用										
U_{s1}、U_{s2} 共同作用										
$2U_{s2}$ 单独作用										
U_{s1}、$2U_{s2}$ 共同作用										

（1）令 U_{s1} 单独作用（将开关 S_1 投向 U_{s1} 侧，将开关 S_2 投向短路侧），用直流数字电压表和毫安表（接电流插头）测量各支路电流及各电阻元件两端电压，将测试数据记录于附表 2-1 中。

（2）令 U_{s2} 单独作用（将开关 S_1 投向短路侧，将开关 S_2 投向 U_{s2} 侧），重复（1）的测量和记录。记录表格同附表 2-1。

（3）令 U_{s1}、U_{s2} 共同作用（将开关 S_1、S_2 分别投向 U_{s1}、U_{s2} 侧），重复（1）的测量和记录，将测试结果记录于附表 2-1 中。

（4）将 U_{s2} 的数值调至 12 V，重复（2）（3）的测量并记录。将测试数据记录于附表 2-1 中。

（5）将 R_5 换成一只二极管 1N4001（即将开关 S_3 投向二极管 D 侧），重复测量过程，将测试结果记录于附表 2-2 中。

附表 2-2　叠加定理的验证测试数据 2

测量 实验内容	I_1/mA	I_2/mA	I_3/mA	U_{s1}	U_{s2}	U_{FA}	U_{AB}	U_{AD}	U_{CD}	U_{DE}
U_{s1} 单独作用										
U_{s2} 单独作用										
U_{s1}、U_{s2} 共同作用										

2．戴维宁定理的验证

（1）用开路电压、短路电流法测定戴维宁等效电路的 U_{oc}、R_{eq}。

按附图 2-4（a）所示电路接入稳压源 U_s、恒流源 I_s 和可变电阻箱 R_L，测量 U_{oc}、R_{eq}。将测试结果记录于附表 2-3 中。

附表 2-3　测定戴维宁等效电路 U_{oc}、R_{eq} 数据

U_{oc}/V	I_{sc}/A	$R_{eq} = \dfrac{U_{oc}}{I_{sc}}$ / Ω

（2）测定线性有源二端网络的外特性

电路如附图 2-4（a）所示，改变 R_L 阻值，将测量值电压 U、电流 I 记录于附表 2-3 中。

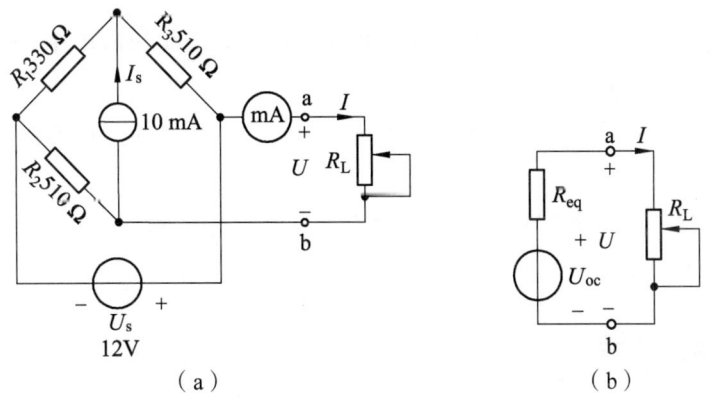

附图 2-4　验证戴维宁定理

附表 2-4　测量电压 U、电流 I 数据

R_L/Ω	0	51	200	510	R_{eq}	600	700	1 k	10 k	20 k	100 k	∞
I/mA												
U/V												

（3）验证戴维宁定理和最大功率 P_{max} 的条件

用（1）中测试结果 U_{oc}、R_{eq} 构成的戴维宁等效电路如附图 2-4（b）所示，当与（2）中取同样的负载 R_L 时，测出端口的电压、电流值，并记录于附表 2-5 中。同时找出对应 P_{max} 的 R_L 值。

附表 2-5 验证戴维宁定理和最大功率 P_{max} 的条件实验数据

R_L/Ω	0	51	200	510	R_{eq}	600	700	1 k	10 k	20 k	100 k	∞
I/mA												
U/V												
$P=UI$												

五、实验注意事项

（1）用电流插头测量各支路电流时，应注意仪表的极性以及数据表格中"＋、－"号的记录。

（2）注意仪表量程的及时更换。

（3）用万用表直接测等效电阻 R_{eq} 时，网络内的独立源必须先置零，以免损坏万用表，其次，欧姆挡必须经调零后再进行测量。

（4）绘制特性曲线时，注意坐标比例的合理选取。

（5）仪表读数和实验数据的运算要注意按有效数字的有关规则进行。

六、预习思考题

（1）叠加定理中，U_{s1}、U_{s2} 分别单独作用，在实验中应如何操作？可否直接将不作用的电源（U_{s1} 或 U_{s2}）置零（短接）？

（2）实验电路中，若有一个电阻器改为二极管，试问叠加定理的迭加性与齐次性还成立吗？为什么？

（3）在求戴维宁等效电路时，作短路实验，测 I_{sc} 的条件是什么？在本实验中可否直接作负载短路实验？

七、实验报告

（1）根据实验数据表格，进行分析、比较、归纳、总结实验结论，即验证线性电路的叠加性与齐次性。

（2）各电阻器所消耗的功率能否用叠加原理计算得出？试用上述实验数据，进行计算并做出结论。

（3）对于叠加定理的验证实验步骤（5）及分析表格中的数据，你能得出什么样的结论？

（4）将实验测试的有源二端网络的外特性和戴维宁等效电路的外特性 $u=f(i)$ 与理论计算的结果相比较（绘制在同一坐标中），验证它们的等效性，并分析误差产生的原因。

（5）归纳、总结实验结果。

实验三　　RC 网络频率特性测试

一、实验目的

（1）掌握幅频特性和相频特性的测试方法。
（2）加深理解常用 RC 网络幅频特性和相频特性的特点。
（3）学会用万用表和示波器测定 RC 网络的幅频特性和相频特性。

二、原理说明

RC 网络的频率特性可用网络函数来描述。在附图 3-1 所示的二端口 RC 网络中，若在它的输入端口加频率可变的正弦信号（激励）$\dot{U}_1$，则输出端口有相同频率的正弦输出电压（响应）$\dot{U}_2$。

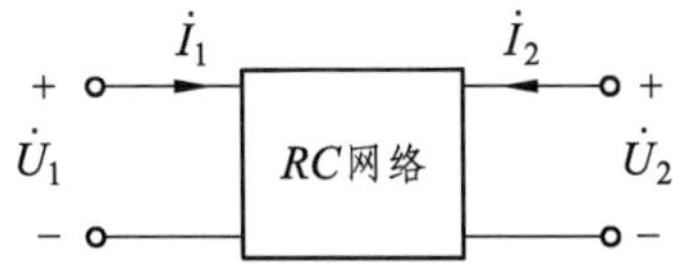

附图 3-1　RC 网络

网络的电压传输比为

$$H(j\omega) = \frac{\dot{U}_2}{\dot{U}_1} = |H(j\omega)| \angle \theta(\omega)$$

幅频特性 $|H(j\omega)|$ 和相频特性 $\theta(\omega)$ 统称为网络的频率响应（频率特性）。

在实验中，用信号发生器的正弦输出信号作为附图 3-1 的激励信号，并保持在 U_1 值不变的情况下，改变输入信号的频率 f，用万用表交流或示波器测出输出端相应于各个频率点下的输出电压 U_2 值，将这些数据画在以频率 f（或 ω）为横轴，$|H(j\omega)| = U_2/U_1$ 为纵轴的坐标纸上，用一条光滑的曲线连接这些点，该曲线就是上述电路的幅频特性曲线。

将上述电路的输入和输出分别接到双踪示波器的两个输入端，在测量输出电压 U_2 值的同时，观测相应的输入和输出波形间的相位差（采用双迹法），将各个不同频率下的相位差画在以 f（或 ω）为横轴，φ 为纵轴的坐标纸上，用光滑的曲线将这些点连接起来，即是被测电路的相频特性曲线。

1. RC 低通网络

附图 3-2（a）所示为 RC 低通网络，它的网络函数为

$$H(j\omega) = \frac{\dot{U}_2}{\dot{U}_1} = \frac{1/j\omega C}{R + 1/j\omega C} = \frac{1}{1 + j\omega RC}$$

$$= \frac{1}{\sqrt{1 + (\omega RC)^2}} \angle -\arctan(\omega RC)$$

式中，$|H(j\omega)| = \dfrac{1}{\sqrt{1 + (\omega RC)^2}}$ 为幅频特性，显然它随着频率的增高而减小，说明低频信号可以通过，而高频信号被衰减或抑制。

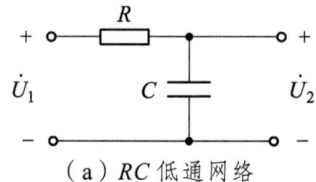

（a）RC 低通网络

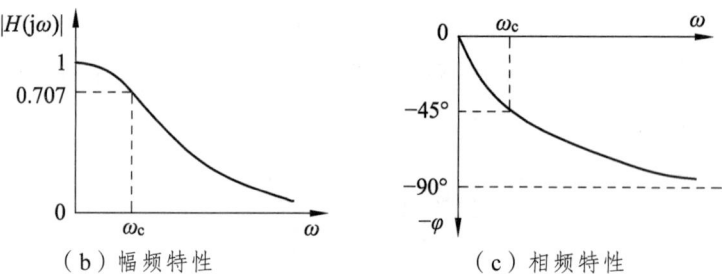

（b）幅频特性　　　　　　　　（c）相频特性

附图 3-2　RC 低通网络及其频率特性

当 $\omega = 1/RC$ 时，$|H(j\omega)|_{\omega=\frac{1}{RC}} = \dfrac{1}{\sqrt{2}} = 0.707$，即 $U_2/U_1 = 0.707$。

通常把 U_2 降低到 $0.707U_1$ 时的角频率 ω 称为截止角频率 ω_c，即：$\omega = \omega_c = \dfrac{1}{RC}$。附图 3-2（b）、（c）所示分别为 RC 低通网络的幅频特性曲线和相频特性曲线。

2. RC 高通网络

附图 3-3（a）所示为 RC 高通网络。它的网络函数为

$$H(j\omega) = \frac{\dot{U}_2}{\dot{U}_1} = \frac{R}{R + 1/j\omega C} = \frac{j\omega RC}{1 + j\omega RC}$$

$$= \frac{1}{\sqrt{1 + \dfrac{1}{(\omega RC)^2}}} \angle 90° - \arctan(\omega RC)$$

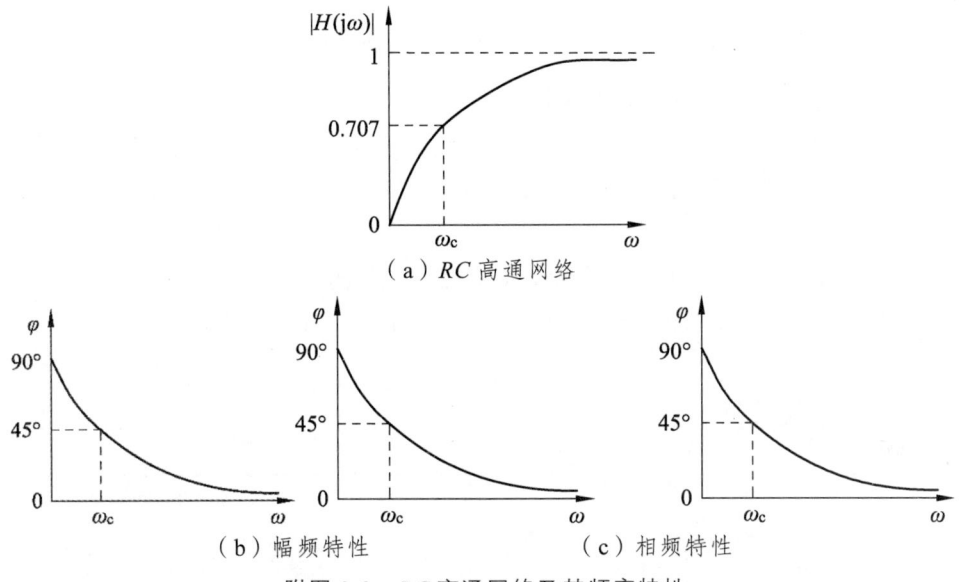

附图 3-3　RC 高通网络及其频率特性

可见，$|H(j\omega)|$ 随着频率的降低而减小，说明高频信号可以通过，低频信号被衰减或被抑制。网络的截止频率仍为 $\omega_c = \dfrac{1}{RC}$，因为 $\omega = \omega_c$ 时，$|H(j\omega)| = 0.707$。它的幅频特性和相频特性分别如附图 3-3（b）、（c）所示。

3．RC 带通网络（RC 选频网络）

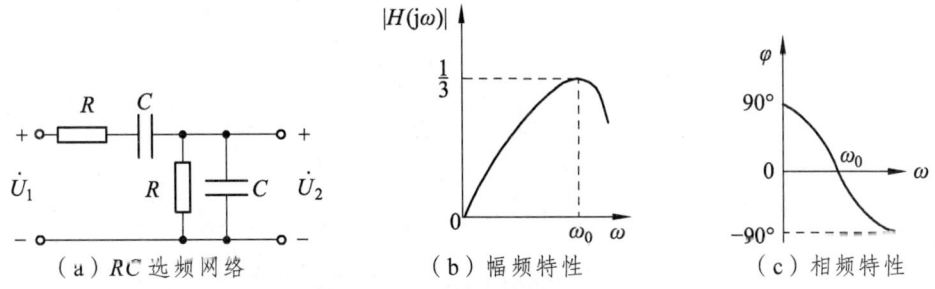

附图 3-4　RC 选频网络及其频率特性

附图 3-4（a）所示为 RC 选频网络，它的网络函数为

$$H(j\omega) = \frac{\dot{U}_2}{\dot{U}_1} = \frac{\dfrac{R}{1+j\omega RC}}{R + \dfrac{1}{j\omega C} + \dfrac{R}{1+j\omega RC}} = \frac{1}{3 + j\left(\omega RC - \dfrac{1}{\omega RC}\right)}$$

$$= \frac{1}{\sqrt{3^2 + \left(\omega RC - \dfrac{1}{\omega RC}\right)^2}} \angle \arctan\frac{\dfrac{1}{\omega RC} - \omega RC}{3}$$

显然，当信号频率 $\omega = 1/RC$ 时，对应的模 $|H(\mathrm{j}\omega)| = \dfrac{1}{3}$ 为最大，信号频率偏离 $\omega = 1/RC$ 越远，信号被衰减和阻塞越厉害。说明该 RC 网络允许以 $\omega = \omega_0 = 1/RC(\neq 0)$ 为中心的一定频率范围（频带）内的信号通过，而衰减或抑制其他频率的信号，即对某一窄带频率的信号具有选频通过的作用，因此，将它称为带通网络，或选频网络，而将 ω_0 称为中心频率。

当 $|H(\mathrm{j}\omega)| = 0.707$ 时，所对应的两个频率也称为截止频率。

带通网络的幅频特性和相频特性分别如附图 3-4（b）、(c) 所示。

三、实验设备

序号	设备名称	序号	设备名称
1	低频信号发生器	3	RC 网络频率特性测试实验板
2	双踪示波器		

四、实验内容

测试各种 RC 网络频率特性的电路如附图 3-5 所示。RC 网络频率特性测试及动态电路实验板如附图 3-6 所示。

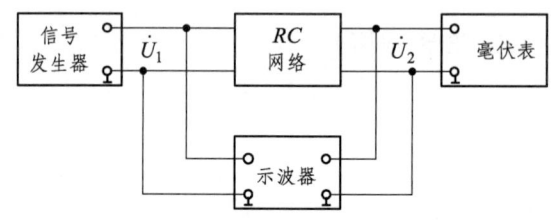

附图 3-5　RC 网络实验电路框图

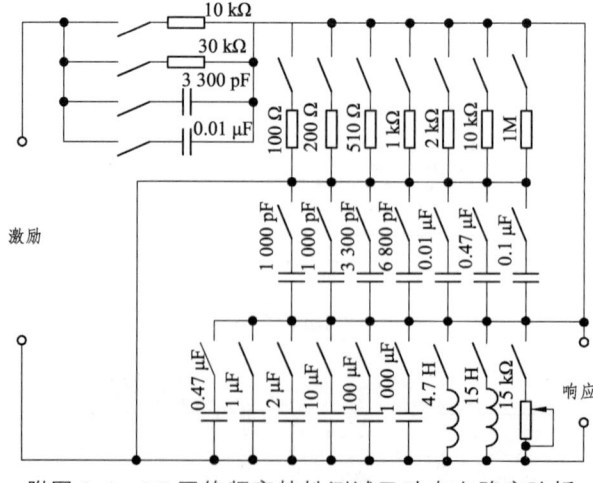

附图 3-6　RC 网络频率特性测试及动态电路实验板

1. RC 低通网络的幅频特性与相频特性的测试

RC 网络如附图 3-2（a）所示。电路中参数为 $R = 10\ \text{k}\Omega$，$C = 0.01\ \mu\text{F}$。保持输入正弦电压 $U_1 = 1\ \text{V}$ 不变，频率从 50 Hz 到 10 kHz，在此频率范围内采用逐点法用万用表直接测量输出电压的有效值 U_2，并测定 U_2 为 0.707 V 时的截止频率 f_0。

用示波器观察输入与输出波形，用双迹法测试相应频率的 $\dot{U}_2$ 与 $\dot{U}_1$ 的相位差 φ。$\left(\varphi = m \times \dfrac{360°}{n}\right)$。将数据记录于附表 3-1 表中。

附表 3-1 RC 低通网络测试数据

频率 f/Hz	
U_1	
U_2	
n/格	
m/格	
φ/度	

2. RC 高通网络的幅频特性与相频特性的测试

RC 网络如附图 3-3（a）所示。电路中参数为 $R = 10\ \text{k}\Omega$，$C = 0.01\ \mu\text{F}$，测试此电路的幅频特性及相频特性；并测定 U_2 为 0.707 V 时的截止频率 f_0。将数据记录于附表 3-2 表中。

附表 3-2 RC 高通网络测试数据

频率 f/Hz	
U_1	
U_2	
n/格	
m/格	
φ/度	

3. 测试附图 3-4（a）所示 RC 选频网络的幅频特性和相频特性

电路中参数为 $R = 1\ \text{k}\Omega$，$C = 0.1\ \mu\text{F}$。调节低频信号源的输出电压为 3 V 的正弦波，改变信号源的频率 f，并保持 $U_1 = 3\ \text{V}$ 不变，测量输出电压 U_2，并测定其中心频率及两个截止频率。用示波器观察输入与输出波形，用双迹法测试相应频率的 $\dot{U}_2$ 与 $\dot{U}_1$ 的相位差。

4．另选一组参数（$R = 200\,\Omega$，$C = 2\,\mu F$），重复实验内容 3 中的测量

将以上各项测试数据分别记录于自己设计的表格中。

五、实验注意事项

（1）由于低频信号源内阻的影响，注意在调节输出频率时，应同时调节输出幅度，使实验电路的输入电压保持不变，所以，在改变频率时要用万用表进行监测信号源的输出电压。

（2）信号发生器与万用表使用过程中，要注意量程的变换与读数，对万用表还须进行零点校正。

（3）测试线路的连接，要注意信号电源与测量仪器的共地连接。

（4）测相频特性时，要调节好示波器的聚焦，使线条清晰，以减小读数误差。

六、预习思考题

（1）为使实验能顺利进行，实验前针对本实验有关内容认真阅读相关章节，写好预习报告，并设计出各项测试内容数据的记录表格（注意测试点应如何选取）。

（2）计算图 6-4（a）所示 RC 选频网络的理论幅频特性，并绘制出理论幅频特性曲线。计算出中心频率 ω_0（或 f_0）及当 $U_2/U_1 = 0.707$ 时对应的两个截止频率。

（3）简述测试幅频特性和相频特性时，所用仪器设备连接成测试线路，应特别注意什么？

七、实验报告

（1）根据实验数据，绘制幅频特性和相频特性曲线，并与理论计算值比较。

（2）根据实验观测结果，从理论上分析在非正弦周期信号激励时，RC 带通网络的响应情况。

（3）简述对 RC 网络频率特性的认识、体会及其工程应用的想法。

实验四　用三表法测量电路的等效参数

一、实验目的

（1）学会用交流电压表、交流电流表和功率表测量元件的交流等效参数的方法。

（2）学会功率表的接法和使用。

二、原理说明

1. 正弦交流激励下的元件值或阻抗值

可以用交流电压表、交流电流表及功率表分别测量出元件两端的电压 U，流过该元件的电流 I 和它所消耗的功率 P，然后通过计算得到所求的各值，这种方法称为三表法，它是测量 50 Hz 交流电路参数的基本方法，如附图 4-1 所示。

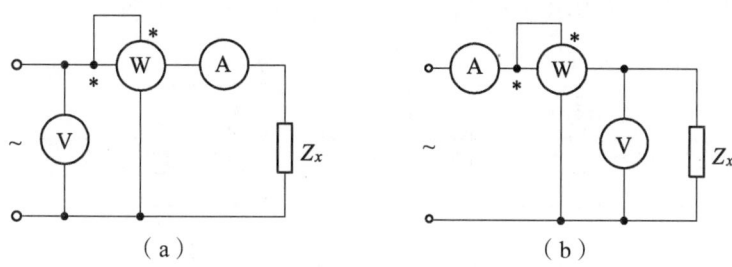

附图 4-1　三表法测量阻抗的两种接线

阻抗的模　　　　　$|Z| = \dfrac{U}{I}$

电路的功率因数　　$\cos\varphi = \dfrac{P}{UI}$

等效电阻　　　　　$R = \dfrac{P}{I^2} = |Z|\cos\varphi$

等效电抗　　　　　$X = |Z|\sin\varphi$

如果被测元件为一个电感线圈，则有

$$X = X_L = |Z|\sin\varphi = 2\pi f L$$

如果被测元件为一个电容器，则有

$$X = X_C = |Z|\sin\varphi = \dfrac{1}{2\pi f C}$$

如果被测对象不是一个元件，而是一个无源一端口网络，虽然也可从 U、I、P 三个量中求得 $R = |Z|\cos\varphi$，$X = |Z|\sin\varphi$，但无法判定出 X 是容性还是感性。

2. 阻抗性质的判别方法

在被测元件两端采用并联电容或串联电容的方法对阻抗性质加以判别，原理与方法如下：

（1）在被测元件两端并联一只适当容量的试验电容，若串联在电路中电流表的读数增大，则被测阻抗为容性，电流减小则为感性。

在附图 4-2（a）中，Z 为待测元件，C' 为试验电容器，(b) 是附图 4-2（a）的等效电路，图中，G、B 为待测阻抗 Z 的电导和电纳，B' 为并联电容 C' 的电纳。在端电压有效值不变的条件下，按下面两种情况进行分析：

设 $B+B'=B''$，若 B' 增大，B'' 也增大，则电路中电流 I 将单调地上升，故可判断 B 为容性元件。

设 $B+B'=B''$，若 B' 增大，而 B'' 先减小而后增大，电流 I 也是先减小后上升，如附图 4-3 所示，则可判断 B 为感性元件。

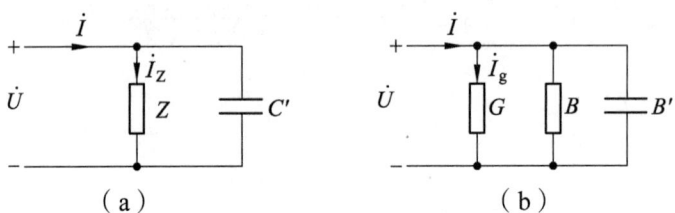

附图 4-2　并联电容测量法

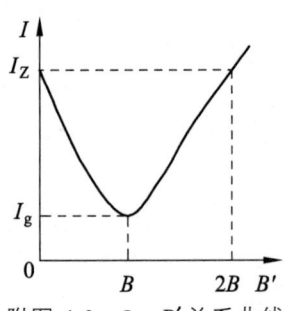

附图 4-3　$I-B'$ 关系曲线

由以上分析可见，当 B 为容性元件时，对并联电容 C' 值无特殊要求；当 B 为感性元件时，$B'<|2B|$ 才有判定为感性的意义。因为 $B'>|2B|$ 时，电流单调上升，与 B 为容性时相同，并不能说明电路是感性的。因此 $B'<|2B|$ 是判断电路性质的可靠条件，由此得判定条件为 $C'<\left|\dfrac{2B}{\omega}\right|$。

（2）与被测元件串联一个适当容量的试验电容，若被测阻抗的端电压下降，则判为容性，端电压上升则为感性，判定条件为 $\dfrac{1}{\omega C'}<|2X|$。式中 X 为被测阻抗的电抗值，$C'$ 为串联的试验电容值，此关系式可自行证明。

判断待测元件的性质，除上述借助于试验电容 C' 测定法外，还可以利用该元件电流、电压间的相位关系，若 i 超前于 u，为容性；i 滞后于 u，则为感性。

3．功率表的结构、接线与使用

功率表（又称为瓦特表），其电流线圈与负载串联，其电压线圈与负载并联，电压线圈可以与电源并联使用，也可与负载并联使用。

功率表的正确接法是：为了不使功率表指针反向偏转，在电流线圈和电压线圈的一个端钮上标有（*）标记，连接功率表时，对有"*"标记的电流线圈一端，必须接在电源端，另一端接至负载端；对有"*"标记电压线圈一端，应与电流线圈"*"端接在一起，另一端应跨接至负载的另一端。

附图 4-4 所示为功率表的接线，此种接法功率表的读数中包含了电流线圈的功耗，它适用于负载阻抗远大于电流线圈阻抗的情况。

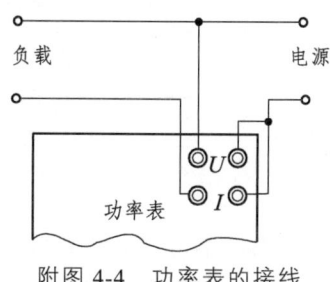

附图 4-4　功率表的接线

三、实验设备

序号	设备名称	序号	设备名称
1	交流电压表	5	电感线圈（30 W 日光灯配用）
2	交流电流表	6	电容器（4.7 μF/450 V）
3	功率表	7	白炽灯（15 W/220 V）
4	自耦调压器		

四、实验内容

测试线路如附图 4-5 所示。按附图 4-5 接线，经指导教师检查后，方可接通电源。

（1）分别测量 15 W 白炽灯（R）、30 W 日光灯镇流器（L）和 4.7 μF 电容器（C）的等效参数。要求 R 和 C 两端所加电压为 220 V，L 中电流小于 0.4 A。

（2）测量 L、C 串联与并联后的等效参数。

（3）用并接实验电容的方法来判定 L、C 串联和并联后阻抗的性质。

将以上测试数据记录于附表 4-1 中。

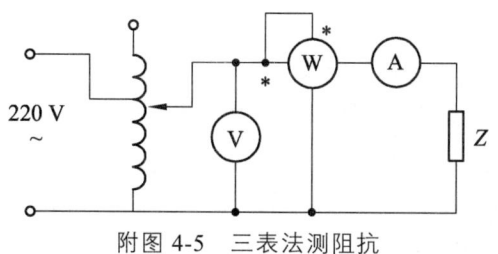

附图 4-5　三表法测阻抗

附表 4-1　测试数据

被测阻抗	测量值			计算值		电路等效参数		
	U/V	I/A	P/W	$\cos\varphi$	Z/Ω	$\cos\varphi$	R/Ω	L/mH	C/μF
15 W 白炽灯 R									
电感线圈 L									
电容器 C									
L 与 C 串联									
L 与 C 并联									

五、注意事项

（1）本实验直接用 220 V 交流电源供电，实验中要特别注意安全，不可用手直接触摸通电线路的裸露部分，以免触电。

（2）自耦调压器在接通电源前，应将其手柄置在零位上（逆时针旋到底），调节时，使其输出电压从零开始逐渐升高。每次改接实验线路或实验完毕，都必须先将手柄慢慢调回零位，再断电源。必须严格遵守这一安全操作规程。

（3）功率表要正确接入电路，读数时应注意量程和标度尺的折算关系。

（4）功率表不能单独使用，一定要有电压表和电流表监测，使电压和电流表的读数不超过功率表电压和电流的量限。

（5）电感线圈 L 中流过电流不得超过 0.4 A。

六、预习思考题

（1）复习正弦交流电路阻抗的概念。

（2）在 50 Hz 的交流电路中，测得一只铁心线圈的 P、I、U，如何计算它的阻值及电感量？

（3）如何用串联电容的方法来判别阻抗的性质？试用 I 随 X′（串联容抗）的变化关系作定性分析，证明串联试验时，C′ 满足：$\frac{1}{\omega C'} < |2X|$。

七、实验报告

（1）根据实验数据，完成各项计算。

（2）完成预习思考题（2）、（3）的任务。

（3）总结功率表与自耦调压器的使用方法。

实验五 一阶 RC 电路响应的研究

一、实验目的

（1）测量 RC 一阶电路的零输入响应、零状态响应及全响应。
（2）学习电路时间常数的测量方法。
（3）掌握有关微分电路和积分电路的概念。

二、一阶 RC 电路及其响应原理说明

如果换路后的电路方程可化为单一网络变量的一阶微分方程，则称这种电路为一阶电路。动态电路时域分析的一般步骤是建立换路后的电路方程、求满足初始条件微分方程的解，即是电路的响应。

1. 一阶 RC 电路时间常数的测量

在附图 5-1（a）中，若 $u_C(0_-) = 0$，$t = 0$ 时开关 S 由 2 打向 1，直流电源经 R 向 C 充电，此时，电路的响应为零状态响应。其响应为

$$u_C = U_s(1 - e^{-\frac{t}{\tau}}) \quad (t \geq 0)$$

式中，$\tau = RC$ 为该电路的时间常数。零状态响应曲线如附图 5-1（b）所示。

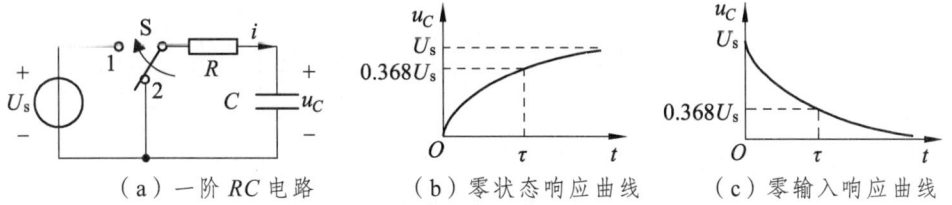

（a）一阶 RC 电路　　（b）零状态响应曲线　　（c）零输入响应曲线

附图 5-1　一阶 RC 电路及其响应曲线

若开关 S 在位置 1 时，电路已达稳态，即 $u_C(0_-) = U_s$，在 $t = 0$ 时，将开关 S 由 1 打向 2，电容器经 R 放电，此时的电路响应为零输入响应，而 $u_C(0+) = u_C(0_-)$，电路的零输入响应为

$$u_C = U_s e^{-\frac{t}{\tau}} \quad (t \geq 0)$$

零输入响应曲线如附图 5-1（c）所示。

从图中看出，无论是零状态响应还是零输入响应，其响应曲线都是按照指数规律变化的，变化的快慢由时间常数决定，即电路暂态过程的长短由 τ 决定。τ 大，暂态过程长；τ 小，暂态过程短。

时间常数 τ 由电路参数决定,一阶 RC 电路的时间常数 $\tau = RC$,由此计算出 τ 的理论值。

用实验方法测定时间常数时,对于零状态响应曲线,当电容电压 $u_C(t)$ 上升到终值 U_s 的 63.2%所对应的时间即为一个 τ,如附图 5-1(b)所示。对于零输入响应曲线,当 $u_C(t)$ 下降到初值 $u_C(0+)$ 的 36.8%所对应的时间即为一个 τ,如附图 5-1(c)所示。用示波器可以观测到响应的动态曲线。

为了能定量测出时间常数 τ,必须使非周期的暂态过程能周期性地在荧光屏上重复出现。因此,就要使电路中的输入信号反复激励,使暂态过程周而复始地重复出现,采用周期方波信号激励就能实现。只要方波的半周期与电路的时间常数保持 5∶1 左右的关系,就可以使非周期的暂态过程在示波器上显示出稳定的波形,如附图 5-2 所示。方波的上升沿相当于给电路一个阶跃激励,其响应就是零状态响应,下降沿相当于电容具有初始值 $u_C(0_-)$ 时,使电路处于零输入状态,此时电路的响应即为零输入响应。

当方波频率 f 确定后,我们可以通过附图 5-2 所示的响应曲线计算出 τ 的值,即

$$\tau = m \frac{T}{n}$$

式中,$T = \dfrac{1}{f}$;m 为 $0.632U$ 所对应的时间轴上的格数;n 为周期 T 所对应的时间轴上的格数。

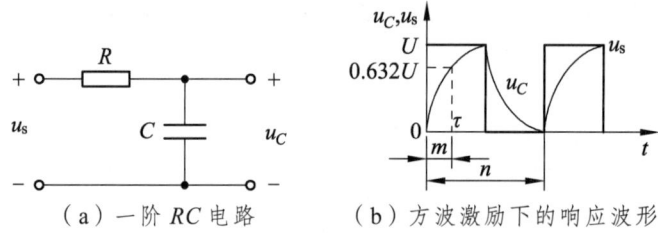

(a)一阶 RC 电路 (b)方波激励下的响应波形

附图 5-2 一阶 RC 电路及其方波激励下的响应波形

2. 微分电路、积分电路与响应波形

(1)微分电路与响应波形。

微分电路取 RC 电路的电阻电压作为输出 u_R,如附图 5-3(a)所示电路,若时间常数满足 $\tau \ll T/2$,且 $u_R \ll u_C$,则输出电压 u_R 和输入电压 u_s 的微分近似成正比,即

$$u_R = Ri = RC \frac{du_c}{dt} = RC \frac{du_s}{dt}$$

微分电路的输出波形为正负相间的尖脉冲,其输入、输出电压波形的对应关系如附图 5-3(b)所示。

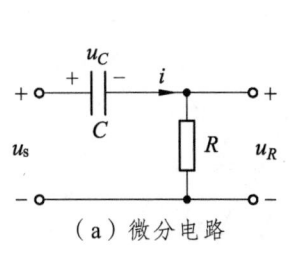
（a）微分电路

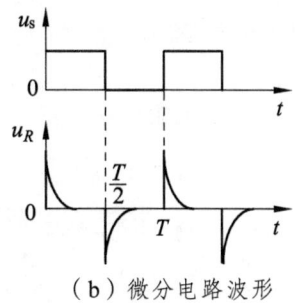
（b）微分电路波形

附图 5-3　微分电路及其波形（$\tau \ll T/2$）

微分电路一定要满足 $\tau \ll T/2$ 条件，一般取 $\tau = T/10$。若 R 与 C 已选定，则取输入信号的频率 $f < 1/10\tau$。当输入信号的频率一定时，τ 值越小，脉冲越尖，但其幅度始终是方波幅度的 2 倍（电路处于稳态时）。

（2）积分电路与响应波形。

对附图 5-4(a)所示电路以电容电压作为输出，若时间常数满足 $\tau \gg T/2$，且 $u_C \ll u_R$，则电容 C 上的压降 u_C 近似地正比于输入电压 u_s 对时间的积分，则该电路就构成了积分电路，即

$$u_C = \frac{1}{C}\int i \mathrm{d}t = \frac{1}{C}\int \frac{u_s}{R}\mathrm{d}t = \frac{1}{RC}\int u_s \mathrm{d}t$$

积分电路的输入、输出波形对应关系如附图 5-4（b）所示。

积分电路一定要满足 $\tau \gg T/2$，一般取 $\tau = 5T$ 即可。若 R 与 C 已选定，则取输入信号的频率 $f > 5/\tau$。当方波的频率一定时，τ 值越大，三角波的线性越好，但其幅度也随之下降。τ 值变小时，波形的幅度随之增大，但其线性将变坏。

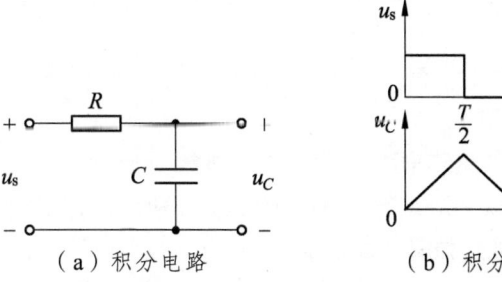

（a）积分电路　　　　（b）积分电路波形

附图 5-4　积分电路及其波形（$\tau \gg T/2$）

三、实验设备

序号	设备名称	序号	设备名称
1	函数信号发生器	3	动态电路实验板
2	双踪示波器		

四、实验内容

动态电路实验板如附图 5-5 所示，认清 R、C 元件的布局及其标称值，各开关的通断位置等。

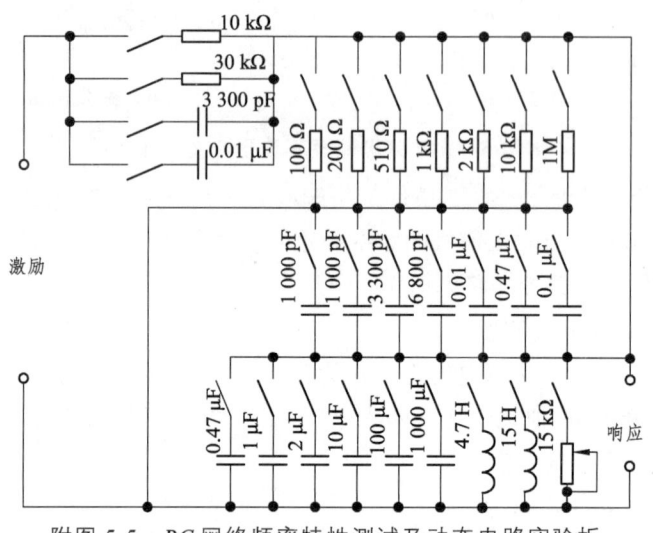

附图 5-5　RC 网络频率特性测试及动态电路实验板

（1）选择动态电路板上的 R、C 元件。

① $R = 10\ \text{k}\Omega$　$C = 3\ 300\ \text{pF}$ 或 $R = 30\ \text{k}\Omega$　$C = 6\ 800\ \text{pF}$。

组成如附图 5-1(a)所示的 RC 充放电电路，u_s 为函数信号发生器输出，取 $U_m = 3\ \text{V}$，$f = 1\ \text{kHz}$ 的方波电压信号，并通过两根同轴电缆线，将激励源 u_s 和响应 u_C 的信号分别连至示波器的两个输入口，这时可在示波器的屏幕上观察到激励与响应的变化规律，测量时间常数 τ，并用方格纸按 1:1 的比例描绘 u_s 及 u_C 波形。

少量地改变电容值或电阻值，定性观察对响应的影响，记录观察到的现象。

② $R = 10\ \text{k}\Omega$　$C = 0.01\ \mu\text{F}$。

观察并描绘响应的波形，继续增大 C 值，定性观察对响应的影响。

（2）选择动态板上的 R、C 元件，组成如附图 5-3(a)所示的微分电路，令 $R = 1\ \text{k}\Omega$，$C = 0.01\ \mu\text{F}$，在同样的方波激励信号（$U_m = 3\ \text{V}$，$f = 1\ \text{kHz}$）作用下，观测并描绘激励与响应的波形。

增加 R 值，定性地观察对响应的影响，并作记录，当 R 增至 1 MΩ 时，输入、输出波形有何本质上的区别？

（3）选择动态板上的 R、C 元件，组成如附图 5-4(a)所示的积分电路，令 $R = 10\ \text{k}\Omega$，$C = 0.1\ \mu\text{F}$，在同样的方波激励信号（$U_m = 3\ \text{V}$，$f = 1\ \text{kHz}$）作用下，观测并描绘激励与响应的波形。

增加 R 值（$R = 30\ \text{k}\Omega$　$C = 0.1\ \mu\text{F}$，）定性地观察对响应的影响。

五、实验注意事项

（1）调节电子仪器各旋钮时，动作不要过猛。实验前，尚需熟读双踪示波器的使用说明，特别是观察波形时，要特别注意开关、旋钮的操作与调节。

（2）信号源的接地端与示波器的接地端要连在一起（称为共地），以防外界干扰而影响测量的准确性。

（3）示波器的辉度不应过亮，尤其是光点长期停留在荧光屏上不动时，应将辉度调暗，以延长示波管的使用寿命。

（4）测时间常数 τ 时，扫描速率微调旋钮要校准。

六、预习思考题

（1）什么样的电信号可作为 RC 一阶电路零输入响应、零状态响应和全响应的激励信号？

（2）已知 RC 一阶电路 $R = 10\,\text{k}\Omega$，$C = 0.1\,\mu\text{F}$，试计算时间常数 τ，并根据 τ 值的物理意义，拟定测量 τ 的方案。

（3）何谓积分电路和微分电路，它们必须具备什么条件？它们在方波序列脉冲的激励下，其输出信号波形的变化规律如何？这两种电路有何作用？

七、实验报告

（1）根据实验观测结果，在方格纸上绘出 RC 一阶电路充放电时 u_C 的变化曲线，由曲线测得 τ 值，并与参数值的计算结果作比较，分析误差原因。

（2）根据实验观测结果，归纳、总结积分电路和微分电路的形成条件，阐明波形变换的特征。

实验六　串联谐振电路的研究（仿真）

一、实验目的

（1）学习 Multisim14 仿真软件的主要操作。

（2）学习用实验方法绘制 R、L、C 串联电路的幅频特性曲线。

（3）加深理解电路发生谐振的条件、特点、掌握电路品质因数（电路 Q 值）的物理意义及其测定方法

二、原理说明

1．Multisim14 仿真软件简介

Multisim14是电路仿真软件，具有界面直观、操作方便等优点。用户可以采用图形输入方式创建电路，选用元件和测试仪器均可以直接从屏幕图形中选取。测试和仿真方法简便实用，可以提高电路分析和设计的效率。通过它构造的虚拟工作环境，使用它可以帮助学生更快、更好地掌握课堂讲授的内容，加深对电子电路概念和原理的理解，弥补课堂理论教学的不足。并且通过仿真，培养学生的综合分析能力和开发创新能力。

进入Multisim14后，可看到如附图6-1所示的主窗口界面。

其主窗口界面主要由系统菜单、设计工具栏、仿真开关按钮、仪表工具栏、状态栏、元件工具栏、电路绘制窗口组成。

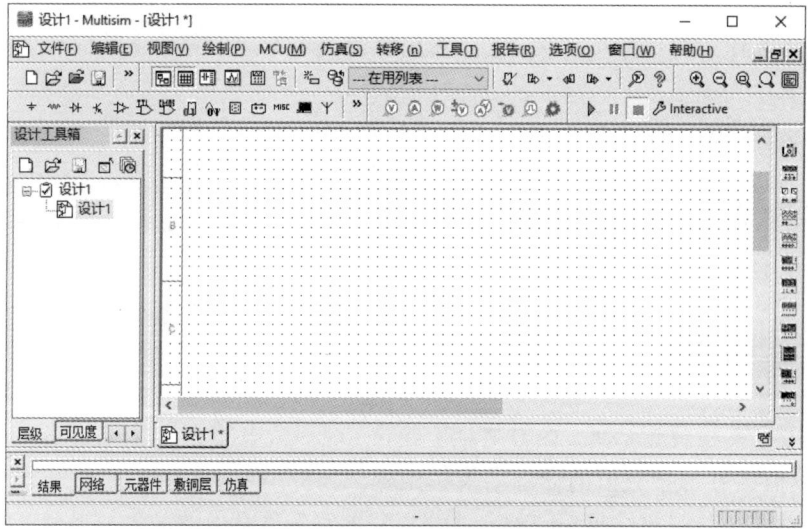

附图 6-1　Multisim14 主窗口界面

2．串联谐振电路

（1）串联谐振的条件。

RLC 串联电路如附图 6-2 所示，其输入阻抗为

$$Z = R + j\left(\omega L - \frac{1}{\omega C}\right) = |Z| \angle \varphi$$

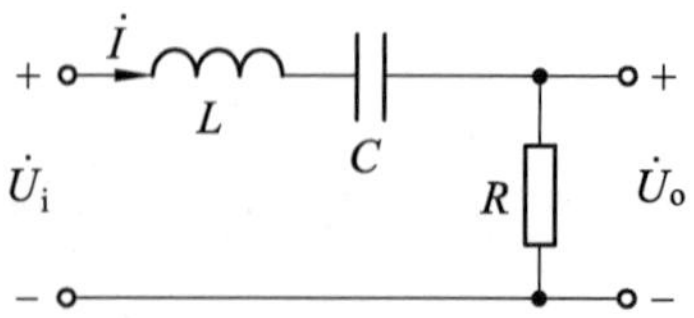

附图 6-2　RLC 串联电路

显然，Z 与 ω 有关。当 ω 变化时，Z 随之变化。当 ω 变化到某一特定频率 ω_0 时，使得 $\dot{U}_i$ 和 $\dot{I}$ 同相位，这种状态称为谐振。此时

$$\varphi = 0 \quad 或 \quad \omega L - \frac{1}{\omega C} = 0$$

有 $\quad \omega_0 = \dfrac{1}{\sqrt{LC}} \quad$ 或 $\quad f_0 = \dfrac{1}{2\pi\sqrt{LC}}$

可见，谐振频率 ω_0（或 f_0）只与电路参数有关。

（2）串联谐振的特点。

回路阻抗最小且为电阻性，$Z = R$，且

$$U_L = U_C = QU_i,$$

式中，$Q = \dfrac{\omega_0 L}{R} = \dfrac{1}{\omega_0 RC}$ 为电路的品质因数；U_L、U_C、U_i 分别是电感、电容、电源电压有效值。当 $Q \gg 1$ 时，$U_L = U_C \gg U_i$。

（3）RLC 串联电路的频率特性。

如附图 6-4 所示的 RLC 串联电路中，当正弦交流信号源的频率 f 改变时，电路中的感抗、容抗随之而变，电路中的电流也随 f 而变。取电阻 R 上的电压 U_o 作为响应，当输入电压 U_i 维持不变时，在不同信号频率的激励下，测出 U_o 之值，然后以 f 为横坐标，以 U_o/U_i 为纵坐标，绘制出光滑的曲线，此曲线即为幅频特性曲线，也称谐振曲线，如附图 6-3 所示。

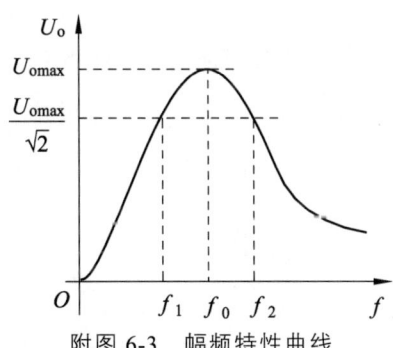

附图 6-3 幅频特性曲线

在 $f = f_0 = \dfrac{1}{2\pi\sqrt{LC}}$ 处（$X_L = X_C$），即幅频特性曲线尖峰所在的频率点，该频率为谐振频率，此时电路呈纯阻性，电路阻抗的模最小，在输入电压 U_i 为定值时，电路中的电流达到最大值，且与输入电压 U_i 同相。

（4）电路品质因数 Q 值的两种测量方法。

方法一：因 $Q = \dfrac{U_{L0}}{U_i} = \dfrac{U_{C0}}{U_i}$，测量 U_{C0}（谐振时电容电压）或 U_{L0}（谐振时电感电压）

以及 U_i，从而计算出 Q 值。

方法二：测量谐振曲线的通频带宽度。

$$\Delta f = f_2 - f_1$$

再根据 $Q = \dfrac{f_0}{f_2 - f_1}$，求出 Q 值。

式中，f_0 为谐振频率，f_2 和 f_1 是失谐时，幅度下降到最大值的 $\dfrac{1}{\sqrt{2}}$ 倍时的上、下频率点。

Q 值越大，曲线越尖锐，通频带越窄，电路的选择性越好，在恒压源供电时，电路的品质因数、选择性与通频带只决定于电路本身的参数，而与信号源无关。

三、实验内容

（1）按附图 6-4 原理图在 Multisim14 中搭建仿真电路（见附图 6-5）。

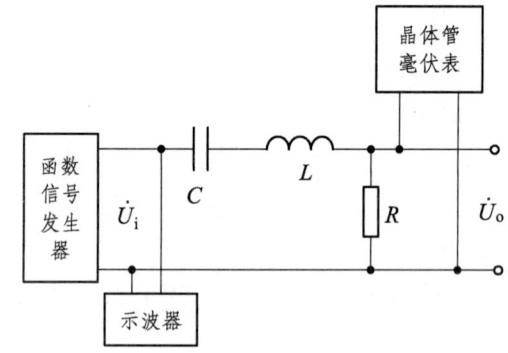

（$R = 510\,\Omega$、$1.5\,\mathrm{k}\Omega$，$C = 2\,400\,\mathrm{pF}$，$L \approx 200\,\mathrm{mH}$）

附图 6-4　谐振电路实验线路

放置电阻，电感、电容，拖右边工具栏中的信号发生器和万用表，通过导线连接起来。

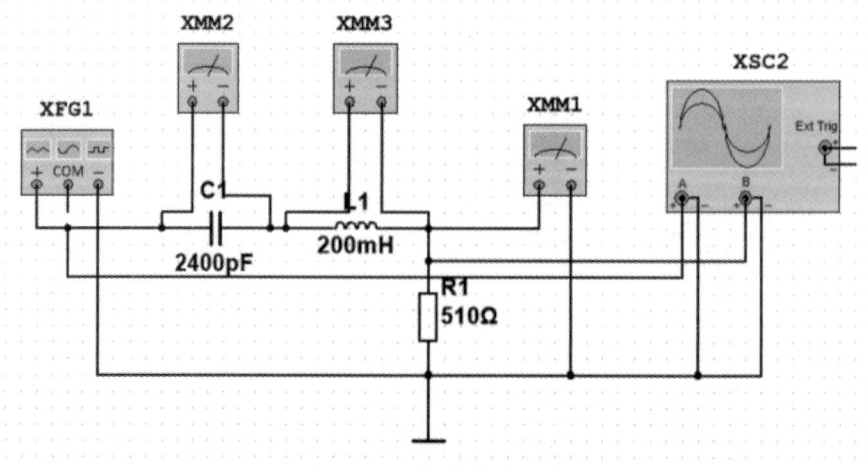

附图 6-5　搭建仿真电路

取 $R = 510\ \Omega$，调节信号源输出 $U_i = 1\ \text{V}$ 正弦电压信号，并在整个实验过程中保持不变，用示波器监视信号输出（见附图 6-6）；用万用表交流测量元件端电压（见附图 6-7）。

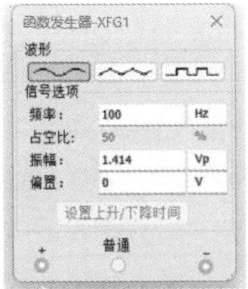

附图 6-6　信号发生器设置

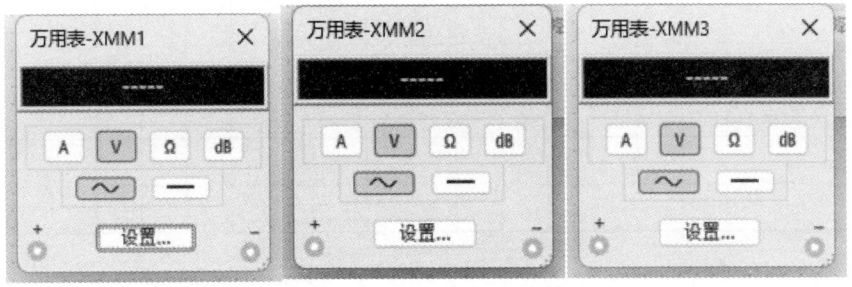

附图 6-7　万用表测量设置

点击运行按键运行。

（2）找出电路的谐振频率 f_0。方法是：将万用表接在电阻 R 两端，令信号源的频率由小逐渐变大（注意要维持信号源的输出幅度不变），当 U_o 的读数为最大时，读得频率计上的频率 f_0 值即为电路的谐振频率，并测量此时的 U_{L0} 与 U_{C0} 之值（见附图 6-8）。

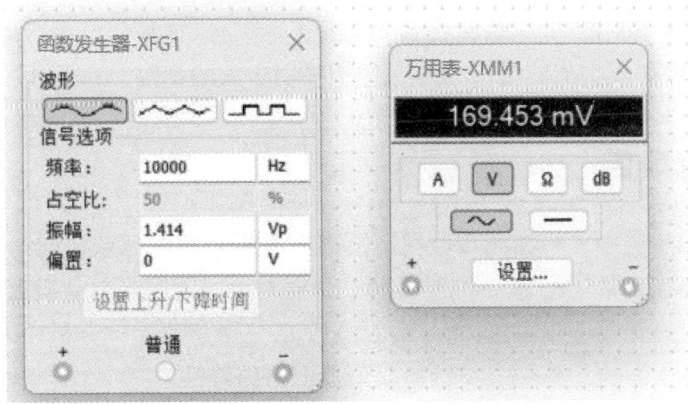

附图 6-8　找出谐振频率设置

将测试数据记录于附表 6-1 中。

附表 6-1 找出谐振频率测试数据

R/kΩ	f_0/kHz	U_0/V	U_{L0}/V	U_{C0}/V	I_0/mA	Q
0.5						
1.5						

（3）在谐振点两侧，应先测出下限频率 f_1 和上限频率 f_2 及相对应的 U_0 值，然后再逐点测出不同频率下的 U_0 值，将测试数据记录于附表 6-2 中。

附表 6-2 不同频率下 U_0 值

R/kΩ		$f_0=$			$f_1=$			$f_2=$		
0.51	f/kHz									
	U_0/V									
	I/mA									
1.5	f/kHz									
	U_0/V									
	I/mA									

（4）取 $R=1.5$ kΩ，重复步骤（1）(2)、（3）的测量过程。

五、预习思考题

（1）根据谐振实验电路给出的元件参数值，估算电路的谐振频率。
（2）改变电路的哪些参数可以使电路发生谐振，电路中 R 的数值是否影响谐振频率值？
（3）如何判别电路是否发生谐振？测试谐振点的方案有哪些？
（4）电路发生串联谐振时，为什么输入电压不能太大，如果信号源给出 1 V 的电压，电路谐振时，用万用表交流测量 U_L 和 U_C 应选择用多大的量限？

七、实验报告

（1）在谐振实验中，根据测量数据，绘制出不同 Q 值时两条幅频特性曲线
（2）计算出通频带与 Q 值，说明不同 R 值时对电路通频带与品质因数的影响。
（3）谐振时，比较输出电压 U_0 与输入电压 U_i 是否相等？试分析原因。
（4）通过本次实验，总结、归纳串联谐振电路的特性。

参考文献

[1] 穆克，姜丽. 电路分析基础[M]. 北京：化学工业出版社，2019.
[2] 邱关源. 电路[M]. 6 版. 北京：高等教育出版社，2022.
[3] 刘子英，赵莉. 电路分析基础[M]. 成都：西南交通大学出版社，2015.
[4] 范承志，孙盾. 电路原理[M]. 北京：机械工业出版社，2009.
[5] 沈元隆，刘陈. 电路分析基础. 北京：人民邮电出版社，2008.
[6] 周茜编. 电路分析基础[M].北京：中国工信出版集团，电子工业出版社 2015.
[7] 吴大正. 电路基础[M]. 2 版. 西安：西安电子科技大学出版社，2001.
[8] 黄冠斌. 电路基础[M]. 2 版. 武汉：华中科技大学出版社，2000.
[9] 陈晓平，李长杰. 电路原理[M]. 北京：机械工业出版社 ，2011.
[10] 刘耀年，霍龙. 电路[M]. 北京：中国电力出版社，2005.
[11] 康巨珍，康晓明. 电路分析学习指导[M]. 北京：国防工业出版社，2005.
[12] 姚维，姚仲兴. 电路原理学习指导与习题解析. 北京：机械工业出版社，2004.
[13] 常青美. 电路分析[M]. 北京：清华大学出版社 北方交通大学出版社，2005.
[14] 赵莉，刘子英. 电路测试技术基础[M]. 成都：西南交通大学出版社，2004.